高等职业教育“十四五”规划教材

宠物皮肤病

黄名英　傅安静　主编

中国农业大学出版社
·北京·

内 容 简 介

本教材主要内容包含宠物皮肤病语言(皮肤病的基本结构与生理、皮肤的病变描述)、皮肤病的诊断流程(基本信息、病史、体表检查、鉴别诊断、检查项目、治疗计划等)、常见皮肤病的采样及检查方法(梳毛、拔毛、皮肤刮片、直接压片、透明胶带等)、寄生虫性皮肤病(跳蚤、蠕形螨、疥螨、耳痒螨、蜱虫、虱、姬螯螨等)、传染性皮肤病(细菌性皮肤病、真菌性皮肤病、病毒性皮肤病)、犬猫耳道疾病、过敏性与超敏性皮肤病、内分泌性皮肤病、免疫与自身免疫性皮肤病、肿瘤性皮肤病、宠物其他皮肤病等 11 章内容。为了更好地适应行业发展,本教材在编写上采取多校合著,校企合著,紧扣行业现状和发展趋势,文字简洁,内容通俗易懂,深入浅出,插图主要来自临床实践,突出"实践性"和"应用性"。本教材适用于职业院校宠物医疗技术、宠物养护与驯导及宠物相关专业的教学,也适用于宠物临床诊疗的初学者自学。

图书在版编目(CIP)数据

宠物皮肤病 / 黄名英,傅安静主编. -- 北京 :中国农业大学出版社,2025. 8.
ISBN 978-7-5655-3457-7

Ⅰ. S858. 93

中国国家版本馆 CIP 数据核字第 2025K6L018 号

书　　名　宠物皮肤病
作　　者　黄名英　傅安静　主编

策划编辑　林孝栋　康昊婷　　**责任编辑**　康昊婷
封面设计　郑　川　李尘工作室
出版发行　中国农业大学出版社
社　　址　北京市海淀区圆明园西路 2 号　　**邮政编码**　100193
电　　话　发行部 010-62733489,1190　　出版部 010-62733440
　　　　　　编辑部 010-62732617,2618　　读者服务部 010-62732336
网　　址　http://www.caupress.cn　　**E-mail**　cbsszs@cau.edu.cn
经　　销　新华书店
印　　刷　涿州市星河印刷有限公司
版　　次　2025 年 8 月第 1 版　　2025 年 8 月第 1 次印刷
规　　格　185 mm×260 mm　　16 开本　　12.5 印张　　310 千字
定　　价　49.00 元

编审人员

主　编　黄名英（成都农业科技职业学院）
　　　　傅安静（成都农业科技职业学院）

副主编　李艾妮（四川长江职业学院）
　　　　刘　伟（湖南农业大学）
　　　　张　涛（德阳农业科技职业学院）

参　编　（按姓氏笔画排序）
　　　　王先坤（娄底职业技术学院）
　　　　龙冬梅（南充职业技术学院）
　　　　付文强（四川萌卫动物医院）
　　　　刘　水（四川萌卫动物医院）
　　　　孙成亮（四川水利职业技术学院）
　　　　杨　悦（四川城市职业学院）
　　　　李韦瑶（四川长江职业学院）
　　　　库朝锋（濮阳科技职业学院）
　　　　张文健（德阳农业科技职业学院）
　　　　罗云林（四川仁铭爱动物医院）
　　　　罗丹丹（成都农业科技职业学院）
　　　　郑永丰（成都御宠道动物医院）
　　　　姜　露（资阳环境科技职业学院）
　　　　唐　成（四川萌卫动物医院）

主　审　卢　炜（江苏农牧科技职业学院）

前言

世界各地都有饲养宠物的习惯。近年来随着我国经济的不断发展和居民生活水平的提升,我国宠物饲养的数量逐年增加,这促进了宠物行业的迅速成长。我国宠物行业的发展经历了萌芽阶段(1990—1999 年)、起步阶段(2000—2009 年)、高速发展阶段(2010—2020 年)和成熟阶段(2020 年以后)四个阶段。目前,宠物行业已经进入了成熟阶段,整个行业逐渐规范化、产业化,宠物医疗技术也在不断发展和进步,我们编写此教材的目的就是满足日益增长的宠物医疗技术方面的需求。

党的二十大报告指出,加强教材建设和管理。本教材涵盖了宠物皮肤病的基础知识、临床中常见的皮肤病等内容。紧扣行业现状和发展趋势,文字简洁,图文并茂,图片主要来自临床实践,内容通俗易懂,深入浅出,突出"实践性"和"应用性"。适用于宠物临床诊疗的初学者。许多职业院校已经将宠物皮肤病列为宠物医疗技术、宠物养护与驯导等专业的核心课程,因此也适合作为宠物及其相关专业的教材。为了更好地适应行业发展,本教材采取多校合著,校企合著,由成都农业科技职业学院牵头,德阳农业科技职业学院、四川长江职业学院、四川城市职业学院等院校参与,四川萌卫动物医院、成都御宠道动物医院、四川仁铭爱动物医院等单位共同编著完成。

本教材一共 11 章,其中第一至三章为皮肤病的基础知识,第四至六章为寄生虫性皮肤病、传染性皮肤病和犬猫耳道疾病,描述的是临床中最常见的犬猫皮肤病,第七至九章分别是过敏、内分泌、免疫等方面的皮肤病,相对来说是临床中发病率稍低的一类皮肤病,第十和十一章分别为肿瘤性皮肤病和其他皮肤病。第一至六章主要由黄名英编写,王先坤、付文强、郑永丰、龙冬梅、孙成亮、库朝锋等协助完成,第七至九章主要由傅安静、张涛编写，唐成、姜露、罗云林、刘水、王先坤、龙冬梅等协助完成，第十和十一章主要由李艾妮、刘伟编写，杨悦、张文健、李韦瑶、罗丹丹、付文强等协助完成。全书由黄名英、傅安静统稿，并由卢炜主审。在此感谢编写组的所有老师和出版社编辑老师们的辛苦付出。

由于编者的经验和水平所限，本教材不足之处在所难免，恳请广大师生和读者批评指正。

黄名英

2025年1月

目 录

第一章 宠物皮肤病语言

知识目标
1. 宠物皮肤病的基本结构。
2. 宠物皮肤的病变描述。

能力目标
1. 掌握宠物皮肤的结构特点及功能。
2. 掌握宠物皮肤的病变描述语言。

素质目标
1. 培养职业道德与责任感，树立关爱宠物、尊重生命的职业操守，能够在处理宠物皮肤病问题时保持耐心与细心，强化对宠物健康负责的使命感。
2. 培养创新素养、科学态度、工匠精神，以科学严谨的态度研究宠物皮肤病，不断追求对疾病的深入认知和有效治疗。
3. 培养职业素养与终身学习意识。注重个人卫生与操作规范，避免交叉感染；树立终身学习理念，及时关注宠物皮肤病领域的新技术、新疗法和新成果。
4. 培养沟通与协作能力，提升与宠物主人的沟通技巧，能够清晰、耐心地解释病情、治疗方案和护理要点。同时培养团队协作能力，在多学科联合诊疗中有效配合。

第一节 宠物皮肤的基本结构和生理

宠物皮肤是宠物机体最大的器官，也是最重要的器官之一。不同种群、不同品种宠物全身皮肤的厚度不同，犬的皮肤厚度为 0.5～5 mm，猫的皮肤厚度为 0.4～2 mm。有毛的背部和体侧皮肤最厚，腹部皮肤最薄。不同区域的皮肤，如耳朵、眼睑、包皮、足垫和指甲都有着不同的功能和特殊结构。皮肤的颜色与宠物的品种密切相关。

宠物皮肤基本结构分为表皮、真皮、皮下组织，此外还有附属结构（毛发、爪子、皮脂腺、汗腺）（图 1-1）。表皮在皮肤表面，有角质细胞、黑素细胞、郎罕氏细胞、默克尔细胞和细胞间脂质。真皮包括胶原纤维、弹力蛋白纤维、基质、附属结构（毛囊、皮脂腺、汗腺），以及皮肤血管、淋巴管和神经。皮下组织有脂肪组织、血管和神经。皮肤细胞形成层，即坚韧的外层“表皮”、深层“真皮”，已经角质化的细胞组成角质层，脱落后就成为皮屑。真皮比表皮厚，有丰富的血管和神经。

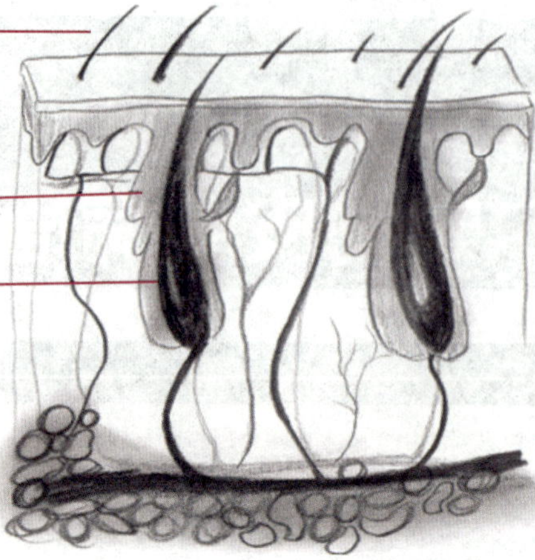

图 1-1　犬的皮肤结构

皮肤具有屏障功能，能够保护机体免受外界（如物理因素、化学因素和生物因素）的损害，同时能有效抵御寄生虫和自然环境的损伤。皮肤能感知热、冷、痛、痒和压力，维持体温，维持身体的内稳态，防止水分和其他成分的流失。皮肤位于身体外侧，容易接触外界环境，因此也容易受伤和患病。皮肤一般都较容易观察，所以检查过程中比较容易发现皮肤问题。

一、表皮

表皮是皮肤的最外层，起到隔离外界恶劣环境的作用。表皮由多种细胞组成，超过 90% 的表皮细胞由有核细胞（将进一步进化为无核细胞）和完全角质化细胞组成。其他细胞类型包括黑素细胞、郎罕氏细胞、默克尔细胞等。黑素细胞能够生成黑色素，这有助于保护细胞免受阳光伤害。郎罕氏细胞属于单核吞噬细胞，能够识别、捕获和处理侵入皮肤的抗原。默克尔细胞属于感觉细胞，能够感受刺激。

表皮细胞主要由角蛋白构成，由内向外分为四层结构：基底层、棘皮层、颗粒层和角质层（图 1-2）。因最后一层已完全角质化，故构成该层的细胞称为终末期角质细胞。

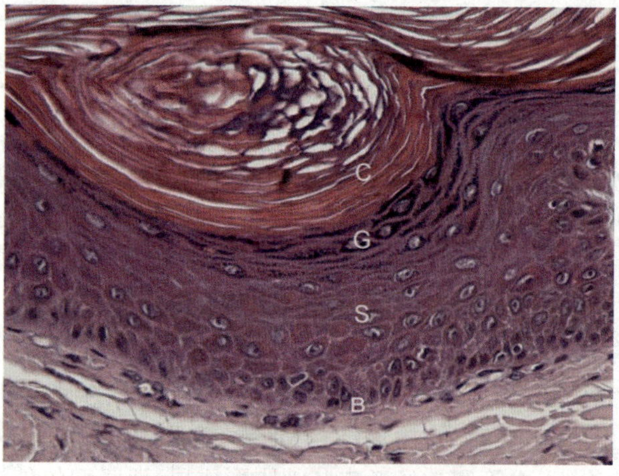

B. 基底层　S. 棘皮层　G. 颗粒层　C. 角质层

图 1-2　表皮的分层和细胞结构

表皮由老细胞构成，形成坚韧、几乎不透水的保护性外屏障。随着外层细胞的磨损脱落，其他细胞成熟后移行到表层进行替代。表皮厚度不一，暴露部位如头部、背部的表皮比腋窝和腹部等部位要厚。

1. 基底层

基底层是表皮的生发层，位于表皮最深层，与基底膜直接接触，具有较强的分化繁殖能力，新生细胞移向浅层后可分化成其他表皮细胞。基底细胞是角质细胞中最小的细胞，也是皮肤样本中最不易观察到的一类细胞。组织形态呈立方形，但刮片形态学观察却成圆形。

基底细胞大小为 8～10 μm，圆核，有时候有单个细胞的核仁，高核质比，细胞质大而深蓝染。区分基底角化细胞与非活化组织细胞具有一定难度：①细胞核与细胞质之间有一个薄而清晰的光环；②细胞多成簇排列；③细胞质松散、深染。见图 1-3。

2. 棘皮层

棘皮层又称为棘层、肌细胞层，福尔马林固定后此层具有棘突的外观，含有很多桥粒和角蛋白丝，偶尔有郎罕氏细胞出现。由基底层生发的子细胞（棘细胞）组成，有毛区域棘层有 1～2 层，爪垫、鼻面和皮肤黏膜结合处较厚。

棘层细胞比基底细胞更大，更容易被观察到。大体积多边形细胞，边缘角度锐利，细胞核呈圆形至卵圆形，核位于细胞中央。核质比与基底细胞相比较，值更低。细胞质大而多色，从淡粉色到天蓝色，甚至蓝黑色。见图 1-4。

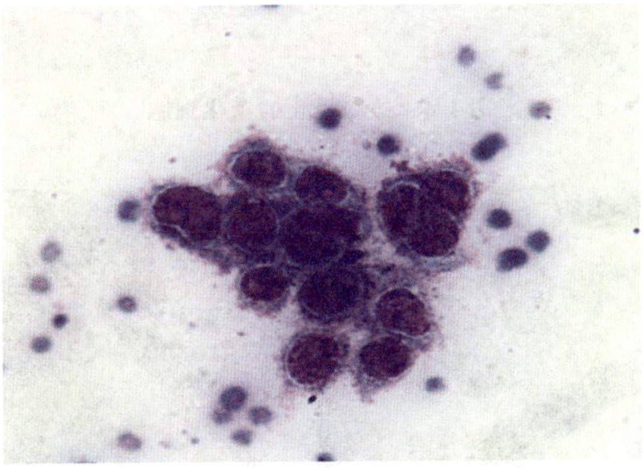

图 1-3　基底细胞

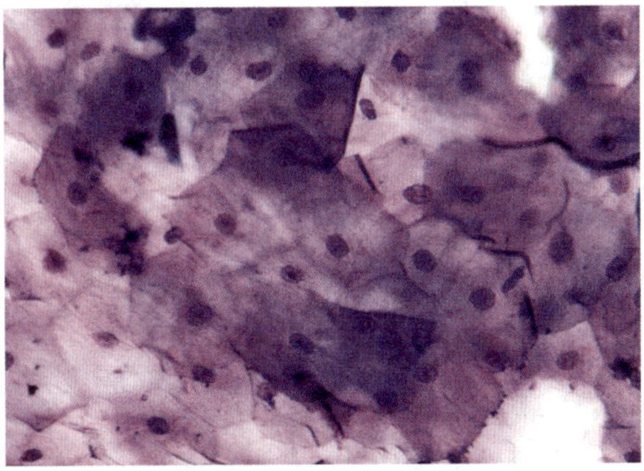

图 1-4　棘层细胞

3. 颗粒层

有毛区域有 1～2 层细胞，无毛区域和毛囊漏斗部则有 4～8 层细胞。细胞从立方形变为扁平形，颗粒细胞之所以称为颗粒细胞，是因为其内含有各种大小、圆形的胞浆内透明角质颗粒，这些颗粒用罗曼诺夫斯基（Romanowsky）染色后呈嗜酸性细胞色，粉红色颗粒易与其他任何细胞类型的颗粒、染料、微生物相辨识，见图 1-5。

颗粒细胞可以在皮肤角质细胞中看到，其大小不一，形状为多边形、核质比低。

4. 角质层

角质层是表皮完全角化层，角质层细胞是表皮正常角化过程的结果，完全角化后失去了细胞核，故称为角化细胞。由数层至数十层完全角化、死亡的扁平角质细胞叠积而成，细胞无细胞核，轮廓不清，胞质充满角蛋白，染色呈嗜酸性。靠近表层的角质细胞连接松散，会随时剥落呈碎片状的皮屑。正常犬的表皮细胞更新时间约为 21 d。

角化细胞的形态多变，从较大的多边形、扁平形、边缘锐化的无核细胞(图 1-6、图 1-7)，到具有深蓝染的针状或纸草状外观的细胞(图 1-8)。表皮细胞不断脱落和更新，新的细胞在基底层上形成，并移行到达皮肤表面，正常犬是 22 d。也有一些角质化异常的状况，见图 1-9、图 1-10。

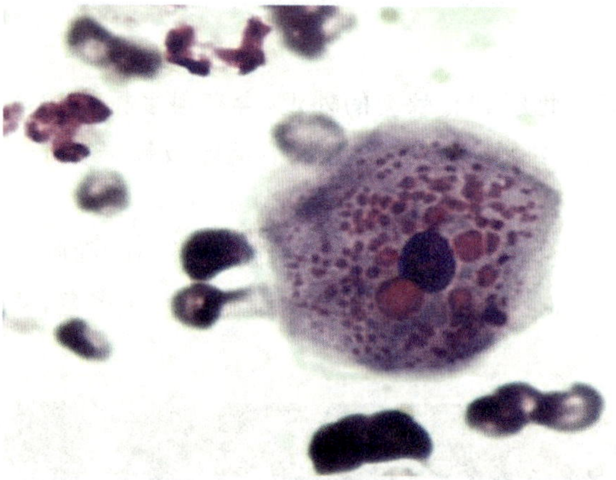

图 1-5　颗粒细胞

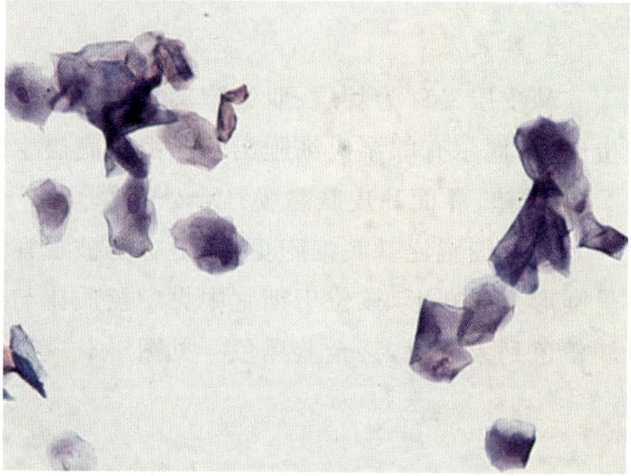

图 1-6　边缘锐化的角化细胞

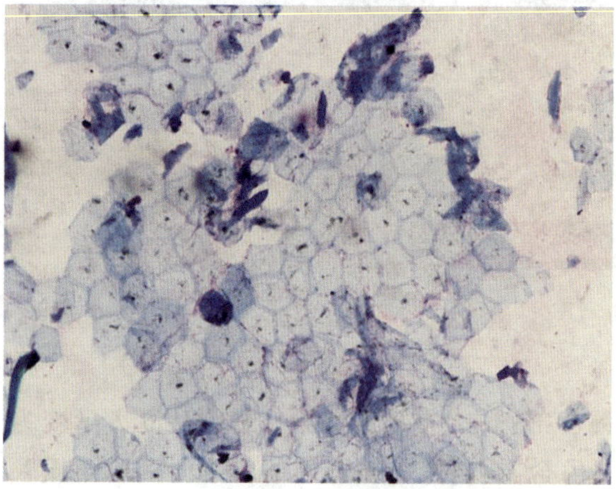

图 1-7　成片状的角质细胞

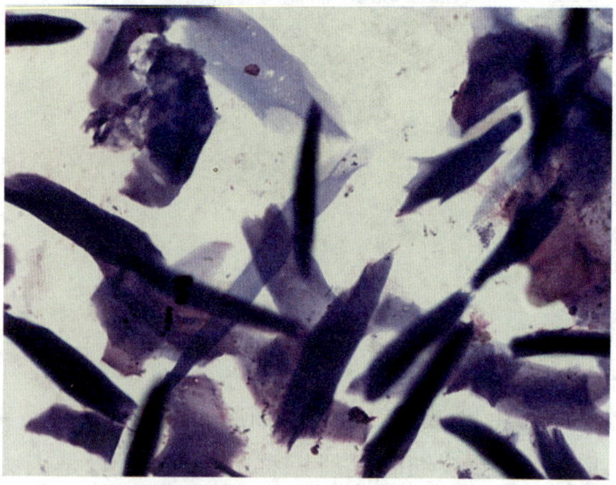

图 1-8　深蓝染的针状角质细胞

图 1-9　犬鼻角质化障碍(一)

图 1-10　犬鼻角质化障碍(二)

角化细胞的着色差异：从无色到粉色、紫色、蓝色。这不仅取决于单位细胞中存在的角蛋白含量，还取决于神经酰胺、鞘氨醇和胆固醇的溶解失败。这些脂质膜的正常成分构成了皮肤屏障，过多的脂质能降低或抑制染料进入细胞。

5.透明层

仅在爪垫、鼻面等无毛的厚皮肤可见，由 2～3 层无核的扁平细胞构成，细胞排列紧密，界线不清，胞核退化消失，胞质呈匀质嗜酸性，有强折光性。

二、真皮

真皮层位于表皮和皮下组织之间，含有毛囊、血管、神经和皮脂腺。毛囊和皮脂腺在背部的分布比腹部要广泛。毛发和指甲是由一种被称为角质的坚硬物质构成。真皮是皮肤的主要部分，结实、柔韧且有弹性，为表皮提供物理、血液和神经的支持。

真皮层由结缔组织和细胞组成。结缔组织包含胶原和弹力蛋白、蛋白聚糖和氨基葡聚糖(由成纤维细胞分泌)等，其主要成分有透明质酸和硫酸软骨素。细胞成分包括成纤维细胞、巨噬细胞、肥大细胞、组织细胞、淋巴细胞以及少量真皮树突状细胞、噬黑素细胞、郎罕氏细胞。纤维细胞是无活性的成纤维细胞，带有长形细胞核，明显的嗜碱性尾状细胞质，见图 1-11。成纤维细胞也呈纺锤状看上去像星形或触丝状，核从圆形到卵圆形。成纤维细胞/纤维细胞是最有可能从损伤的炎性皮肤涂片中检测到的，同时也是皮肤组织深层损伤后主要的组织修复细胞。

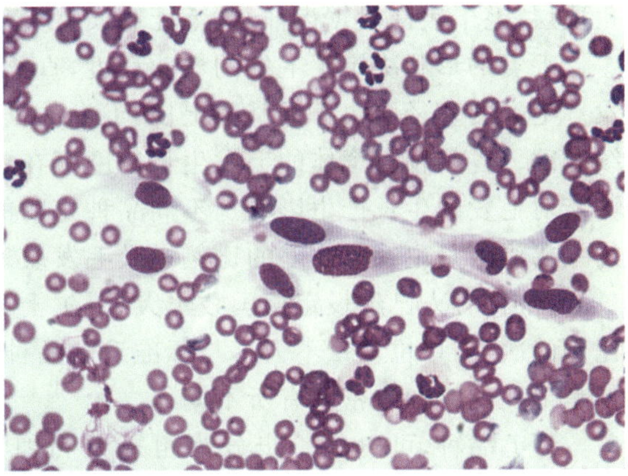

图 1-11　成纤维细胞的形态
(纺锤状细胞、长形的细胞核和
边界不清晰的尾状细胞质)

三、皮下组织

皮下组织又称为皮下脂肪组织，是皮肤的最深层也是最厚层。在身体某些区域，如唇、颊、眼睑、外耳和肛门，真皮与肌肉和筋膜直接连接。真皮的纤维结构渗透皮下的脂肪组织，皮下脂肪组织的脂肪乳突深入真皮层，直至毛囊、汗腺和血管。

皮下组织的作用包括能量储备、保温和绝缘、靠垫和支持以及形成表面轮廓。

四、毛发及毛囊

(一)毛发

1. 毛发类型

宠物毛发有主毛与次毛之分，第三种类型的毛发是胡须，也称为触毛，能帮助犬猫感知周围环境。

所有宠物都有较短的次毛和较长的主毛，但年龄和品种会影响主毛和次毛的比例。犬的次毛与主毛比例约为 5∶1；猫的次毛与主毛比例约为，背部 10∶1、腹部 24∶1。平均的毛发密度，犬为 100～600 组/cm^2，每组 2～15 根毛发；猫为 800～1 600 组/cm^2，每组 10～20 根毛发。

主毛，也称为被毛、护毛、针毛、初级毛、外毛或外层毛，是较长、较硬的外层毛发，大多数幼犬会在 6～8 月龄时长出粗糙的、较长的、偶尔呈深色的主毛。

次毛，也称为底毛、细软绒毛、下层绒毛，是短的蓬松毛发。刚出生的幼犬没有主毛，皮肤覆盖有短小、柔软、有时像羊毛的毛发，主要成分是由一系列氨基酸经肽键结合成链状结构的蛋白质。有时候幼犬毛发和成年犬毛发的颜色相同。但也有些幼犬如大麦町犬，刚出生时皮毛较淡，毛发纯白，随后慢慢出现黑色斑点。

毛发结构从内到外依次为髓质、皮质和角质层。次毛比主毛的髓质相对窄，有相对明显的角质层，毛干表面呈锯齿样，绒毛无髓质。犬猫身上的主毛和次毛都是有髓毛发。

毛囊的形状决定了毛发的弯曲程度，直的毛囊生成笔直的毛发，卷曲的毛囊生成卷曲的毛发。毛发的直径取决于毛基质上皮，毛发的长度取决于毛根生长的速度和毛发生长初期的持续时间。各品种及个体的毛发生长速度存在差异。昼长、激素、室外平均温度和营养等因素都可能对毛发的生长产生影响。不同品种宠物的毛发的长度、颜色和质地各不相同。毛发差异的主要原因是主毛和次毛的比例以及毛发质地的不同。

目前，有人已经设定德国牧羊犬、威尔士柯基犬和野犬为标准毛发品种，其主毛伴随很高比例的次毛，单位重量不大。与标准毛发品种相比，下面的两类毛发也是由主毛和次毛组成，但是毛发的粗细和密度有所不同。

短毛品种，可以进一步分为粗短毛和细短毛。短而粗的毛发品种，如罗威纳犬和许多㹴犬，主毛的比例高于标准毛发，重量和密度低于标准毛发。短而细的毛发品种，如拳师犬、腊肠犬和杜宾犬，它们的毛发密度是最高的，次毛发育很好，但主毛的直径却相对较小。

长毛品种，可分为细长毛和粗长毛。细长毛，如可卡犬、博美犬和松狮犬，其毛发重量高于标准(除了玩具犬品种，因为此类犬的毛更细，所以重量较轻)。粗长毛，如贵宾犬、贝灵顿㹴和凯利兰㹴，次毛占了70%的重量和80%的数量。与短毛犬相比直径更大。此类犬相对来说不易发生毛发脱落。

2. 毛发作用

(1)屏障作用。毛发有保护身体的作用，是阻止物理、化学、光线和微生物侵害机体的屏障，使其免受或减少外界机械性及病菌的伤害。

(2)调节体温。毛发可以通过长度、厚度和密度的改变，以及髓质的形成过程帮助调节体温。夏季毛发能向体外散发热量，冬季能使身体保持一定的温度。一般来说质地细长，髓质少的毛发，再加上竖毛肌增加毛根深度的作用，就能让宠物很好地适应寒冷的气候。颜色和光泽的变化也能够调节温度和隔绝光线。浅色毛使宠物更容易适应高温环境。光亮的被毛可以更好地反光，减少热量吸收。

(3)感知和其他功能。毛发具有一定的感知功能。比如说胡须，能帮助犬猫感知周围环境。同时毛发还能美化宠物体表，赢得大众的喜爱。

(二)毛囊

毛囊由涉及外胚层、中胚层和神经外胚层之间复杂的相互作用组成，有5～6个同轴圆柱体。犬猫的毛囊是包括主毛和次毛混合的复合毛囊，通常以一个单独的主毛为中心，周围被次毛环绕。主毛分为中心主毛和侧主毛，每个主毛毛囊均有立毛肌、汗腺和皮脂腺相伴，而次毛只有皮脂腺伴随。主毛一般会从一个单独的毛孔生出，相邻的次毛会从同一个毛孔生出。

毛囊在出生前就已经形成，出生后不会再形成新的毛囊。准确地说，毛发在幼犬的生长过程中不会失去，而是会逐渐获得更多成年犬的毛发。幼犬在12周龄之前会从单一毛囊内长出次毛。所有毛囊都会与表皮形成30°～60°的角，使毛发倾斜生长。不同区域的毛倾斜的角度略有不同，从而自然形成毛束。但是毛束的真正意义和形成原因尚不清楚。毛发的倾斜可以减少运动阻力，同时还有排水的作用，而不是让水浸润身体，这也是毛发隔热作用的一种体现。

每根毛发都是从皮肤上的一个简单小孔里长出来的，这就是毛囊。幼犬出生时毛囊已经存在，以后毛发的差异和变化都是由毛囊的变化导致的。毛囊产生的每一个毛干最终会枯萎，然后被毛囊产生的新毛干移除并取代。毛囊基本上处于静止状态。

(三)毛发生长周期及影响因素

1. 毛发生长周期

毛发是周期性生长的，与人类的眉毛相似，但不会不停地生长。毛发周期却在不停地循环往复生长，见图1-12，每个循环都是由生长期、中间期和终止期组成。

第一个阶段是生长期，这个时期毛囊非常活跃地生长发毛发，主要表现为真皮乳头内的细胞通过有丝分裂生成毛发。新生毛发长在旧毛发的位置，旧毛发依次脱落。

第二阶段是中间期，这是生长期和终止期之间的中间过渡阶段。生长毛球部位发生收缩，毛囊末端收缩使毛囊变粗和起皱，推动毛发向外移动。

第三阶段是终止期，调息阶段，此时的毛囊基本处于休止状态，真皮乳头分离，上皮束缩短为再发性胚芽，毛囊中是即将脱落的死毛(或“棒状”毛)。

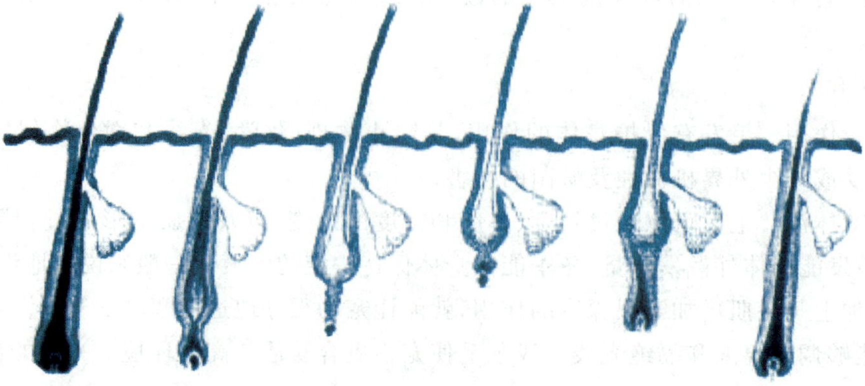

a. 生长期：真皮乳突内的细胞通过有丝分裂生成毛发。
b. 中间期的早期：毛球(hair bulb)部位发生收缩，毛球以上将会变为"棒状"。
c. 中间期：在此过渡阶段，毛囊末端收缩使毛囊变粗和起皱，推动毛发向外移动。
d. 终止期：是毛囊的休止阶段。真皮乳突分离，上皮束缩短为再发性胚芽。
e. 生长期的早期：再发性胚芽向下生长，包裹住真皮乳突，随之新的毛球形成。旧的"棒状"毛脱落。
f. 生长期：新的毛发继续生长。

图 1-12 毛发生长的不同阶段

毛发生长是一个不断循环的过程，毛发生长循环主要是指对毛囊生长初期的反复诱发。毛囊诱导、发展、复原、再激活的信号尚未明确。但是在毛囊和外周的间充质已发现多个生长因子及其受体。在毛囊培养的研究中发现，这些生长因子控制细胞增殖和胶原蛋白酶的释放。此外，Ⅰ型重要组织相容复合物(MHC)、软骨素蛋白聚糖和激活的巨噬细胞之间的相互作用可以调节毛发生长，并明显影响毛发生长的中间期。

宠物各个毛囊所处的时期并不一致，不然我们就会经常看到光溜溜的宠物了。每个品种的犬猫都会持续不断地脱掉旧的、枯死的毛发，然后长出新的毛发替代。脱毛的程度和速度受多种因素控制，机制也非常复杂。

2. 毛发生长周期的影响因素

影响毛发生长周期的因素常有：年龄、品种(基因)、营养、激素、神经、光照、性别、温度、过敏、身体部位以及其他生理和病理等。此外，与毛囊内的生长因子和细胞因子、真皮乳突以及其他细胞(如淋巴细胞、巨噬细胞、成纤维细胞、肥大细胞)有密切关系。

(1)光照。室外犬猫一般在季节转换时的几周内脱毛，大多数在春秋两季。通常在秋季长出更多的次毛，用来保暖。春季脱掉次毛，换成较长的主毛。皮毛的外观和质地会发生变化，但是毛囊和毛发的绝对数量保持不变。许多室内饲养的犬猫会因为接触人工光线，全年持续性脱毛。触须等窦性毛，有神经功能，不会随季节脱落。

光照周期的变化对毛发生长周期影响很大，北半球且纬度高的地区的犬猫会表现明显的春秋季节脱毛现象。在夏季，毛囊的活性最强和生长速度最快，而冬季相反。这是因为它通过对下丘脑、脑垂体、松果体的影响，调节各种激素水平的变化(如黑色素、促乳素，以及源自性腺的、甲状腺的、肾上腺的激素)，而这些激素是改变毛囊内在节律的关键。

(2)品种。毛发生长快慢与品种基因有密切关系。如贵宾犬、英国老式牧羊犬和雪纳瑞犬的毛发总是长个不停，因而推测它们的毛发生长周期较长，但是目前尚未有人对此做科学性调查。

(3)毛发营养。由于毛发主要由蛋白质组成，营养对毛发的数量和质量有着重要影响。营养不良会使毛发暗淡、易脆、干燥、细弱、色素分布异常。

(4)激素。激素会影响毛发生长周期和被毛状态。总的来说，甲状腺素和生长素能够促进生长期的出现和加速毛发的生长；过多的糖皮质激素和雌激素会抑制毛发生长周期的出现和毛发生长速度。真皮乳突细胞是一种间充质成分，位于毛球的底部，它们的主要作用是刺激毛囊内的上皮分化。这些细胞是由真皮内的成纤维细胞分化而来，功能和形态均相应改变。通常认为激素和其他间接刺激信号是将真皮乳突细胞作为靶细胞，再将刺激传至毛囊上皮。

(5)毛发长度。毛发的长度是由所在的身体部位和基因决定的，一旦达到既定长度，毛发就不再生长，毛囊会转入休止状态——终止期，此阶段会保持相当长的时间。这种现象致使不同宠物品种的毛发长短各不相同。毛发生长的速度与毛发的长度有关，不同身体部位的毛发长度也不尽相同。

(6)神经。毛发生长还受到神经机制的控制。在毛囊中具有感觉神经和自律性神经分布，皮肤中的P物质(一种神经介质)和皮肤的神经触点——肥大细胞触点也展现出对毛发循环的调控。毛囊既是神经营养因子的来源，也是其目标。人为的神经药理操作可以改变毛囊的循环。皮肤对毛囊生长的神经调节机制有多个途径，一是调节血管紧张度，二是神经多肽刺激毛囊角质形成细胞和真皮乳突的成纤维细胞表面受体，来调节巨噬细胞和肥大细胞的活性。实验发现切除犬的毛囊外周神经，就会出现毛发生长迟缓(毛囊萎缩)的现象。

(7)年龄。成年阶段和幼龄阶段毛的变化很大，一般幼龄宠物的毛生长较快，老年宠物的毛生长速度变缓。

(8)疾病期。在疾病状态下，生长初期的毛囊的维持时间缩短，终止期毛囊数量增加，终止期毛发容易丢失，宠物会在疾病中表现为毛发的过度脱落。毛囊的循环活性和周期性脱毛是机体的一种功能，通过这种功能可使宠物的毛发更加适应身边的温度和环境。

(9)毛囊周期。毛囊周期的调节和生长非常复杂，细节尚待研究。控制毛囊周期的因素和控制毛囊结构的因素不同。改变了控制毛囊生长周期的因素(如激素)会导致毛囊萎缩；改变了控制毛囊结构的因素会导致毛囊发育不良。剃毛后，标准犬或短毛犬需要3～4个月重新长好；长毛犬需要18个月重新长好。偶尔会在美容或外科手术后发生剃毛脱毛症，这时的皮肤看起来是正常的，但是活组织检查显示毛囊为中间期，少数为终止期。这种毛囊的休止状态会维持6个月到2年的时间，然后毛发才会长出。毛发的新旧更替呈镶嵌式，因为相邻的毛囊在同一时间处于不同的状态。毛发更替不会受去势手术的影响。

(四)保持毛发健康

宠物拥有健康的毛发是很重要的。毛发失去光泽的原因有很多，但大多数都很容易修复。每种不同类型的宠物或特定品种的宠物都有独特的毛发特征，以确保它们拥有正常的毛发。

1.定期梳理

定期梳理宠物毛发，需要考虑毛发长度，如果宠物毛发较长，就需要更频繁地梳理毛发。经常刷洗宠物有助于除去结团和污垢，还有助于毛发的天然油脂扩散，帮助毛发保持健康光泽。但应小心轻柔梳理，以避免造成疼痛。或者在梳理过程中给予奖励，以提高配合度。

2.合理饮食且营养全面

确保宠物获得所需要的营养。通常，在饮食不够好时，毛发会受到相应损伤。如果老年宠物开始拒绝吃饭，可能是因为食物对它们的牙齿来说太硬了。如果一直给宠物饲喂较硬的食物，可尝试更换柔软的食物，观察有无改善。不同宠物可能需要某些特殊食物，尝试使用对宠物有专项益处的某些品牌食物，并确保了解食物的成分，以满足宠物必需的营养。

3.预防皮肤干燥

干性皮肤会使宠物毛发呈现不健康的样子，导致干性皮肤的可能原因如下：跳蚤引起的瘙痒、劣质洗发液、洗澡太多或不够（品种相关）、ω-3 脂肪酸缺乏症、皮肤感染、寄生虫（如螨虫）等。如果治疗后皮肤仍然干燥，可能存在一些潜在的病因，需要尽快查明问题。

4.保持健康

毛发会随着宠物年龄的增长而变化。如果宠物变老，不仅健康状况恶化，毛发也会恶化。毛发健康与整体健康直接相关。

五、宠物皮肤的功能

1.防护作用

皮肤完整地覆盖于身体表面，是宠物机体最大的器官，它可以防止体内水分、电解质和营养物质的丧失，同时阻抑外界有害或不需要物质的侵入，使机体免受机械性、物理性、化学性和生物性等因素的侵袭，保持机体内环境的稳定。宠物皮肤的厚薄随品种、年龄、性别以及身体部位的不同而有所差异，老年犬的皮肤比幼犬厚，背部和四肢外侧等易受外界因子损伤的部位比腹部和四肢内侧的皮肤厚，寒冷地区的犬皮肤比温暖地区的犬皮肤厚。被毛对各种物理和化学刺激都有很强的防护力。

2.感觉功能

可感知热、冷、痛、触、痒和压力等。

3.分泌和排泄作用

毛发和表皮的生长，以及腺体的功能维持等都依赖于皮肤的分泌和排泄功能。

4.体温调节作用

通过皮肤的血流和出汗来维持体温。

5.代谢作用

参与一些物质的代谢过程。

6.免疫功能

皮肤中的免疫系统可监控和应答外界的刺激和病原体。

7.贮血功能

皮肤具有一定的贮血能力。

此外，皮肤表面的抗微生物功能也是其重要功能之一，其抗菌成分包括脂肪酸、无机盐、免疫球蛋白和补体、皮肤 pH、皮肤免疫系统以及常驻微生物菌群等。同时，角质层的干燥和物理屏障也有助于阻止病原体的侵入。

第二节　皮肤的病变描述

在皮肤病的学习中，皮肤病变的定义和描述对于患病宠物的诊断和监测非常重要。在兽医师的交流过程中，正确使用专业术语对病变进行描述可以让大家在看不到病变的时候也能对病变的样子有所了解，进而更容易地进行交流。

在皮肤病学术语中，在全身被毛方面，有光亮、暗淡、油亮、干燥、阴暗、脆弱、密集、稀少、无光泽、色泽等；在病变分布方面，有对称性或非对称性，有头部、面部、耳郭、鼻背侧、鼻面、颈部、背部、腹侧、躯干、尾巴、足垫等区域，有分散、普遍、局部、小范围、片状、区域性等模式。

原发性病变是直接从疾病过程中产生，是最开始发生的，是疾病发展过程导致的直接结果。没有受到创伤(抓伤)而改变，或随时间自然恢复。原发性病变包括丘疹、脓疱、水疱、大疱、结节、囊肿、斑点、斑片、斑块、风疹块等。

继发性病变是由原发性病变发展而来，最常见的是由患病宠物搔抓、啃咬，或由环境引发皮肤损伤后感染所致，或可能由原发性病变消退而来。继发性病变包括表皮环形脱屑、结痂、糜烂、表皮剥脱、开裂、鳞屑、瘢痕和溃疡等。

一、丘疹

丘疹为局部性、直径小于 1 cm、固体凸起高出皮肤的实质性损害(图 1-13)。感觉坚实，由渗出物或炎性细胞、水肿、表皮或真皮细胞成分的局限性增生、真皮局限性细胞浸润，也可能是代谢产物的沉积造成(图 1-14)。见于多种不同的疾病，常见于跳蚤叮咬、疥螨、浅表细菌性脓皮病、毛囊炎，是皮肤病的基本皮损类型(图 1-15)。

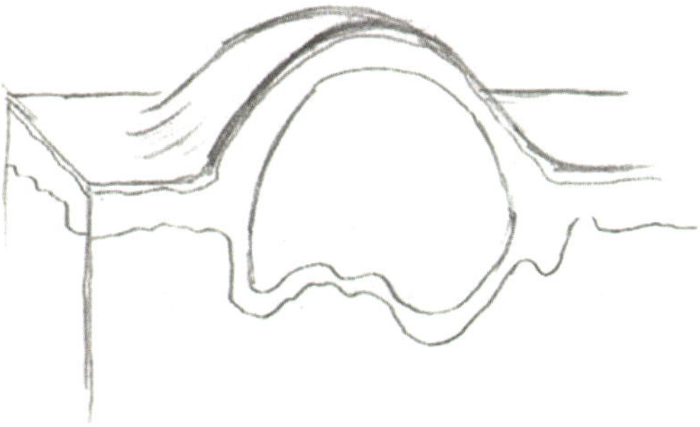

图 1-13　丘疹模式图

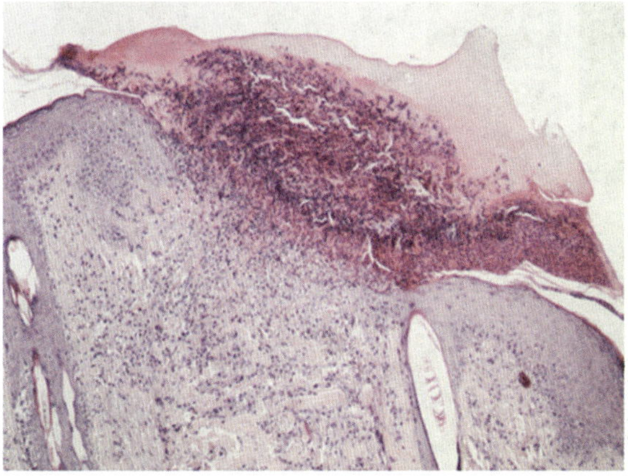

图 1-14　丘疹组织切片(赵博)

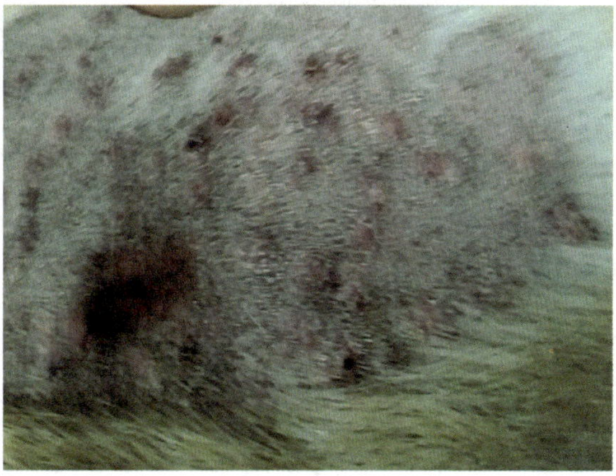

图 1-15　丘疹的病变

二、脓疱

脓疱是指皮肤上小的、有界线的表皮隆起，内含有脓液（图 1-16 至图 1-19）。由于脓液的颜色不同，脓疱可能会呈现黄色或黄绿色。脓液是机体组织在炎症过程中形成的浓稠或稀薄的渗出物，其中包含变性、坏死的白细胞，可含有或不含有细菌、坏死组织碎片和渗出的组织液。常见于细菌感染、嗜酸性毛囊炎（如过敏、寄生虫）、落叶型天疱疮、痤疮、脓皮病。

脓疱根据脓液内有无细菌、真菌等微生物，可以分为有菌性脓疱和无菌性脓疱。有菌性脓疱，主要是细菌性毛囊炎、痤疮脓疱、疖及疖病、痈、蜂窝织炎、淋巴管炎、创面细菌感染后形成的脓疱。无菌性的脓疱，主要是炎症细胞在局部聚集，加上崩解的表皮细胞、嗜酸性细胞等形成的脓疱。

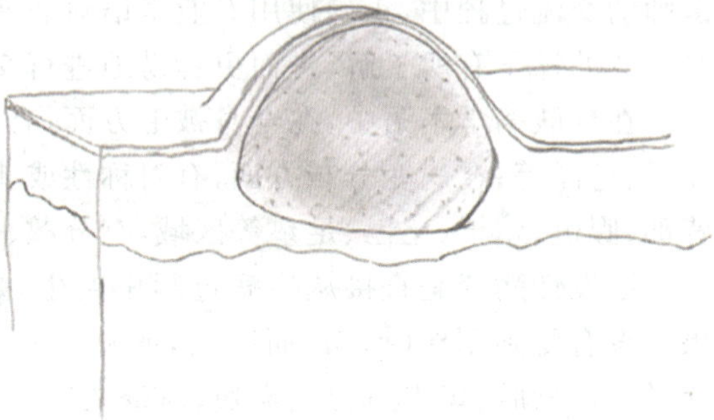

图 1-16　脓疱模式图（一）

图 1-17　脓疱模式图（二）

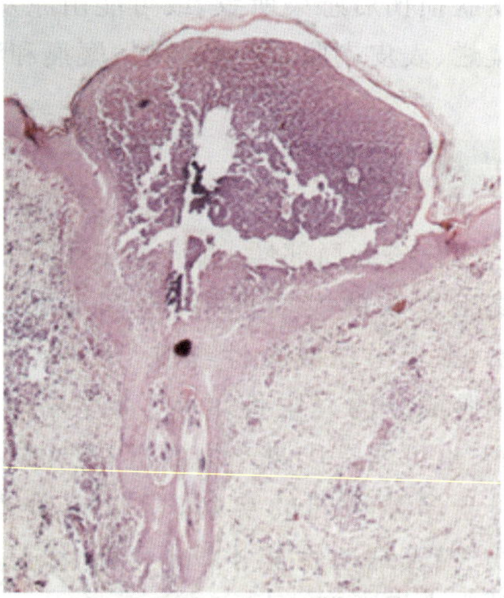

图 1-18　脓疱组织切片

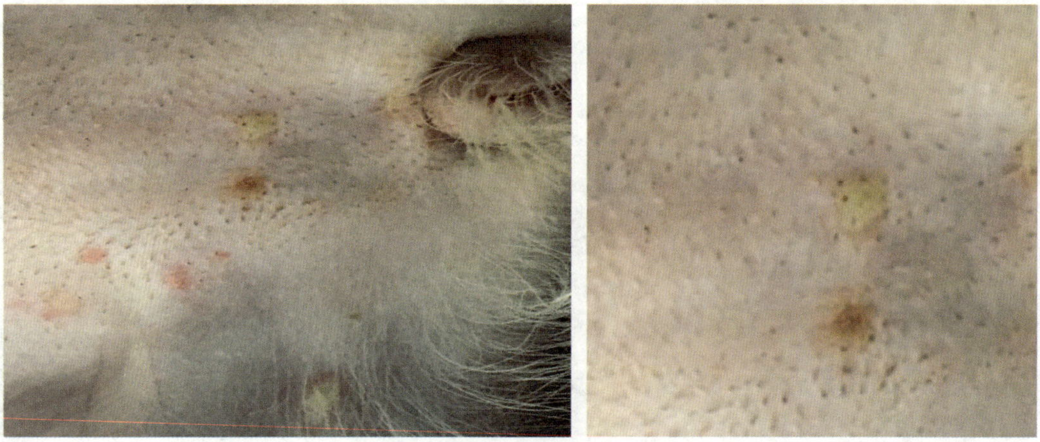

图 1-19　犬皮肤上完整的脓疱

三、结节

宠物皮肤结节是指在宠物皮肤表面或皮下组织内出现的一种局限性、实质性的异常隆起病变(图 1-20 至图 1-22)。呈圆形、椭圆形或不规则形的实质性皮肤损害。结节是有界线的固体凸起,通常直径大于 1 cm,可累及表皮、真皮或皮下组织。如果结节较大,可被称为团块。常见于肿瘤、肉芽肿、胶原沉积。

图 1-20 结节模式图(一)

图 1-21 结节模式图(二)

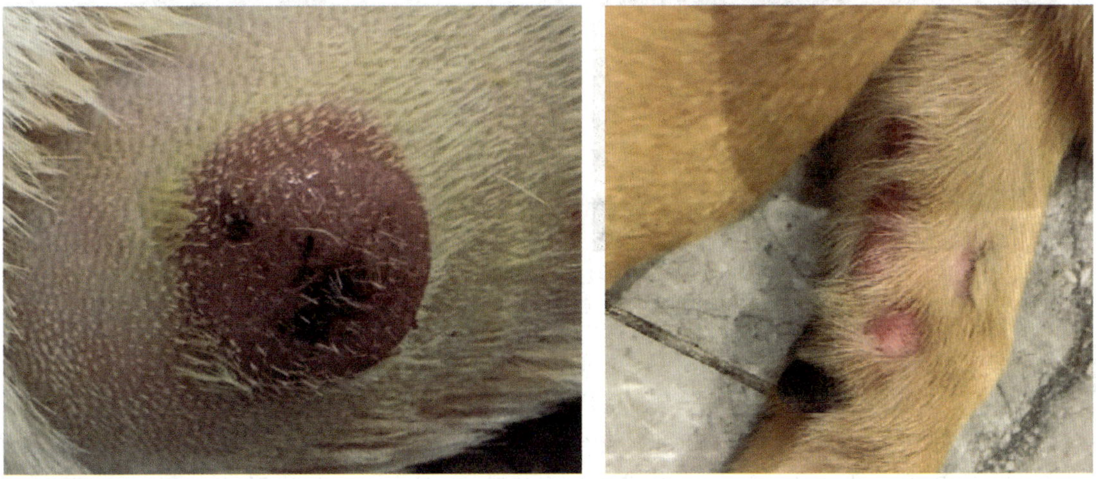

图 1-22 犬皮肤结节

四、糜烂

糜烂,是指皮肤、黏膜处的浅表性、局灶性缺损而导致腐烂,不穿透基底膜,愈合后不留瘢痕(图 1-23 至图 1-25)。

图 1-23　皮肤糜烂模式图

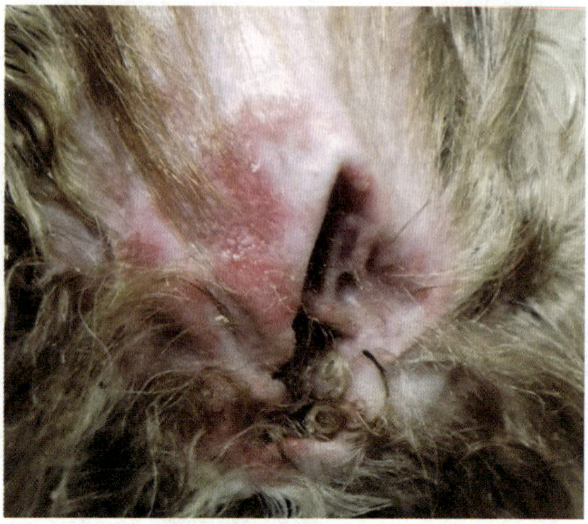

图 1-24　耳郭糜烂

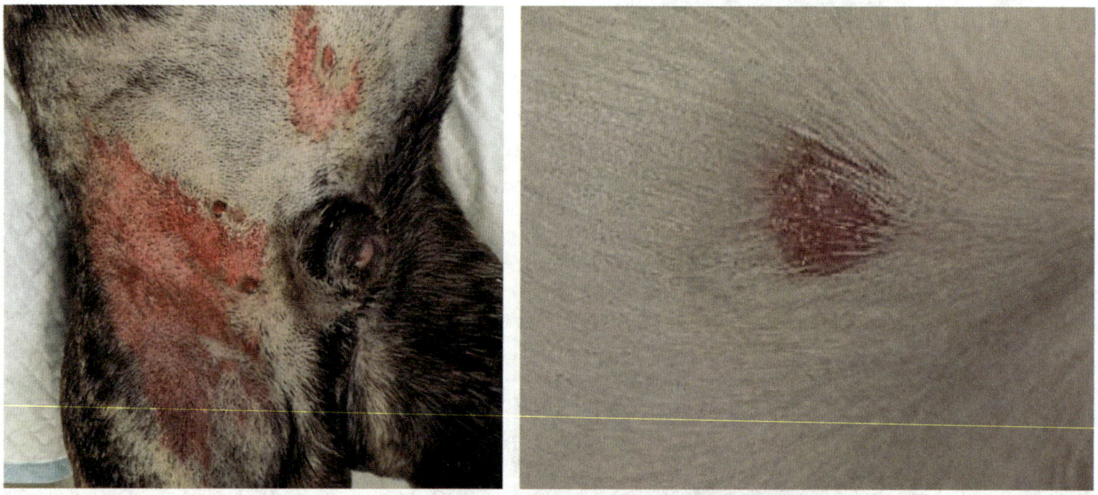

图 1-25　体表糜烂

五、溃疡

溃疡是皮肤表面局灶性的表皮和真皮全层缺失，组织的局限性缺损、溃烂，其表面常覆盖有脓液、坏死组织或痂皮，愈合后有瘢痕，可由感染、外伤、结节或肿瘤的破溃等所致，其大小、形态、深浅、发展过程等也不一致（图 1-26、图 1-27）。常合并为慢性感染，可能经久不愈。

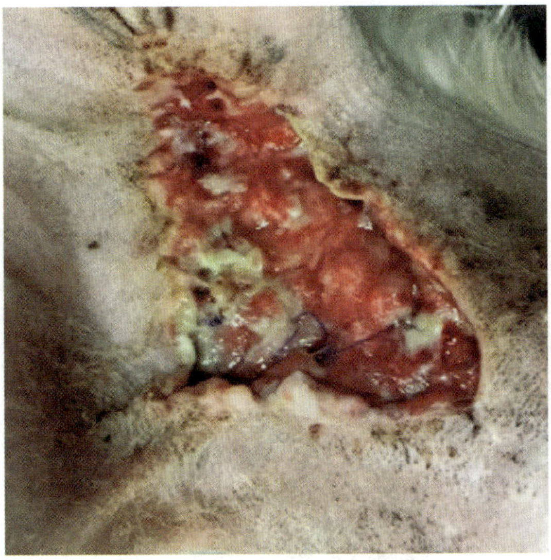
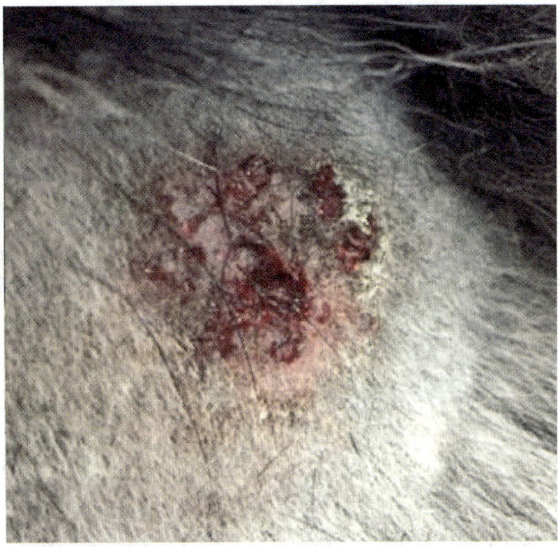

图 1-26 犬皮肤溃疡

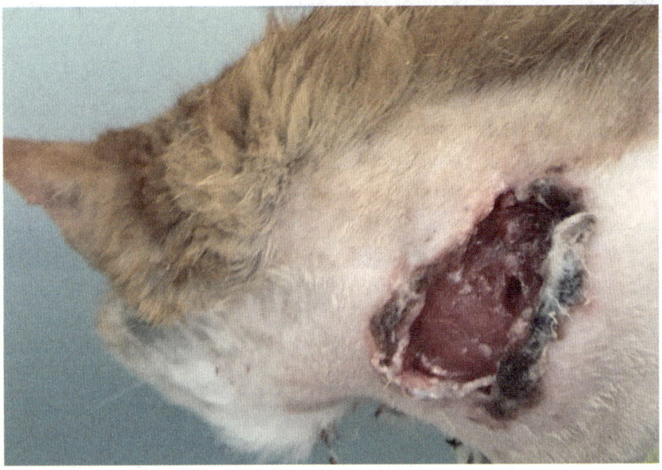

图 1-27 猫皮肤溃疡

六、囊肿

宠物皮肤囊肿是指宠物皮肤组织内形成的含有液体、半固体或气体等物质的囊性结构(图 1-28)。形态大多为圆形,凸出皮肤表皮为半圆形。

囊肿通常是由于皮肤的毛囊、皮脂腺、汗腺等附属器官的导管堵塞,分泌物无法正常排出,逐渐积聚而形成的。也可能是由于外伤、感染、遗传因素、内分泌失调等,引起皮肤细胞异常增生或代谢紊乱,进而促使囊肿形成。常有表皮囊肿(图 1-29)、汗腺囊肿(图 1-30)、皮脂腺囊肿、毛囊囊肿、肛门腺囊肿(图 1-31)等。

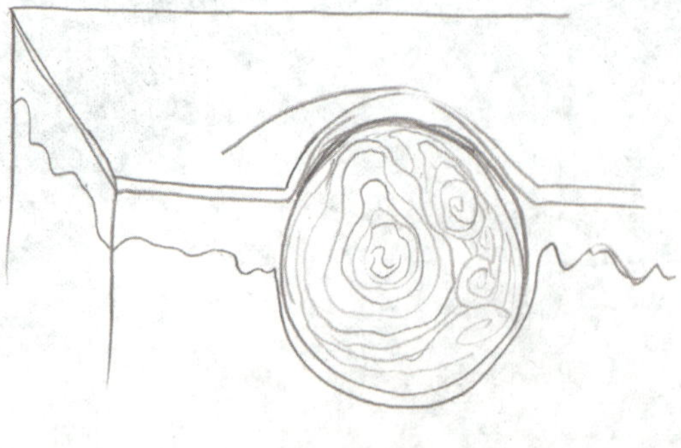

图 1-28 囊肿模式图

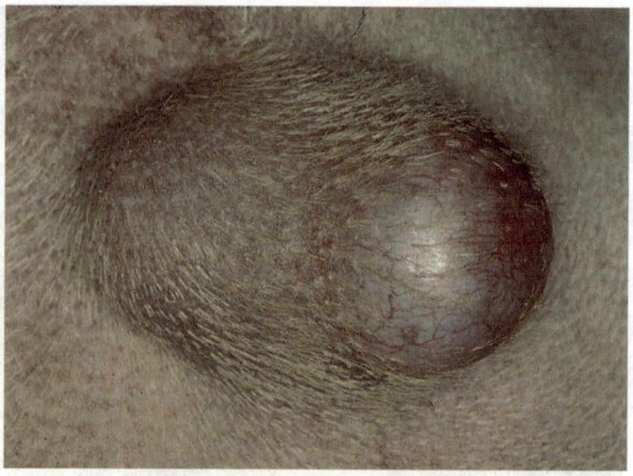

图 1-29 表皮囊肿

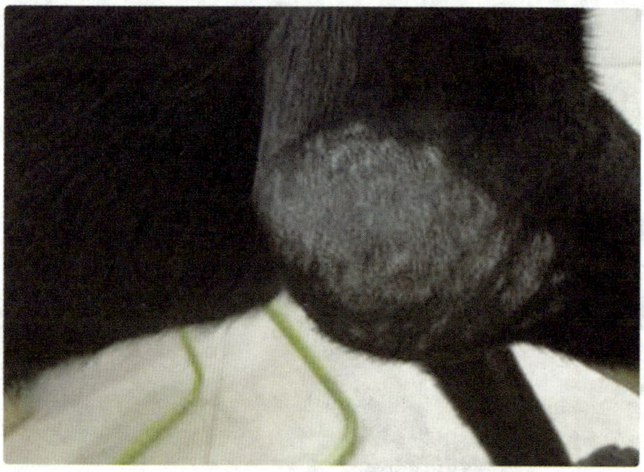

图 1-30 汗腺囊肿

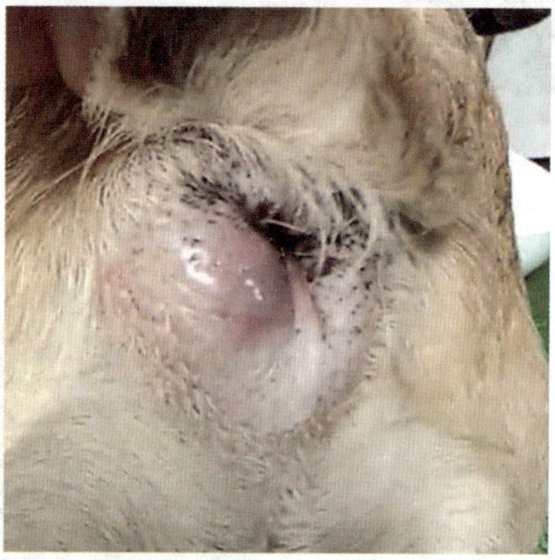

图 1-31 犬肛门腺囊肿

七、斑点、斑片、斑块

1. 斑点

斑点是一种皮肤表面夹杂的别种颜色的点子，是一种平的、有界线的皮肤色素异常（图 1-32）。通常，斑点不高于或低于皮肤表面，直径小于 1 cm（图 1-33），常见于色素痣、斑点（雀斑）、紫癜、淤点、急性红斑、白癜风等。

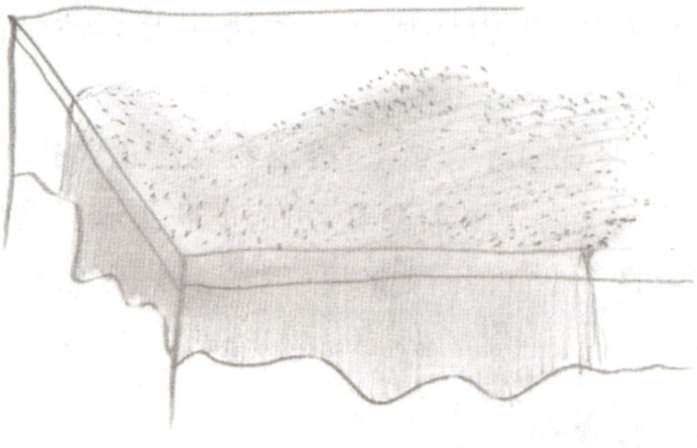

图 1-32 斑点模式图

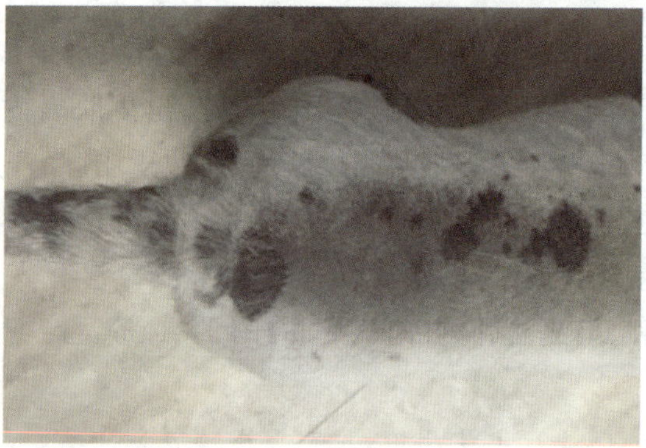

图 1-33 斑点与斑片

2. 斑片

斑片是局部的平的皮肤色素沉着变化，直径大于 1 cm（图 1-34、图 1-35）。常见于红斑、白斑、炎症后的色素沉着。红斑是最常见的斑片，急性炎症引起的红斑颜色较鲜红，慢性炎症引起的红斑色较暗，常伴有色素沉着而带褐色（图 1-36）。

图 1-34　斑片模式图

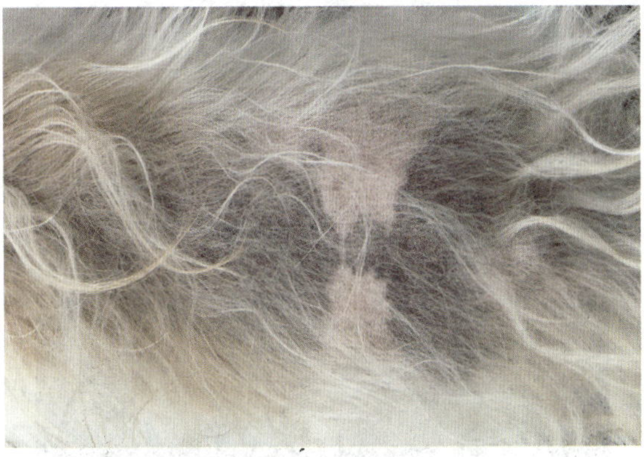

图 1-35　斑片

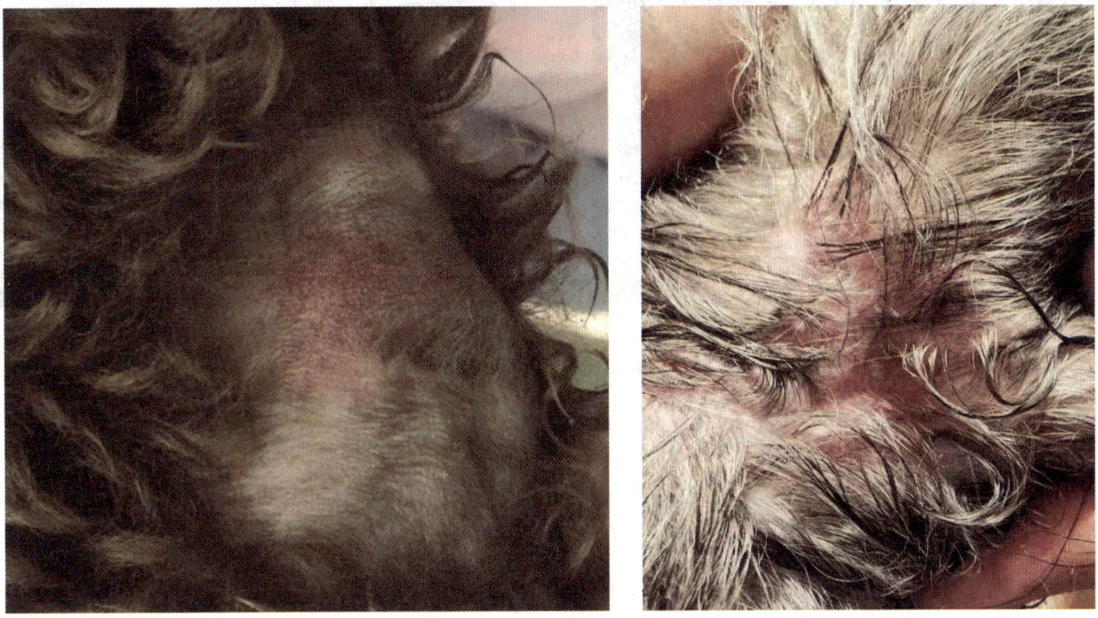

图 1-36　犬皮肤上的红斑

3. 斑块

皮肤斑块是指皮肤表面扁平的凸起，触及可感受到坚硬隆起，直径＞0.5 cm（图 1-37 至图 1-40）。由丘疹合并而成的大型丘疹，常见于嗜酸性斑块。皮肤斑块颜色与周围正常皮肤不同，可能是单一颜色，也可能是多种颜色的混合。

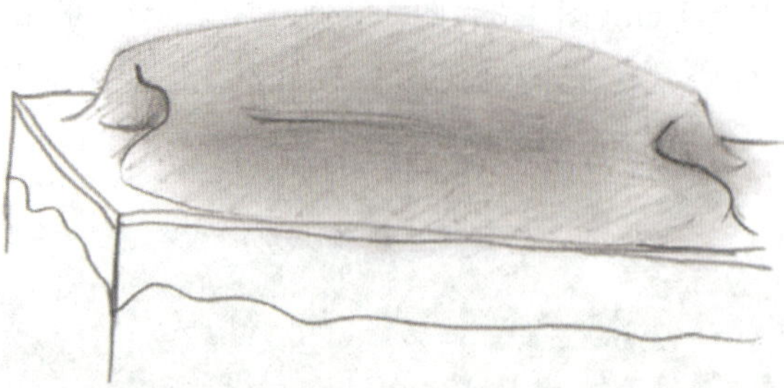

图 1-37　斑块模式图

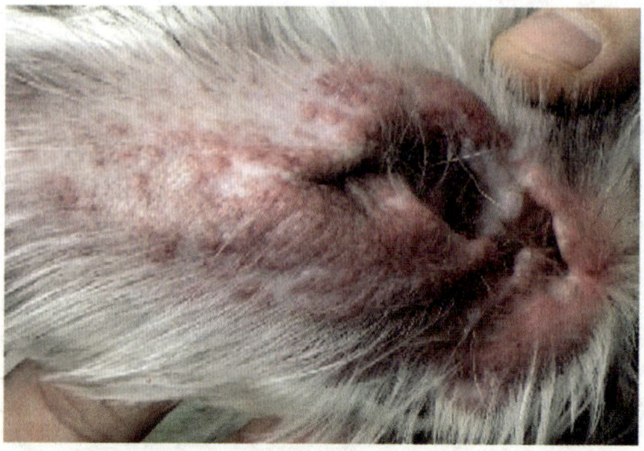

图 1-38　耳郭的斑块

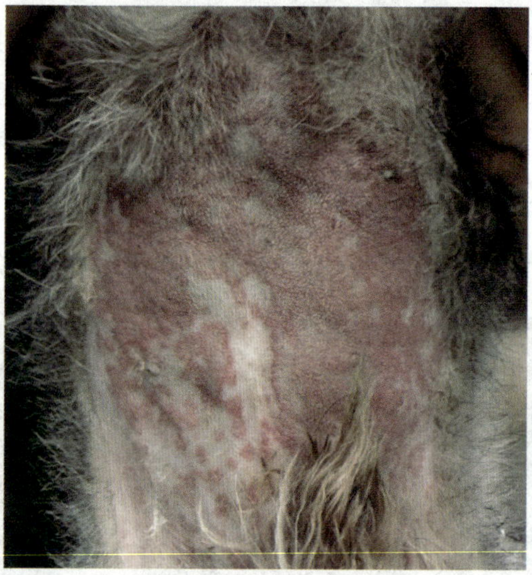

图 1-39　腹部的斑块

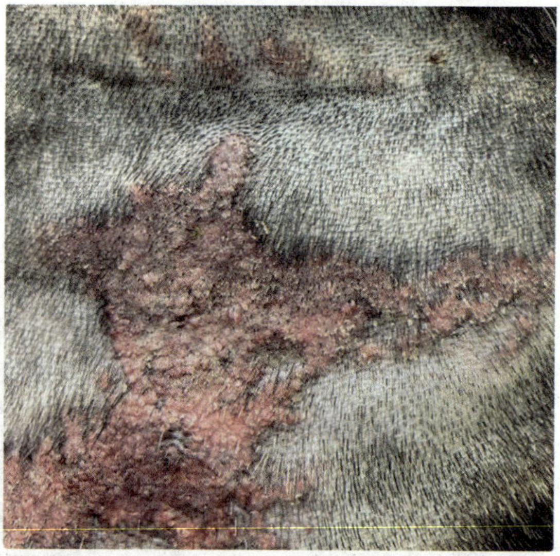

图 1-40　背部的斑块

八、 水疱、大疱

水疱是界线分明的凸起，表皮内或表皮下充满液体的细胞病变，直径＜0.5 cm（图 1-41、图 1-42）。常见于病毒性疾病、刺激物、自体免疫性疾病、大疱性表皮松解症等。

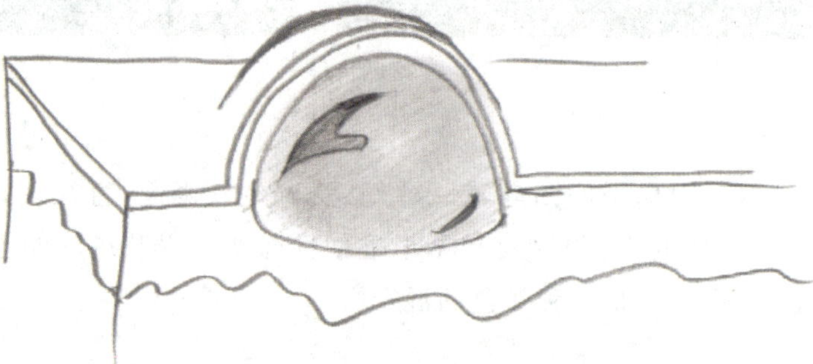

图 1-41　水疱模式图

大疱（图 1-43）是液体大量积聚，常延伸到真皮层，内容物为液体，直径＞0.5 cm，比水疱大。常见于自体免疫性疾病、大疱性表皮松解症等。

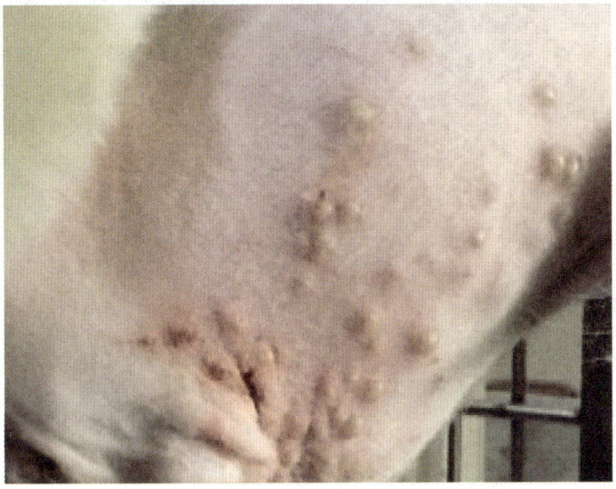

图 1-42　水疱

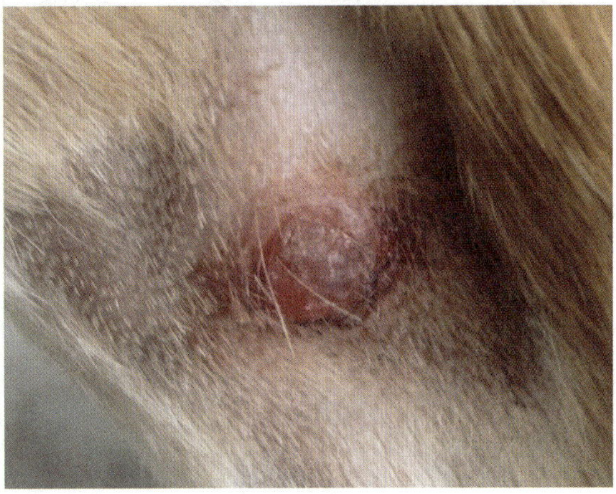

图 1-43　大疱

九、粉刺

皮肤粉刺是指毛囊口被皮脂和表皮碎屑阻塞，发生的一种慢性炎症性病变。形成原因主要是动物皮肤的毛囊口过度角化，导致毛囊口变窄甚至堵塞，同时皮脂腺分泌的皮脂过多，无法正常通过毛囊口排出，在毛囊内积聚，就形成了粉刺。

外观通常表现为皮肤表面的小丘疹，可能是白色或黑色。白色粉刺一般是由于毛囊内的皮脂和角质细胞等物质在毛囊口形成了一个闭合的小囊肿，外观呈白色丘疹状，故称为白头粉刺（图 1-44）。黑色粉刺则是因为毛囊口开放，其中的皮脂等物质被空气氧化，再加上灰尘等杂质附着，导致其顶部变黑，看起来像一个小黑点，故称为黑头粉刺（图 1-45、图 1-46）。

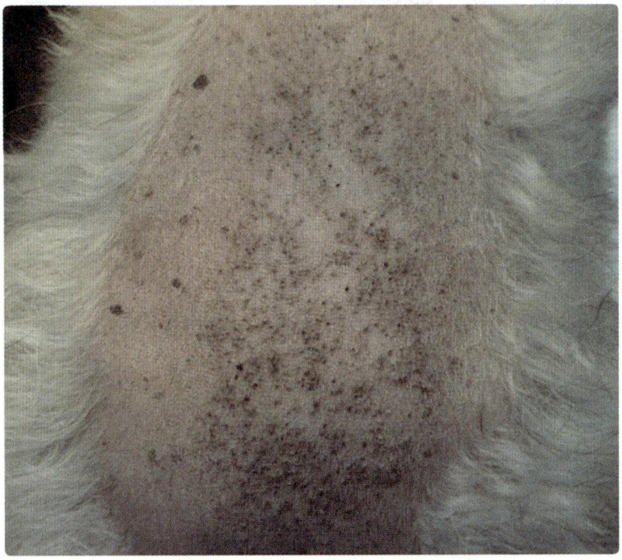

图 1-44　背部白头、黑头混合粉刺

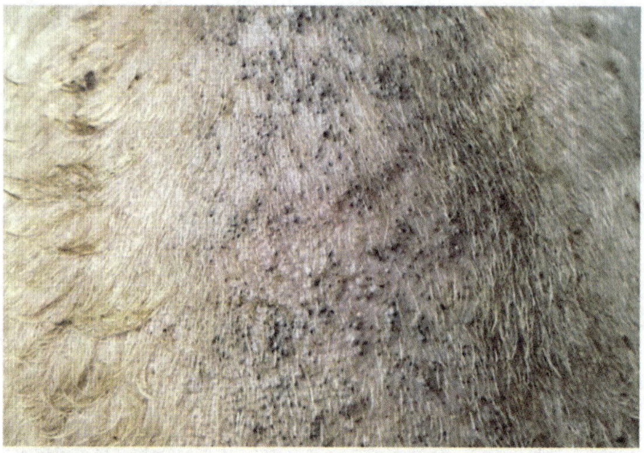

图 1-45　背部黑头粉刺

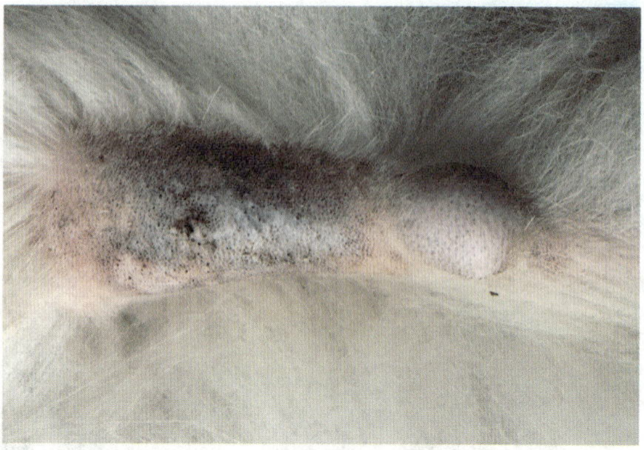

图 1-46　尾部黑头粉刺

十、结痂

结痂是指皮肤在受到创伤后，伤口表面血液中的血小板、纤维蛋白等成分与渗出的组织液等混合，经过一系列生理过程后，在伤口表面形成的一层由血液和组织液中的成分干燥、凝固而形成的深红色块状物或薄膜状物质(图 1-47)。

结痂的主要作用是保护伤口，防止伤口进一步受到外界细菌、病毒等病原体的侵袭，减少感染的风险，同时为伤口的愈合创造一个相对稳定的环境，有助于伤口处细胞的生长和修复，促进伤口的愈合。在伤口愈合过程中，痂皮通常会逐渐干燥、变硬，随着伤口的恢复，痂皮最终会自然脱落。

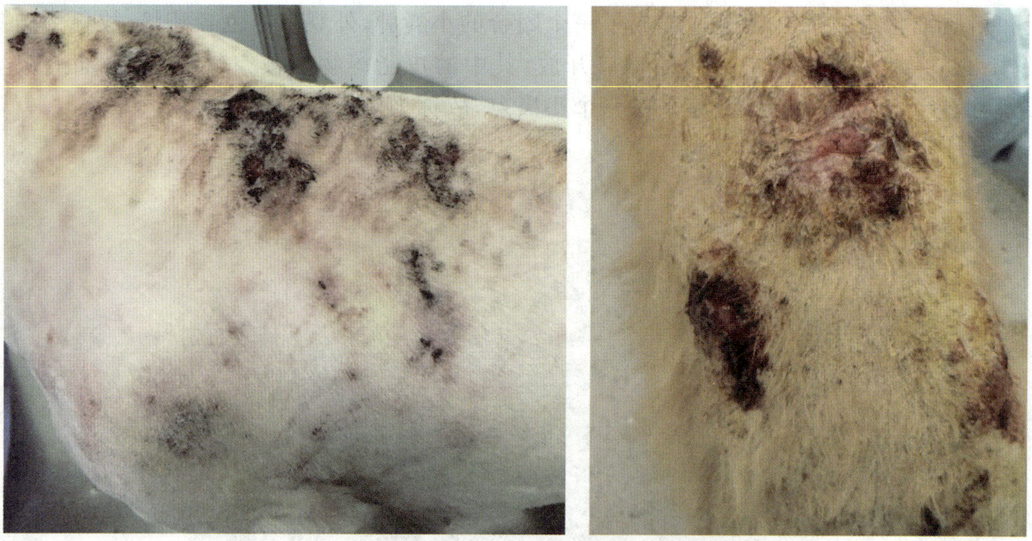

图 1-47　皮肤结痂

十一、肿瘤

肿瘤是指机体在各种致瘤因子作用下，局部组织细胞增生所形成的新生物。由于这种新生物多呈占位性块状突起，故也称赘生物(图 1-48、图 1-49)。大的肿块，可涉及皮肤及深层组织。

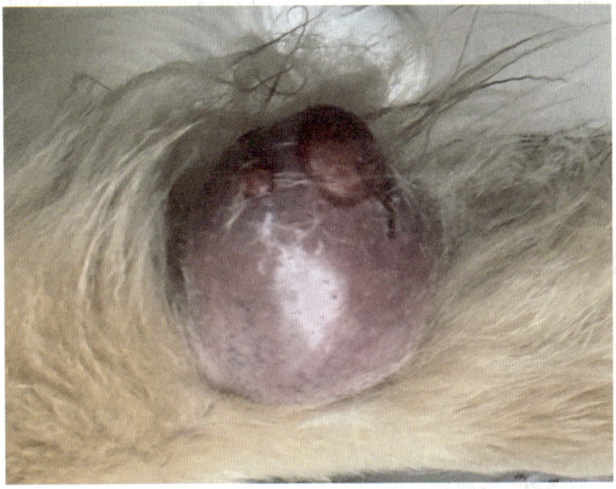

图 1-48　金毛寻回犬左前腿的组织细胞瘤

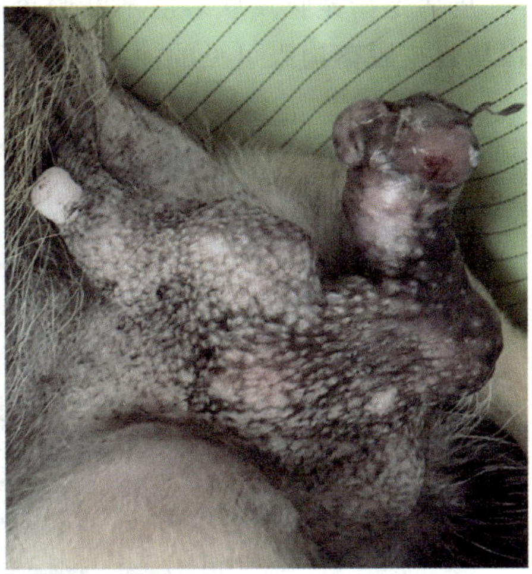

图 1-49　雌性犬的乳腺瘤

肿瘤可以分为良性肿瘤和恶性肿瘤。良性肿瘤通常有包膜，生长缓慢，不转移，对机体影响较小；恶性肿瘤则生长迅速，无包膜，常呈浸润性生长，可发生转移，严重影响机体功能，甚至危及生命。

十二、苔藓化

苔藓化是指动物皮肤因各种因素导致的一种病理状态，主要表现为皮肤角质层增厚、粗糙、变硬，伴有皮纹加深、色素沉着等，外观和触感类似苔藓(图 1-50)。

主要表现为阵发性的瘙痒，常因剧痒搔抓，越抓越厚、越粗，苔藓化越显著。中央为较大、较厚的多角形丘疹，外围的较小，在其边缘上，还可见散发的、典型的、微发亮的扁平苔藓样丘疹。宠物皮肤增厚超出正常模式，常由慢性炎症和自身创伤引起。

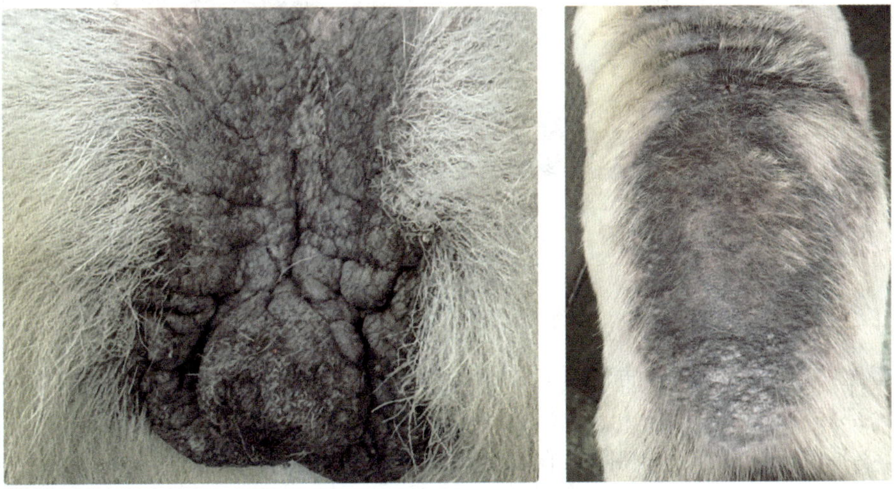

图 1-50　犬皮肤苔藓化

十三、皮屑

皮屑是指宠物皮肤表层不断脱落的角质细胞碎片(图 1-51、图 1-52)。角质细胞大量堆积后,从表皮脱落肉眼可见的糠样鳞片,可见于任何能引起角化过程紊乱的疾病。

图 1-51　背部皮屑

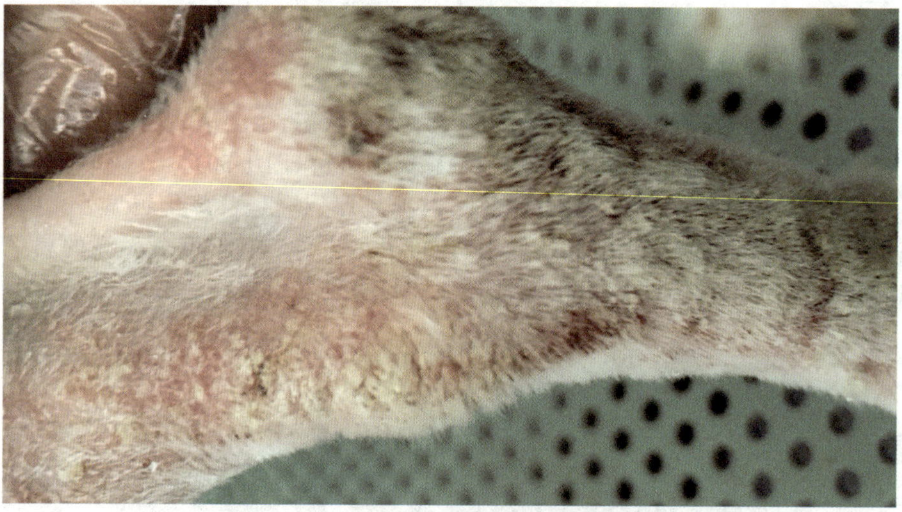

图 1-52　腿部皮屑

十四、瘘

瘘是指宠物机体内因发生病变而向外溃破所形成的管道,病灶里的分泌物由此流出,常伴有渗出的深部病变(图 1-53)。

通常,瘘是由于感染、创伤、肿瘤、自身免疫性疾病等,破坏了正常的组织屏障,导致皮肤与深部组织之间出现持续性的、异常的沟通路径。

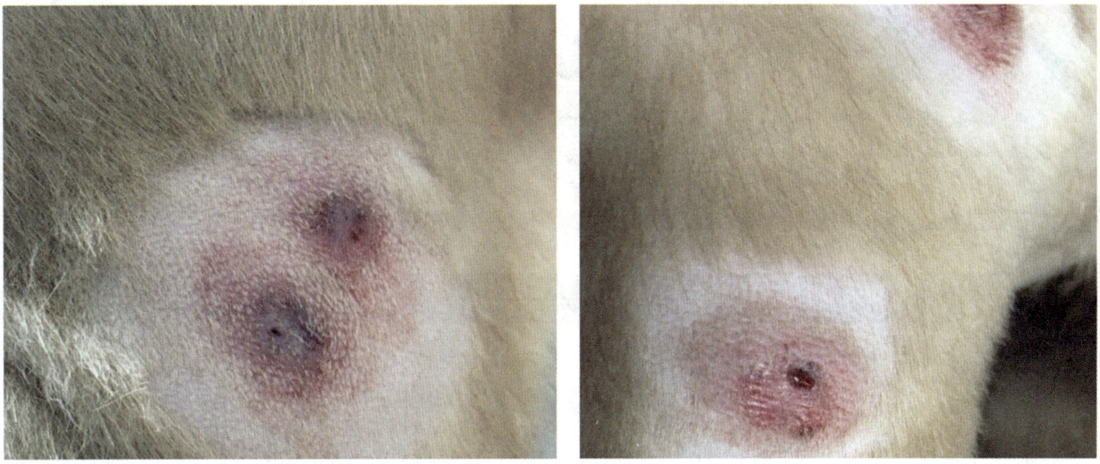

图 1-53　瘘

十五、瘢痕

物理性、生物性、化学性等因素导致正常皮肤组织损伤后，不能完全自行正常修复，成纤维细胞大量增殖并合成胶原蛋白等细胞外基质来填补伤口，形成既影响外观又影响功能的局部症状，即瘢痕（图 1-54）。修复过程出现过多的胶原蛋白等物质堆积，就形成了瘢痕组织。

瘢痕组织与正常皮肤在结构和功能上都存在差异，外观上可能表现为增厚、变硬、色素沉着或减退等，并且缺乏正常皮肤的弹性和柔韧性。根据形态和特点，瘢痕可分为增生性瘢痕、瘢痕疙瘩、萎缩性瘢痕等不同类型。

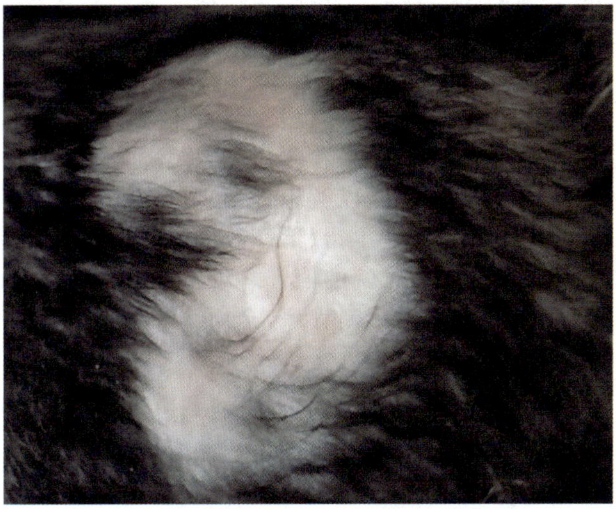

图 1-54　康复后的瘢痕

第二章 皮肤病的诊断流程

知识目标 宠物皮肤病的诊断流程。

能力目标 掌握皮肤病的诊断流程。

素质目标
1. 培养职业道德与责任感，树立以动物福利为核心的诊疗理念，重视皮肤病的早期诊断与规范治疗。
2. 培养创新素养、工匠精神，培养细致观察、客观分析的工作态度，避免主观臆断。
3. 培养职业素养与终身学习意识。注重个人卫生与操作规范，避免交叉感染；树立终身学习理念，及时关注宠物皮肤病领域的新方法、新理论。
4. 培养沟通与协作能力，提升与宠物主人的沟通技巧，能够清晰、耐心地解释病情、治疗方案和护理要点。同时培养团队协作能力，在多学科联合诊疗中有效配合。

皮肤病种类繁多，原因复杂，症状多样，病程长，具有不易确诊、不易根治的特点。加之当前宠物医院的实验设备、检测人员技术水平参差不齐，也增加了皮肤病的诊断难度。在临床上，主要表现有剧痒、脱毛、结痂、皮肤肥厚以及患部出现红斑、丘疹等变化，症状十分相似，如果没有一个正确的诊断，治疗用药就可能出错、治疗效果也会受到严重的影响，从而影响犬、猫及宠物主人的身心健康，最终影响宠物医院的信誉。对于宠物医生来讲，在宠物皮肤病的诊疗过程中，诊断非常重要，只有按照一定的诊断程序，全面客观地检查，做好鉴别诊断，才能减少误诊、漏诊，为进一步的治疗提供依据。

一、诊断流程

(1)获取基本信息。

(2)皮肤病史：发病时间、初期部位和症状。

(3)进行体格检查和皮肤检查。

(4)列出鉴别诊断(可能有哪些疾病)。

(5)选择实验室检查项目。

(6)根据病因和症状，建立治疗计划。

二、宠物基本信息

(1)宠物基本信息。品种、年龄、性别、体重、疫苗接种情况、驱虫情况。

(2)饮食信息。日常饮食种类、是否有食物过敏史。

(3)生活环境。居住环境(如室内、室外卫生状况)、与其他宠物的接触情况。

(4)发病情况。发病时间、症状出现的先后顺序、症状的发展变化(如加重、缓解、反复)。

三、病史

病史是指患病宠物本次患病的原因、症状等,以及历次所患疾病和治疗情况。即患病宠物历次所患疾病及诊疗情况。引起疾病发生的原因可能是一方面,也可能是多方面。通过询问寻找发病原因,为诊断打下基础,可以说好的开始是成功的一半。

询问是获取病史的主要手段。通过向宠物主人谈话的方式了解有关疾病的情况。倾听宠物主人的陈述,能提供诊断思路。首次就诊病例至少询问 15 min,转诊病例至少询问半小时。

询问内容包括发病时间、过程、表现,生活环境和习惯,用药情况和效果,病史和过敏史等。

1. 整体状况

每个病例都要询问全身状况。例如,是否咳嗽、打喷嚏、多饮、运动不耐受,食欲和排便状况,是否呕吐、腹泻等。宠物是否健康,是否存在影响皮肤病的因素。

2. 皮肤病病史

调查起始症状、起始发病年龄,青年宠物寄生虫更常见,特异性皮炎起始发病通常在青年阶段,很少在 7 岁之后出现,内分泌疾病在中年到老年发病,肿瘤常见于老年发病。

(1)饮食情况如何?是否有摄入大量食盐的可能性?是否有长期摄入人的食物?是否存在营养不平衡、脂肪和蛋白质过多、营养过剩、肥胖或者营养不良、缺乏某些矿物质或维生素(尤其是缺乏 B 族维生素和锌)的情况?

(2)洗澡间隔时间多长?用的是什么香波?是否有破坏皮肤保护层的可能?

(3)是否出现细菌、真菌、病毒、寄生虫引起的感染情况?

3. 瘙痒

调查有无瘙痒,瘙痒是先或后出现于其他病变,瘙痒的评分,瘙痒的部位;若前期有治疗,那对治疗后的瘙痒反应情况。

4. 生活方式

宠物去过何处?室内宠物较少出现感染或传染病,是否参加过宠物展、去过美容院或者训练学校、接触过其他动物或野生动物?

5. 治疗反应

转诊病例通常有复杂的治疗史,抗生素有效提示脓皮病,抗寄生虫药物的治疗反应提示或排除外寄生虫,是否使用过类固醇及其反应,是否更改随后的治疗方案。

6. 评估宠物主人的依从性

一方面,通过交谈和访谈,根据宠物主人对宠物的重视程度、宠物主人对宠物支出的经济状况、宠物主人家庭社会支持情况、宠物主人对宠物疾病的治疗态度和信念等,综合评估宠物主人的依从性。另一方面，询问近期的各种处置及治疗的具体操作、喂养状况等评估宠物主人的依从性。

四、 体格检查和皮肤检查

观察皮肤的状态，收集临床症状，为诊断寻找证据，认真检查，不漏检。观察的内容包括：皮肤被毛的完整性，被毛的光泽和顺畅与否，脱毛状态是否对称，局部皮肤的弹性、厚度、色素变化、病变的部位、大小、形状、性质、散在或集中、单侧或对称、表面隆起程度、颜色等（图 2-1）。

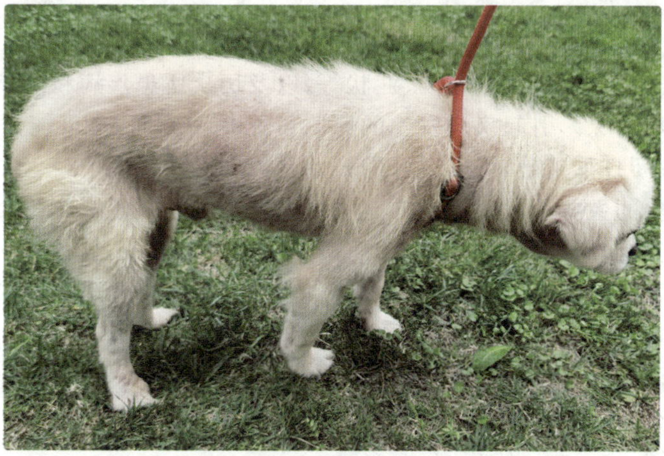

图 2-1　犬全身严重脱毛

皮肤上的病变比较复杂，主要症状有：脱毛、皮肤瘙痒、皮肤有皮屑、发红、有皮疹、皮肤发炎使得皮脂腺产生大量分泌物和难闻的气味等（图 2-2）。皮肤损害在发病初期是直接由疾病引起的，但由于犬猫的自抓咬和药物处理常引起二次感染而掩盖了皮肤病变的真相，容易引起误诊。因此，对于皮肤病变需要仔细地观察和辨别。常见的皮肤病变有斑点、斑片、丘疹、结节、肿瘤、脓疱、水疱、溃疡、瘢痕、擦伤、痂皮、龟裂、鳞屑、表皮脱落、苔藓化（图 2-3）、色素过度沉着、黑头粉刺等。

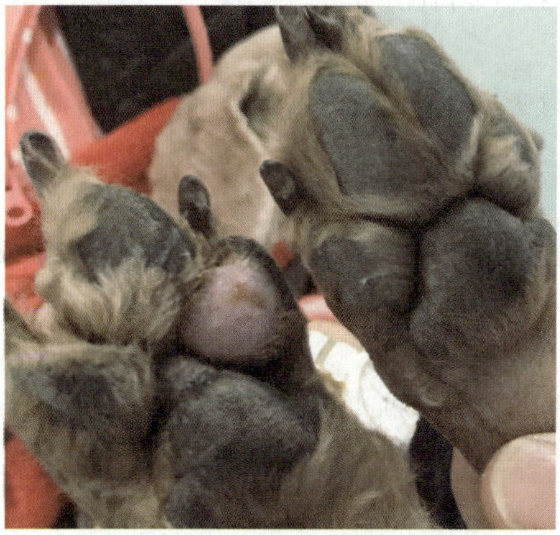

图 2-2　趾间炎

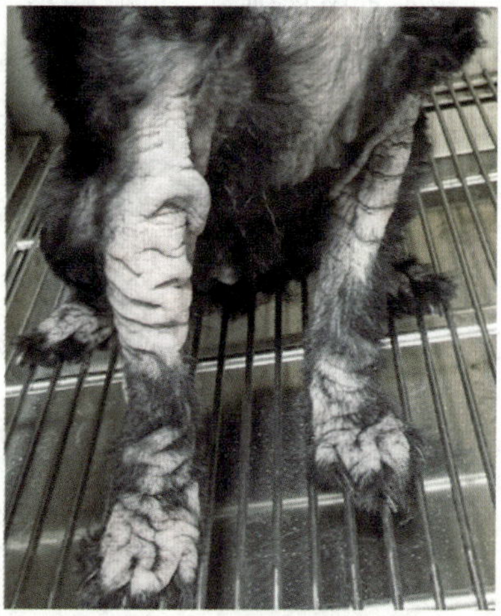

图 2-3　皮肤苔藓化

五、 列出鉴别诊断(可能有哪些疾病)

根据上面获得的病史、发病初期症状、药物治疗情况、体格检查情况等，进行综合分析、推理、判断，初步判断皮肤病性质、致病原因、发病机理，并列出可能会属于哪些皮肤病，以便选择进一步的检查方法。

犬猫皮肤病根据发病原因多数可分为以下常见类型：寄生虫性皮肤病、细菌性皮肤病、真菌性皮肤病、病毒性皮肤病(图 2-4)、皮肤过敏与药疹、自体免疫性皮肤病、激素性皮肤病(图 2-5)、皮脂溢(图 2-6)、中毒性皮炎、代谢性皮肤病、遗传性皮肤病、皮肤肿瘤、与物理性因素有关的皮肤病等。

图 2-4　病毒性皮肤病

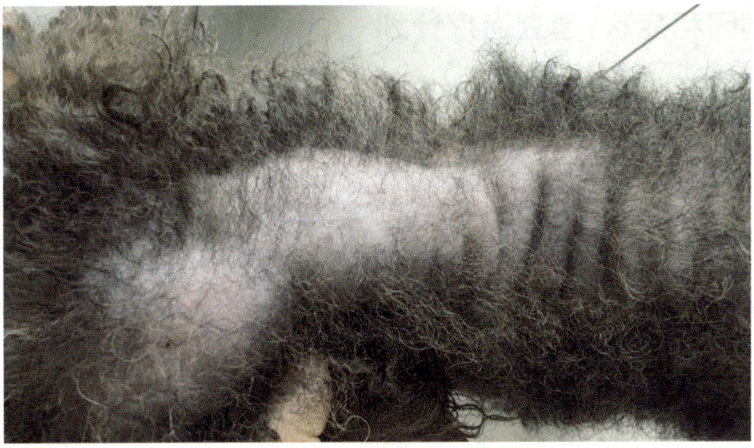

图 2-5　激素性皮肤病

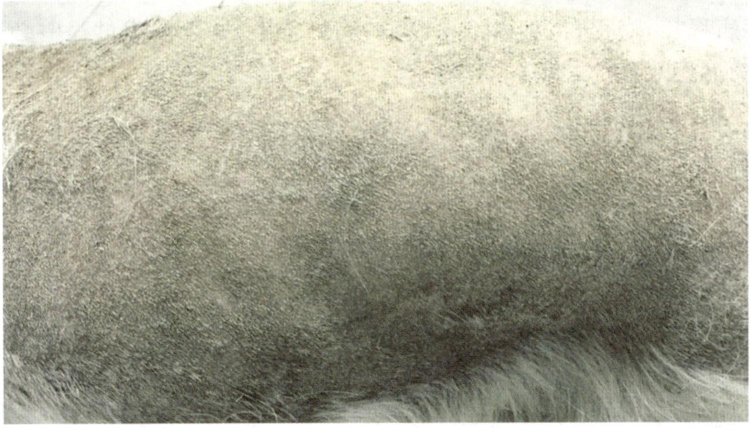

图 2-6　皮脂溢

六、实验室检查

实验室检查对于部分皮肤病具有非常重要的意义，能够准确检查出蠕形螨、疥螨、细菌感染、真菌性皮肤病等。

实验室检查方法包括：微生物及寄生虫检查、皮肤细胞学检查、皮肤组织病理学检查、特殊血清学检查等。微生物及寄生虫检查通常用于检测皮肤表面感染的各种致病微生物和寄生虫，如真菌、细菌、跳蚤、螨、虱等。皮肤细胞学检查有助于大疱性、水疱性、病毒性皮肤病和皮肤肿瘤的诊断。皮肤组织病理学检查适用于皮肤肿瘤及癌前病变、肉芽肿性疾病、血管炎性皮肤病等疾病的确诊。特殊血清学检查则有助于为过敏性疾病的诊断提供依据。总的来讲，几乎所有的皮肤病在临床医生没有把握确诊的情况下，均需要进行相应辅助性实验室检查，以便进一步帮助确诊。

细菌感染可以用细菌染色镜检、细菌培养的方法检出来确诊。用透明胶带法、皮肤刮取法采取病料，采取粪便检查虫卵。各种螨虫用显微镜检查方法即可确诊。真菌常用涂片镜检法、伍德氏灯法、真菌培养、触片标本染色等方法。

七、基于病因和症状，建立治疗计划

根据病因、临床症状、皮肤病种类的综合分析，配合实验室检查，判断其实质，对疾病定性，进行初步确诊，并确定治疗原则。常见的治疗原则是：消灭病原和病因，对症治疗，防止继发感染，加强护理。例如，螨虫就要除螨，真菌性皮肤病就要抗真菌。对症治疗应按具体表现用药，如有感染就要抗炎、有过敏就要抗过敏。

治疗过程也是验证诊断的过程，如果诊断正确，用药正确，疾病就会逐渐好转，直到痊愈。如果诊断不正确或者药物选择有误，疾病很可能会发生很大变化，原发病进一步发展严重或出现继发感染。如果在治疗中，经过一段时间还没有好转的迹象，应考虑重新诊断，重新选择药物。

八、预防反复发病

由于皮肤病病程长，疗程长，难以治愈，容易反复感染，所以治疗过程中必须告知相关的注意事项，以免影响治疗效果。

(1)严格环境和用具消毒。

(2)保持环境卫生、干燥，防止病原再度生长繁殖。

(3)选择合适的犬猫饲粮。

(4)定期驱虫。

(5)选择合适的浴液。

(6)防止使用或接触可能引起过敏的物质。

总之，宠物皮肤病诊治都是在了解发病原因的基础上，收集皮肤病变的症状，以分析、判断属于哪种皮肤病，配合实验室检查做出初步判断，确定治疗原则，正确用药。为了巩固疗效，需要同时做好各个环节，以确保治疗效果并预防复发。

第三章 常见皮肤病的采样及检查方法

知识目标

1. 宠物皮肤的采样方法。
2. 宠物皮肤的检查方法。

能力目标

1. 掌握梳毛、拔毛、皮肤刮片、直接压片、透明胶带、耳分泌物涂片、细针抽吸、皮肤活组织检查等宠物皮肤采样技术。
2. 掌握放大镜法和湿纸试验、伍德氏灯、显微镜检查法、微生物培养法等宠物皮肤检查方法。

素质目标

1. 培养严谨认真、细致规范的工作作风，确保采样操作的准确性和样本的有效性。
2. 树立无菌操作和生物安全意识，防止样本污染、交叉感染及操作人员感染风险。
3. 增强责任心和关爱动物的意识，在采样过程中尽量减少宠物的应激和痛苦。
4. 提升沟通能力，能向宠物主人清晰解释采样目的、过程及注意事项，获得理解与配合。

皮肤病是宠物疾病中最常见的一种，在临床中占据了很大的比例。皮肤采样是临床实验室检查前的常用手段，兽医师每天都要面对各种各样的皮肤病，为了治疗这些病，检查出这些皮肤病的真正病因变得十分重要。

一、宠物保定

做好皮肤采样前物品的准备，根据宠物种类、大小、品种、性格及采样部位等特点，采用不同的保定方法。对宠物采取正确的保定姿势，有利于兽医师对皮肤采样部位的操作。保定前和保定中，可用语言和动作安抚宠物的恐惧心理。

二、选择采样位置

在详细查看病史、并对全身皮肤进行详细检查后，制订诊断计划。选择发病时间最近、症状明显、容易检出的部位。蠕形螨容易在头、脸、四肢等部位检出；疥螨容易在耳尖、腹下、四肢关节处检出；脓皮病和真菌感染则全身各处都有可能发生，所以要根据不同的临床症状来选择采样部位，见图 3-1 至图 3-5。如果病变部位较多应该选择比较隐蔽的地方刮取，以尽量保持宠物的美观。

图 3-1　眼周和鼻部病变

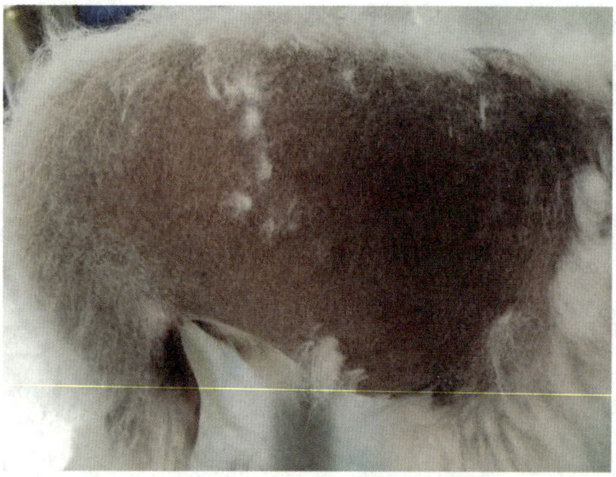

图 3-2　躯干病变

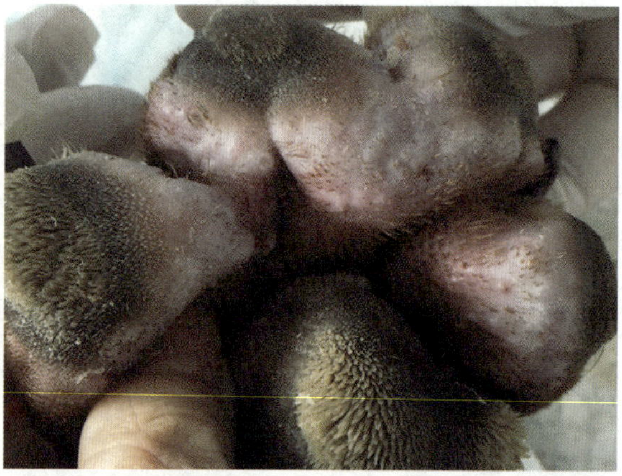

图 3-3　杜宾犬脚掌病变

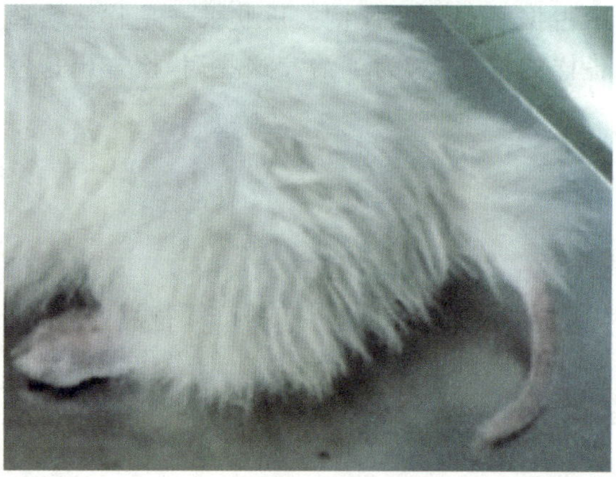

图 3-4　犬尾部、脚部病变

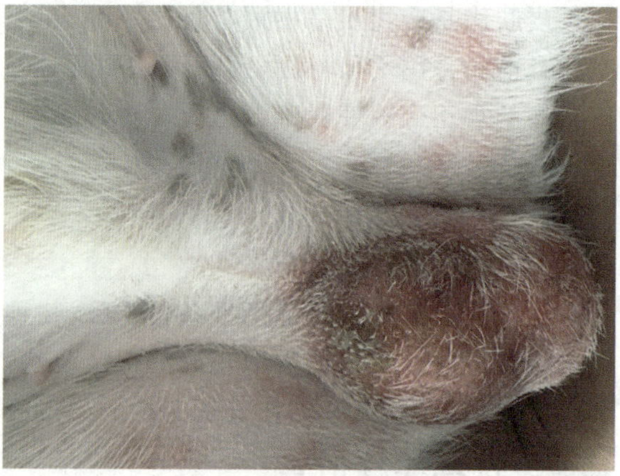

图 3-5　睾丸及腹部病变

三、皮肤采样技术

皮肤病采样要求快速、方便，有利于满足实验室检查的需要。

(一)梳毛采样

梳毛采样主要用于跳蚤、螨等体外寄生虫的检查。筛查外寄生虫、虫卵、碎屑、跳蚤粪便。

检查方法：①取一张结实的纸，光面朝上，宠物站在上面；②用跳蚤梳或硬塑料梳子梳理被毛（图 3-6）；③将纸折叠，收集碎屑（图 3-7）；④在毛屑中挑出毛发镜检（图 3-8 至图 3-10）。

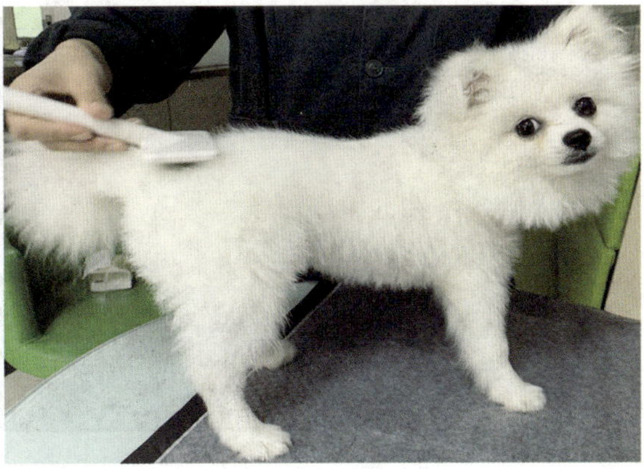

图 3-6　梳毛

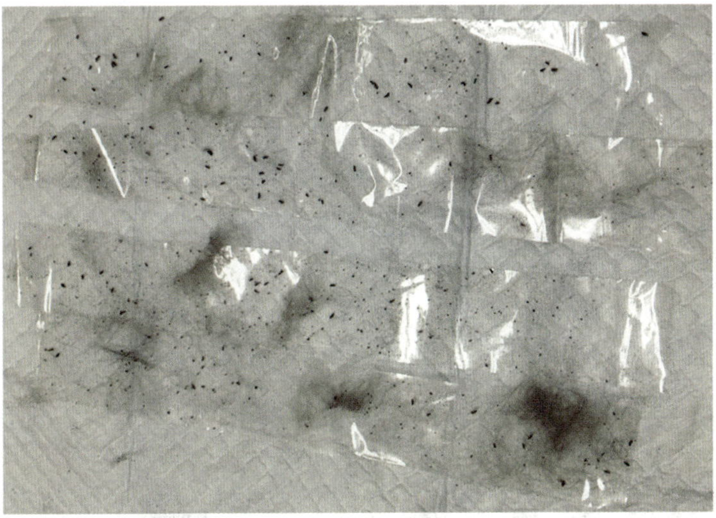

图 3-7　收集碎屑

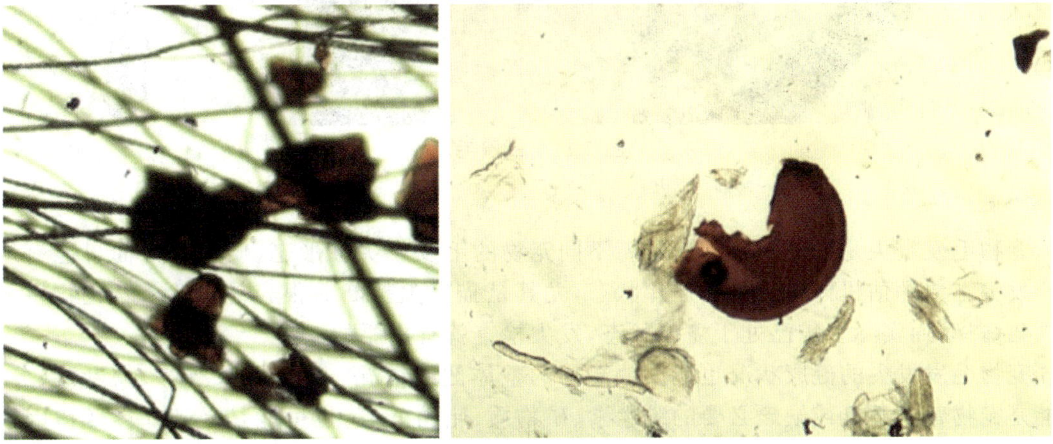

图 3-8　跳蚤排泄物与毛发（清晰、红色、半透明，通常呈弧形、结晶状）

图 3-9　毛发上的螨和虫卵

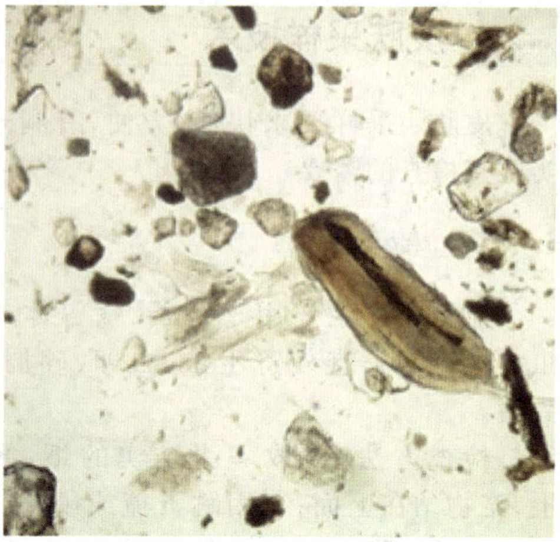

图 3-10　沙子和毛囊管型

(二)拔毛采样

拔毛检查用于观察毛发的状况,可完成对机体的瘙痒状态、真菌感染、色素沉着、生长周期等方面的评估。主要用于浅表和毛囊螨虫、虱子的检查。

检查方法:①收集毛发或拔取少量待检毛发;②用矿物油或透明胶带固定毛发样本于载玻片上;③盖上盖玻片;④低或高倍镜(4×或 10×)下检查样本;⑤查看毛发形态,是否有断裂、创伤等(图 3-11),毛根是处于哪个期,如生长初期、终止期等。毛囊内容物是否有蠕形螨病。

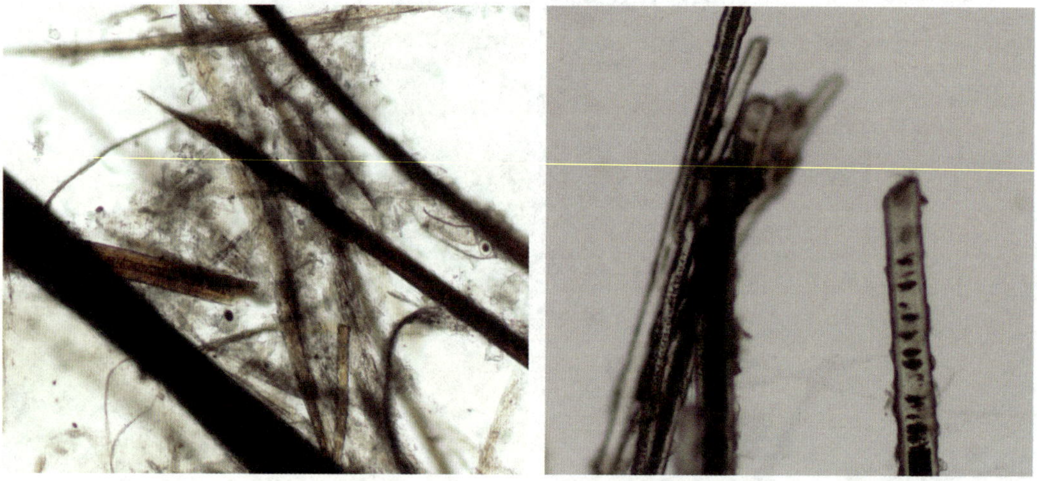

图 3-11　断裂毛发

1. 发尖

宠物毛发发尖是毛发的末端部分。不同宠物的毛发发尖在形态、质地等方面可能有所不同。发尖主要评估机体是否处于瘙痒状态,尤其是猫发尖折断后很容易辨认。若宠物主人未发现猫瘙痒,而实际上猫已处于瘙痒状态,发尖检查就有重要的意义。

宠物毛发发尖的健康状况也能反映宠物的整体健康情况。如果发尖干燥、易断裂、分叉,可能是宠物营养不良或缺乏必要的维生素、矿物质、脂肪酸等,也可能是受到外界环境因素的影响,如干燥、过度洗浴、阳光曝晒等;如果发尖出现变色、结痂、有寄生虫等情况,则可能是皮肤疾病或感染导致的。

2. 发根

宠物发根的检查可诊断毛发的生长期和终止期(图 3-12、图 3-13)，从而确定毛囊周期是否正常。对多数宠物而言，大部分的毛发处于终止期，只有一小部分毛发处于生长期。在一些生长期很长的宠物(如贵宾犬)身上，大部分的毛发可能处于生长期，相对少量的毛发处于终止期。在静止性脱毛疾病中，所有的毛发都处于终止期。

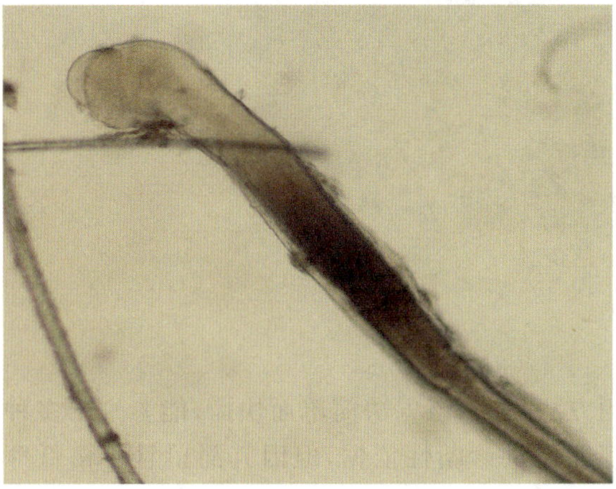

图 3-12　生长期毛根

图 3-13　终止期毛根

3. 毛干

被真菌感染的宠物，有时可以看到毛干外癣菌。毛干外癣菌比较难以发现，临床中可使用伍德氏灯检查可疑毛发，在显微镜暗光下，呈朽木状(图 3-14)。毛发的皮质看起来膨胀、有损伤，如果折断则有缺口，呈扫帚样(图 3-15)，病原微生物可能会围绕在毛干损伤的周围。毛干也可用于色素形成的观察(图 3-16)，毛干上色素形成通常提示色素突变导致稀释性脱毛和毛囊发育不良。虱子等寄生虫的虫卵也有可能被发现在毛干上，其粪便也可能黏附于毛发。毛干上其他异常较为少见。

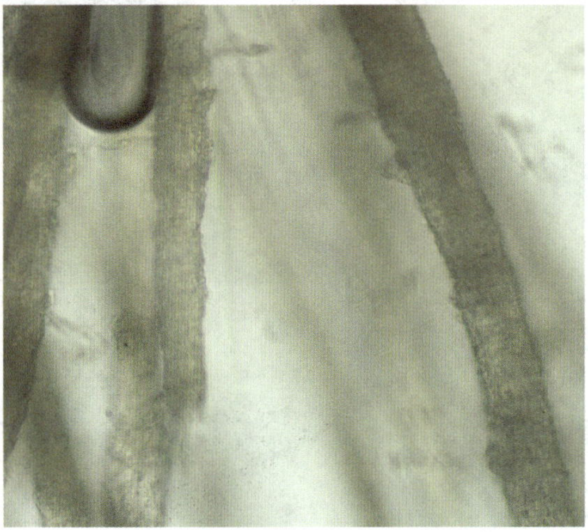

图 3-14　癣菌感染的毛干(朽木状)

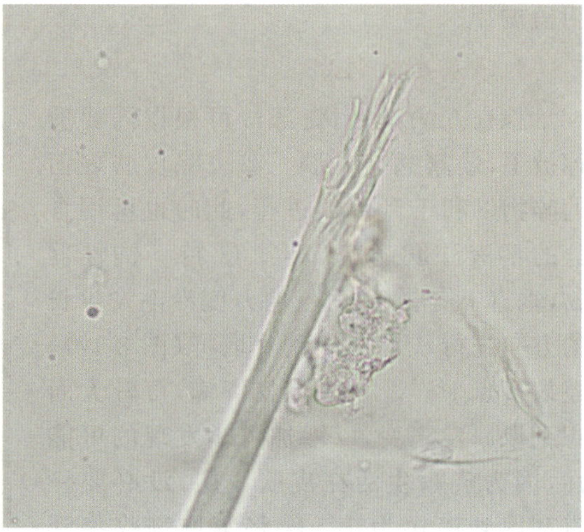

图 3-15　受损断裂的毛发

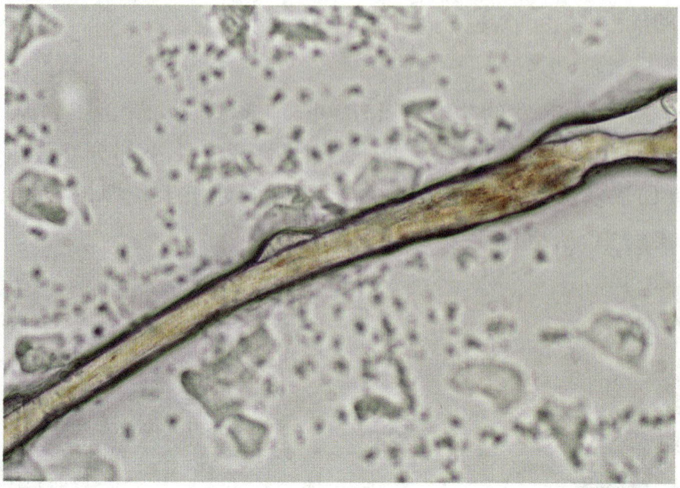

图 3-16　毛色变淡

(三)皮肤刮片

皮肤刮片是宠物临床上最常用的皮肤病检测方法之一,该方法简单而快捷,能鉴别出多种类型的寄生虫感染。尽管皮肤刮片不是每一次都能提供诊断性依据,但因其简单且价格低廉的特点而成为皮肤病检测最常用的方法之一。

皮肤刮片主要用于诊断疥螨和蠕形螨等体外寄生虫,常分为浅层皮肤刮片和深层皮肤刮片。浅层皮肤刮片可对原发病变采用多处大面积浅刮,用于观察疥螨、姬螯螨、耳螨、恙螨等;深层皮肤刮片主要用于收集毛囊样本,用于蠕形螨的诊断。

皮肤刮片后,通常会使用液体石蜡(矿物油)、10%氢氧化钾等介质来处置样本。液体石蜡可使样本直接镜检,并可鉴定活的寄生虫。10%氢氧化钾可分离角质细胞和清洁样本,可使载玻片上的样本半小时内透明化,轻微加热可缩短透明化时间。(但氢氧化钾对皮肤有腐蚀性,会杀死寄生虫,但6%氢氧化钾对寄生虫没有致命性。)无论介质是什么,通常都会用盖玻片。

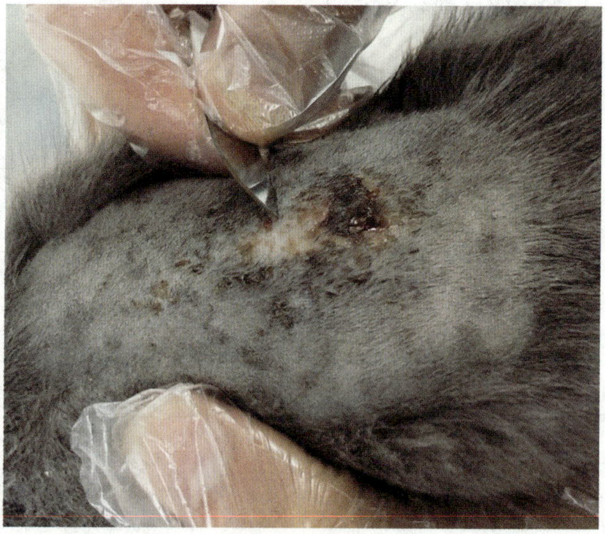

图 3-17　刮片法

1. 浅层皮肤刮片

检查方法:①病变部位可根据需要剪掉被毛,暴露病变皮肤。②去除皮肤表面的碎物以利于刮片的进行,此时也可用含盐的溶液湿润病变部位。③持一钝性器物,垂直于皮肤,用适量的力度沿毛发生长的方向进行浅层皮肤刮片取样(图3-17),建议多点采样。如果寻找疥螨,可较大面积刮取原发病变,以增加疥螨发现的可能性,因为疥螨生活在皮肤浅层,没必要一直刮取到渗血为止。④将刮取物收集到载玻片上,与液状石蜡混合后,加盖玻片。

如果收集到的刮取物太多，则需要进行净化和浓缩。⑤清理和处置皮肤。⑥显微镜检查。

最常被检出疥螨的区域包括耳缘、肘后。猫患蠕形螨时最常检测出的部位是肩两侧。

2.深层皮肤刮片

检查方法：①选择脱毛区域或根据需要剪掉被毛，暴露病变皮肤。②去除皮肤表面的碎物以利于刮片的进行，此时也可用含盐的溶液湿润病变部位。③持一钝性器物，垂直于皮肤，用适量的力度沿毛发生长的方向进行刮片取样，重复几次刮片后，皮肤会呈现粉红色，此时可见毛细血管及其渗出的血液，这样做的目的是保证收集的病料来自皮肤的深层，包含毛囊内的蠕形螨；挤压刮取处的皮肤使毛囊内的蠕形螨出现在皮肤浅表，这样更有利于病原微生物的采集。④将刮取物收集到载玻片上，与液状石蜡混合、加放盖玻片。如果收集到的刮取物太多，则需要进行净化和浓缩。⑤清理和处置皮肤。⑥显微镜检查，蠕形螨见图 3-18。

刮片过程中蠕形螨可能会离开毛囊，导致出现假阴性结果，建议多次多点取样。有些蠕形螨感染时间过长形成了瘢痕，刮片时很难进行到皮肤深层，造成不能收集到蠕形螨，但这样的情况比较少见。临床上也有兽医师采用活组织检查的方法发现毛囊内的蠕形螨。

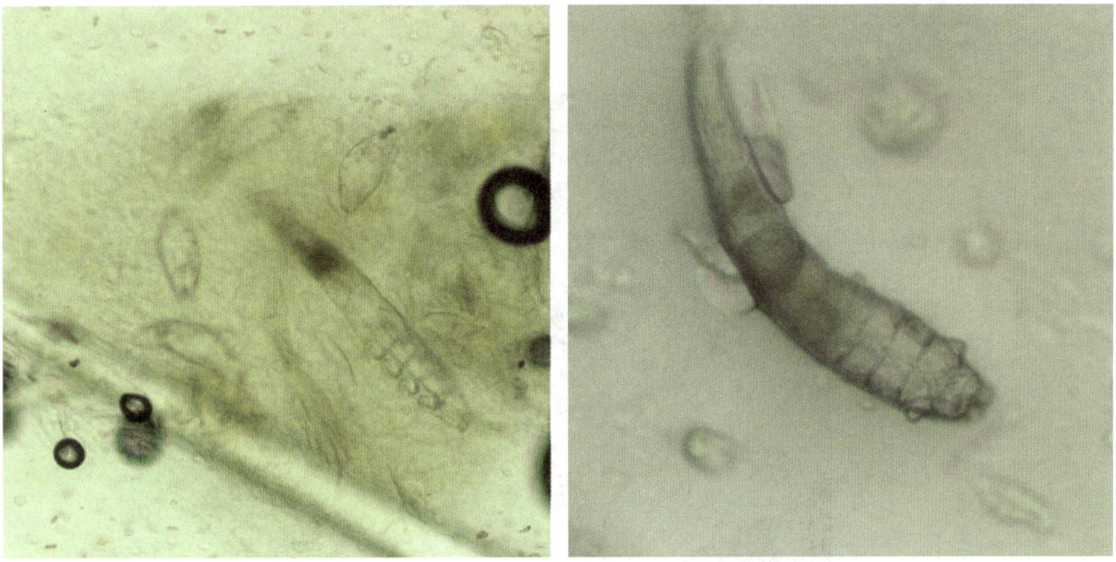

图 3-18 刮片后收集的蠕形螨虫卵和成虫

一些兽医师喜欢重复利用钝性刀片进行皮肤刮片，但随着对传染性疾病，如巴尔通体、猫白血病、猫艾滋病、疱疹病毒、乳头状瘤病毒等的防范意识加强，这一现象逐渐减少。

(四)直接压片

直接压片主要是针对湿性分泌物如脓疱、溃疡、糜烂、瘘管皮肤损伤、去除皮肤表面结痂暴露的潮湿性皮肤表面等进行直接压片采样。

检查方法：①用载玻片的一角或注射针头产生机械性力，挤压损伤处产生湿性分泌物，多次用载玻片粘贴病变部位(图 3-19)。或将盐溶液湿润病变部位，用钝形器物轻刮如真菌感染的皮肤部位，再用载玻片多次直接压片(图 3-20)。②干燥载玻片。③用细胞染色液(如 Diff-Quik)对载玻片进行染色，冲洗，干燥。④显微镜镜检。低倍镜下扫描载玻片，选择一理想区域进行高倍镜检查(40×、100×),观察细胞、细菌、真菌的类型。

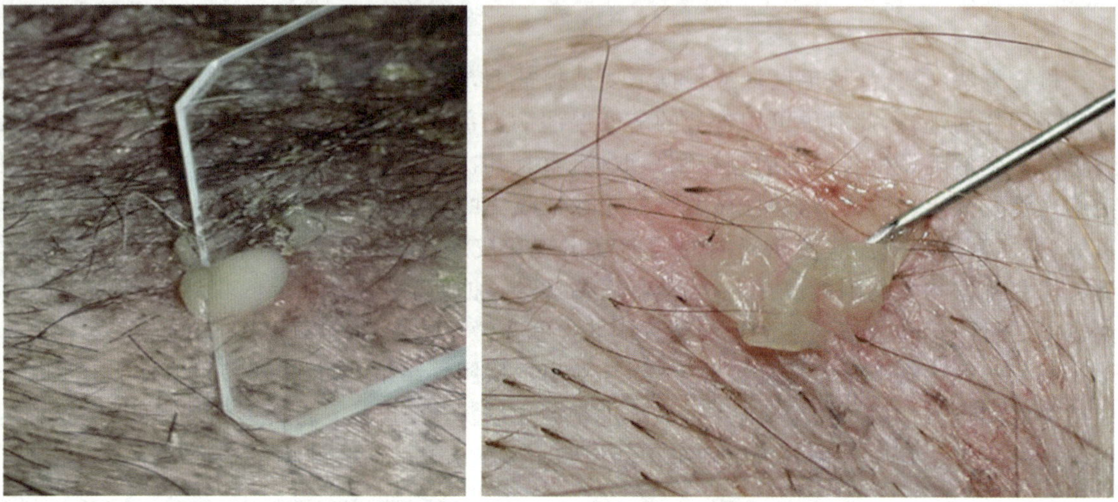

图 3-19　用载玻片一角和注射器处置湿性分泌物

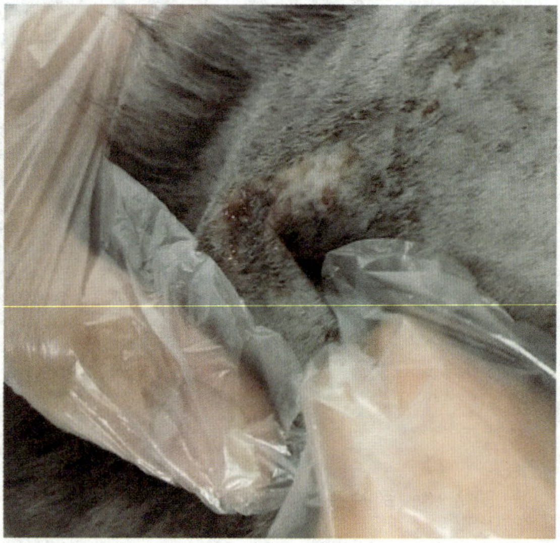

图 3-20　载玻片直接压片

毛囊挤出物涂片。方法是挤压皮肤将挤出物涂在干净的载玻片上,然后进行染色镜检。这是从毛囊收集蠕形螨很有效的一种方法。还可以用刀片收集挤出物,再转移到载玻片上,不染色,滴少许矿物油(或液体石蜡),再盖上盖玻片,主要查看寄生虫,有时也能查看一些真菌(如马拉色菌等)。

(五)透明胶带采样

用透明胶带(图 3-21)在皮肤表面取样,取样后粘在载玻片上镜检外寄生虫和虫卵。可用于多种皮肤疾病的检测,如微生物过度生长、寄生虫等。尤其适用于难以用刮片取样的部位,如眼周。也适用于剪掉毛的皮肤表面采样后，染色镜检查找马拉色菌。

检查方法：①将透明胶带一端粘在载玻片上。②用透明胶带反复粘贴或按压在病变皮肤处。③掀起透明胶带，弯回另一端并再粘于载玻片另一端。④浸入染液。⑤清洗干燥。⑥透明胶带平整粘在片子上。⑦镜检。

透明胶带法是一种有利于采集螨和虱子样本的检查方法，由于螨体形较大，将收集样本的透明胶带粘贴在载玻片上，易于在视野中发现，这类检查可不进行第 4～6 步。Diff-Quik 是常用的快速染色液（图 3-22），但在染色时需注意，避免透明胶带脱落，乙醇染色可略去。

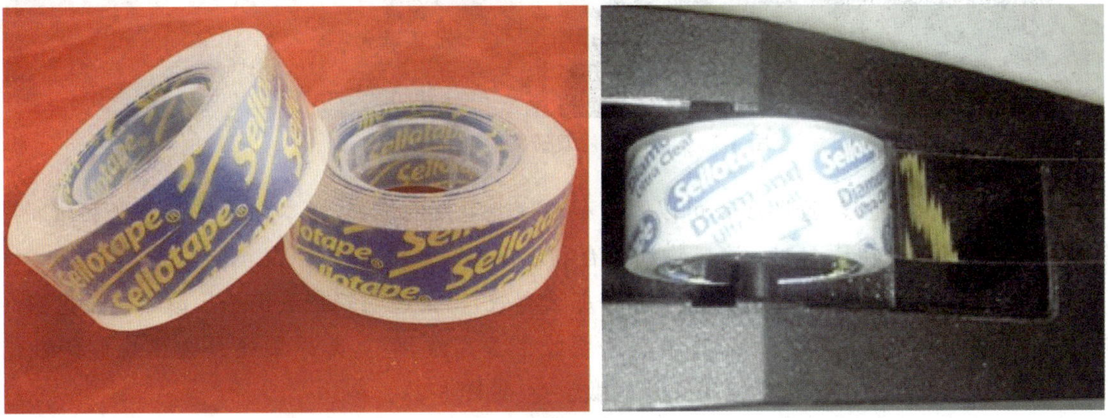

图 3-21　透明胶带

图 3-22　常见染色液

透明胶带观察螨虫：显微镜检查病原微生物时，透明胶带法是一种很好的用于采集姬螯螨和虱子样本的检测方法。由于姬螯螨体形较大，在视野中易于发现，一张透明胶带有时就有可能收集到姬螯螨，并且透明胶带有利于姬螯螨的固定（图 3-23）。

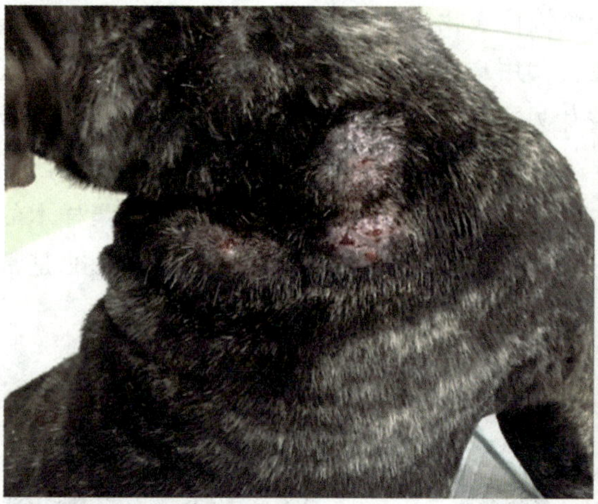
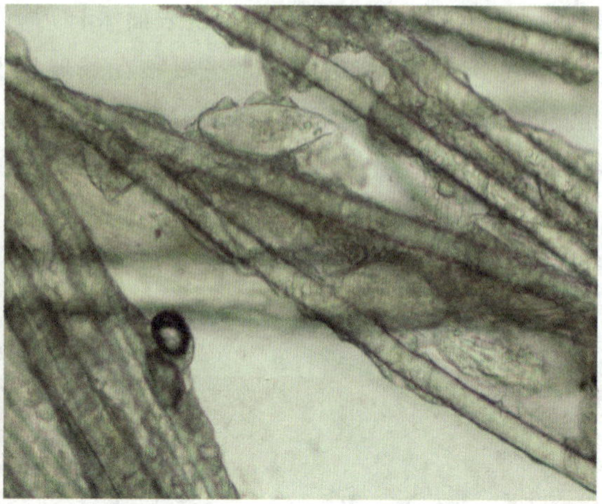

图 3-23　病变部位及透明胶带粘出的虫卵

透明胶带观察毛发:透明胶带可以固定载玻片上毛发的位置,样本在低倍镜下观察(4×物镜至 10×物镜),若在片上加一滴矿物油更有利于观察。

透明胶带观察微生物:尽管没有培养基那么有效,但是透明胶带法仍然是诊断马拉色菌性皮肤病的有效手段之一(图 3-24)。虽然透明胶带法高效,但真菌采集还是会出现假阴性结果。透明胶带法也常用于观察细菌等其他微生物,见图 3-25。

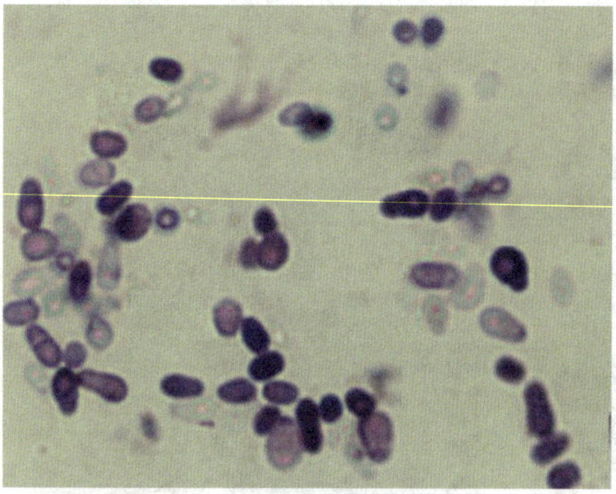

图 3-24　厚皮病马拉色菌过度生长

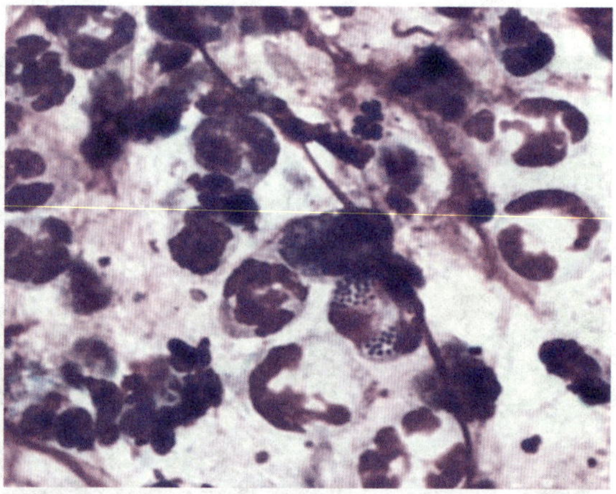

图 3-25　细菌过度生长,球菌、中性粒细胞

(六)耳分泌物涂片

耳分泌物涂片又称耳拭子法。首先,操作前检查外观正常的耳道内部是否有渗出性病变(图 3-26),初步判断外耳道是否存在寄生虫、真菌、细菌感染。其次,用棉签收集外耳道的碎屑,涂到载玻片上。耳螨及其虫卵可以通过显微镜观察发现(图 3-27)。用液体石蜡温润棉签可帮助分泌物黏附在上面,还可将其滴在载玻片上,使样本与棉签分离,再盖上盖玻片。

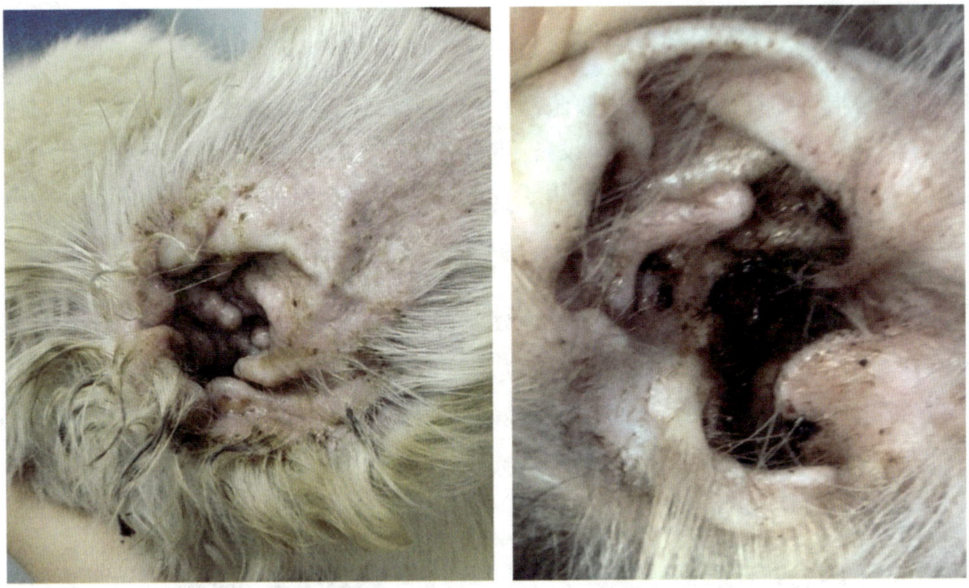

图 3-26　外耳道的分泌物

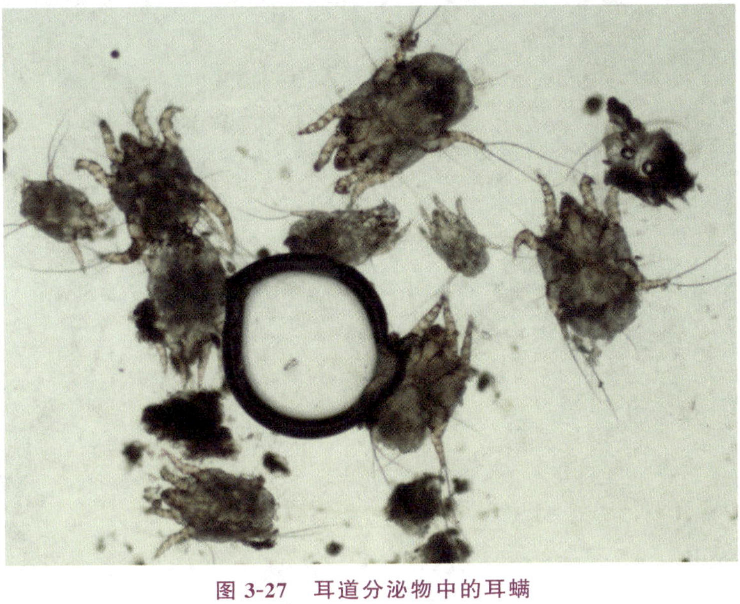

图 3-27　耳道分泌物中的耳螨

检查方法：①将棉签轻轻插入耳道采集分泌物，注意不要过多刺激到耵聍腺。如果棉签仅收集到少量且干净的样本，那么这个耳朵有可能是健康的。②用矿物油将从耳道内取出的黑色蜡样物质进行溶解，在载玻片上涂片；如果是脓性分泌物，在载玻片上轻微地滚动棉签。③涂片干燥，细胞染色液进行染色，冲洗，干燥。④镜检。操作第 1、2 步后即可在低倍镜下查找耳螨。若是真菌、细菌感染，则要完成所有步骤，进行细胞学检查以鉴别细菌和真菌的存在。

耳道分泌物细胞学检查，能够确定微生物的数量和类型，对于选择合适的治疗方案非常必要，同时对于正确评价治疗效果也有重要意义，尤其有助于在治疗过程中预估停药时间。

（七）细针抽吸

细针抽吸是指将细针插入组织内收集组织样本或液体，进行染色和细胞类型检查的技术。这种操作方法具有简单易行、无须特殊设备、取样迅速、应用范围广、便于观察等优点，已成为兽医临床的一个重要诊断手段。特别适用于皮肤肿块和淋巴结病变等症状的诊断。

检查方法：

①将病变部位剪毛、消毒。

②用21号或22号针头的10 mL注射器穿刺肿物，针头刺向病变中心，回拉注射器柄产生负压，松开注射器柄，调整针头方向，再次回拉注射器柄，抽吸活塞2～3次（图3-28）。注意当发现针头尾部出现血液时，以防止血液会稀释细胞样本，应停止回拉注射器。也有兽医师建议减少血液的稀释作用，对同一肿物采用多点穿刺，即将注射器针头刺入软组织病变区域后取出，重新调整方向，再次刺入，重复该过程。

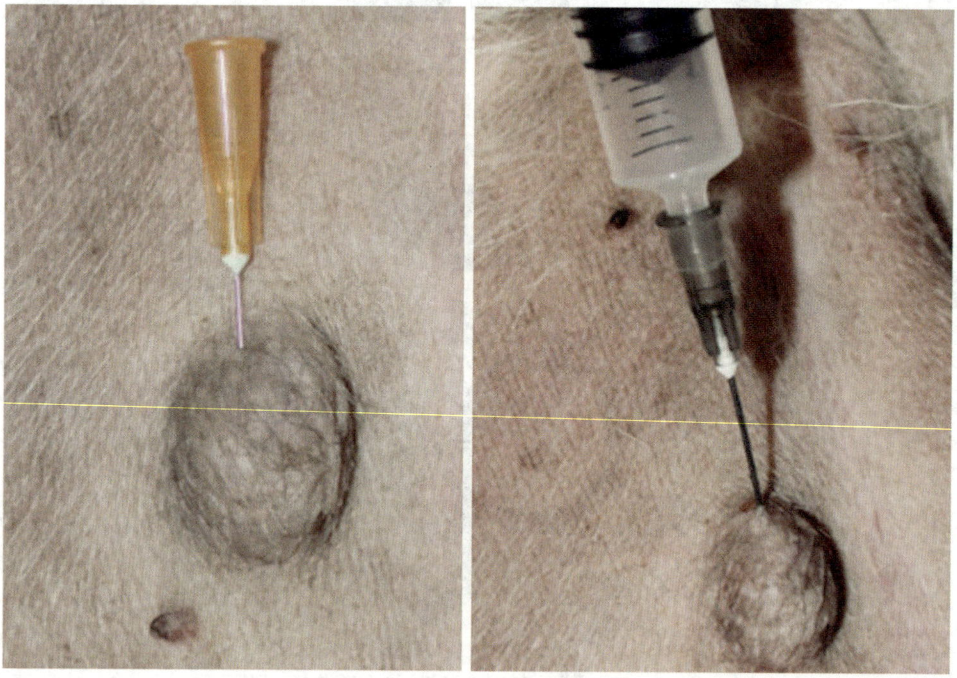

图3-28　细针抽吸

③松开注射器柄，消除负压，拔出注射器。

④分离针头与针筒，回拉活塞，再插上针头迅速推动活塞，使针头中的抽吸物吹于载玻片上，重复几次该过程。

⑤涂片并进行染色。

⑥低倍镜下扫描整个载玻片，选一理想区域使用高倍镜（40×物镜或者100×油镜）观察细胞类型。

细针抽吸可鉴别病变部位细胞的主要类型，但由于抽吸物量少，存在一定的假阴性、对肿瘤分型困难、不能了解肿块的组织结构等缺点，故不能完全代替病理组织学诊断。可以说细针抽吸和组织病理学检查相辅相成。

通过镜检脓疱和水疱内容物以及病灶表面的脱落，可以鉴别炎性反应、棘层松解细胞、肿瘤细胞和微生物。在理论上，未破的脓疱应该用无菌注射器刺破，抽吸内容物涂在载玻片上染色。

（八）皮肤活组织检查

皮肤活组织检查是对切除的皮肤活体组织进行病理检查，是明确诊断、进行分类、指导治疗、判断预后的重要手段。病理结果需要与病例信息结合判断才有意义，这些信息包括临床表现、病史、用药史、活组织取样位点和可能的鉴别诊断等相关内容。

皮肤活组织检查的适应证包括：皮肤肿瘤或疑似肿瘤的病变；对常规治疗无效的慢性皮肤病；囊肿；不常见或特别严重的皮肤病，如皮肤血管炎等；长期用药或用药有风险的疑似病例；免疫介导性病、顽固性溃疡、毛囊发育不良、深部真菌病等特征性病理变化的疑似病例等。皮肤活检取样常采用皮肤打孔取样和手术切除取样。

打孔活检：用直径为 2～10 mm 的组织取样打孔器，最常用的直径是 4 mm，如果标本应用于培养或其他用途，直径 6 mm 的最适宜。可以在多个部位快速取样。较小的打孔器用于爪子、鼻子和小而独立的病变取样，样本仅包含 3～4 个毛囊，可能难以进行病理学辨读。转动打孔不适用于病变和健康皮肤混合或交叉的区域，因为这可能会破坏囊肿或脓疱。取样时病变部位和健康皮肤都要有，通常取样后缝合一针即可。

切除活检：是指将可疑病变组织或肿物切除，做病理组织检查来明确其性质。这样获得的样本比打孔的大，但创口较长，恢复时间也更长。位于深部或体表较大的肿物难以整块切除的，则需切取部分肿物送病理检查。但对黑色素瘤和睾丸恶性肿物不应做切取活检，应做切除活检。在取得皮肤全层和皮下组织后，去除过多的血液，让真皮层朝下，平放防止卷曲或变形，然后放入固定液中进行固定，如 10% 甲醛溶液。若要避免进行荧光染色，则使用 michel' mddium 固定。如果怀疑有感染，可以将其放入无菌容器中进行送检，以便进行细菌或真菌培养。

增加皮肤活组织检查的可靠性有以下几点要求。

（1）采样前几周停止使用糖皮质激素，并治疗继发性细菌感染，为进行活组织检查排除继发或医源性的病理变化。

（2）依据患病宠物的具体状况和采样部位，选择镇静或轻柔保定；若是局麻，则要求不含肾上腺素，防止人为因素造成的组织样本血管系统的变化。

（3）疑似内分泌或萎缩性疾病，建议待病变充分成熟后采样，以便结果能够体现更多的病理特征。

（4）从不同的代表性区域取样，样本应含病变部位和非病变部位的皮肤。取样至少 3 处，严格来说所有的病变部位都应该进行活组织取样，所有异常组织都应活检。

（5）将病史、临床症状、诊疗效果等信息和鉴别诊断单提交给病理学专家，以便组织病理学报告涵盖病变描述、鉴别诊断的依据。

（6）样本最好是取自原发性皮肤病变的部位。虽然继发性病变可能会对诊断有一定的作用，但诊断价值有限。

（7）面部和爪垫采样需要全麻。这些部位比较敏感，但通常又是自体免疫性皮肤病高发区域，故取样时要进行镇静和全身麻醉。

四、检查方法

（一）放大镜法和跳蚤湿纸试验

（1）放大镜法。在良好的光线下，使用手持放大镜或皮肤诊疗专用放大镜，靠近原发病变处进行详细检查，也可以剪掉被毛观察皮肤表面。但这样不能完全鉴别体表的寄生虫的种类，如跳蚤、虱子、姬螯螨等。

（2）跳蚤湿纸试验。收集用跳蚤梳或硬塑料梳子梳理下的碎屑，放在潮湿的白纸上，黑色的跳蚤粪便会因含有可溶性血色素将湿纸染红（图 3-29）。

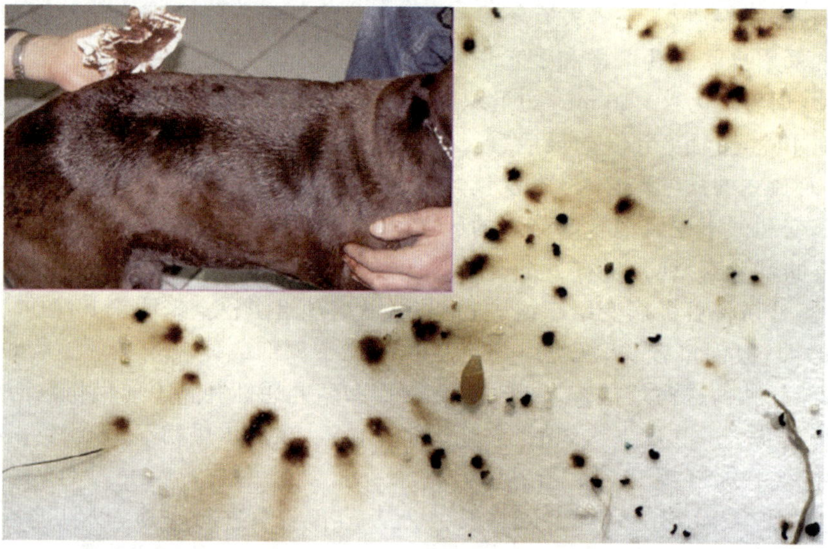

图 3-29　湿纸试验

（二）伍德氏灯检查

伍德氏灯又称为伍氏灯或过滤紫外线灯，通过含氢化镍滤片而获得 320～400 nm 长波紫外线，是皮肤病的临床诊断设备。常用来识别散发荧光的癣菌感染。

使用方法：伍氏灯使用前必须充分预热至少 5 min，以产生稳定的光波。将患病宠物置身暗室，进行多次照射检查被毛、感染部位有无标志性的绿荧光（图 3-30）。也可用于选择有感染小分生孢子的毛发，以便做培养来确诊疾病。

但是，并非所有小孢子属的菌株都会有荧光反应，阳性反应预计接近 50%。受感染的毛发有时需要在伍德氏灯下变暖才能显现出荧光反应，这易造成检查出现假阴性。也有少数情况（如某些局部用药、皮屑或鳞屑、细菌等）引起荧光反应的癣菌出现假阳性。若想诊断皮肤癣菌病，荧光反应应该出现在被毛干上，而不是皮肤或皮屑上。所有的真菌性感染都建议通过真菌培养来确诊。

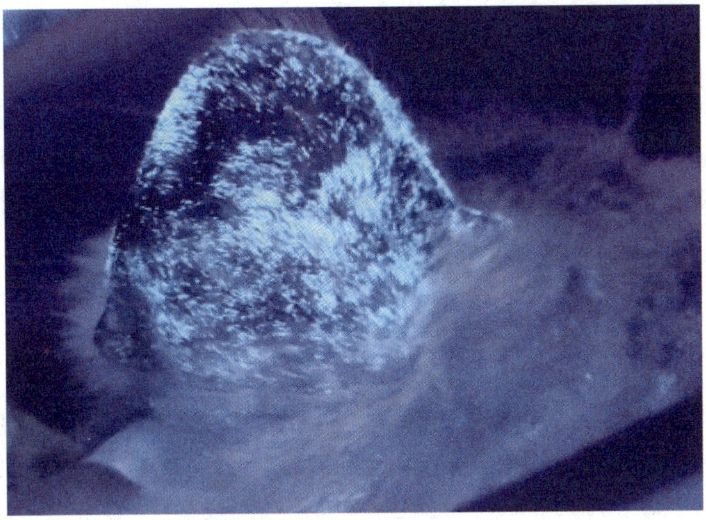

图 3-30　癣菌绿荧光

(三)显微镜检查法

显微镜是皮肤病诊断的主要仪器设备之一，毛发结构、细菌、真菌、寄生虫、肿瘤细胞等一系列检查都依赖于显微镜。显微镜一般具有低倍、高倍及油镜三种物镜。镜检时先使用低倍物镜，然后根据需要选择高倍物镜观察微生物的细微结构。

毛发镜检：将毛发用透明胶带贴在载玻片上或滴加液状石蜡放在载玻片上进行观察(图 3-31)。检查毛尖是否正常，有无断裂或受损的迹象；检查毛根，评估其是处于生长期、还是终止期；记录生长期和终止期毛发的数量，以及主毛和次毛的数量拔出的毛发可能发现粉刺和毛囊管型，即拔出的毛根有包囊物；也可能检出蠕形螨。

微生物镜检：将皮肤刮片、直接压片、透明胶带、耳道分泌物、细针抽吸等方法获得的样本直接进行显微镜检查，或者通过染色干燥后置于显微镜下检查(图 3-32)，以便对病情进行详细的诊断。

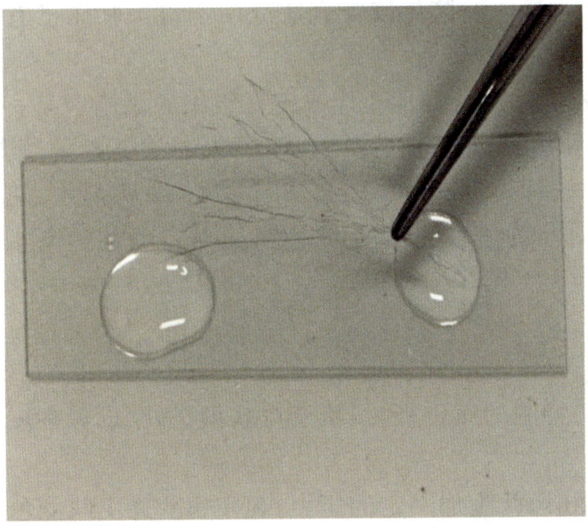

图 3-31　拔毛放在载玻片上

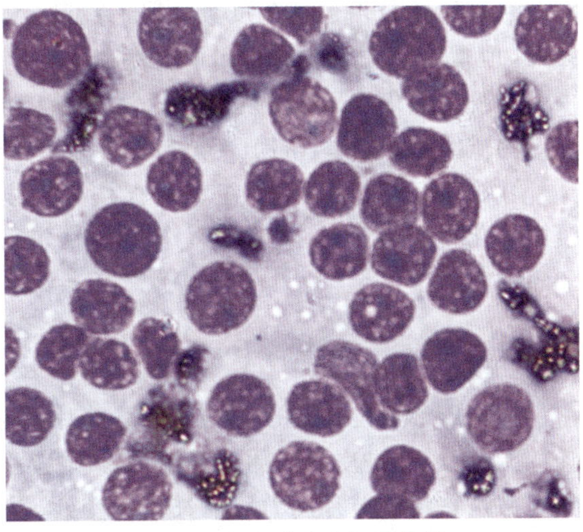

图 3-32　皮肤肿瘤细胞镜检

(四)微生物培养法

1.细菌培养

细菌培养是一种用人工方法使细菌生长繁殖的技术,在宠物皮肤病方面主要用于细菌培养鉴定和药物敏感试验。方法是用无菌棉签蘸取新鲜病料,或用无菌注射器抽吸未破溃脓疱接种到培养基上,活组织做细菌培养需装在无菌器中送检。在无条件的情况下,可以进行无菌采样,然后将其送到专业诊断实验室进行培养诊断。培养基有巧克力琼脂培养基、厌氧培养基、选择培养基等。

2.真菌培养

沙氏葡萄糖琼脂培养基是常用的真菌培养基,有助于菌落增殖和明显的着色变化。在培养过程中,加入抗生素(如庆大霉素或氯霉素)和放线菌酮到培养基中,可阻止细菌的过度生长。真菌培养适用于筛查猫无症状的癣菌感染,或评估经过治疗,感染是否清除。方法是采用新的或无菌的牙刷梳理被毛,然后接种到真菌培养基中,恒温培养后观察。

致病真菌利用蛋白营养产生的碱性代谢产物,可使真菌培养基 pH 指示剂颜色变红,有杂菌增殖时培养基是黄-橙色。培养过程中每天检查,以便观察到最开始的致病真菌导致的颜色变化。如果在宠物医院内部实验室使用 DTM 培养基,结果可能出现假阳性或假阴性,建议将其送检到专业诊断实验室进行检测。

(五)PCR 技术

PCR 技术是模拟体内 DNA 的天然复制过程,在体外扩增 DNA 分子的一种分子生物学技术,目前广泛应用于生物学和医学实验室。PCR 技术在兽医临床门诊上还未广泛应用,有一些实验室利用 PCR 检测皮肤病原真菌、分枝杆菌、犬猫传染病等微生物。因为 PCR 技术的快速发展,与诊断实验室的合作对于疾病诊断的可靠性具有重要意义。

(六)免疫染色技术

免疫染色技术包括免疫荧光法、免疫组织化学等。直接免疫荧光法应用于兽医临床已有多年,但是该方法的准确性和重复性存在一定的争议。

免疫组织化学又称免疫细胞化学,是使用抗原抗体的特异性反应来定位组织和细胞中某一特定物质的一种方法,帮助区分肿瘤良恶性,明确肿瘤分型,对预后及指导治疗具有重要意义。

免疫染色:通过标准活组织检查技术收集皮肤样本;将样本置于 Michelle's 防腐剂中;免疫过氧化物酶染色时,将样本置于 10%福尔马林中,为增加测试的可靠性,可与专业的诊断实验室联系。

(七)玻片压诊法

玻片压诊法是选择透明洁净的载玻片或透明特制的压舌板,按压于皮肤损伤处,以观察皮疹的颜色改变,是皮肤病的一种辅助诊断方法。

方法是将载玻片用力压在红色病变处 10～20 s,并施加一定的压力,观察病变处皮肤颜色的变化。载玻片下的皮肤要么是白色,意味着血液被排出该部位;要么是红色。一般的炎性红斑、毛细血管扩张或血管瘤会在压力下消失；淤斑是因为血液流出血管造成的，在一定压力下淤斑、淤点、色素沉着等病变皮肤仍然是红色；风疹样病变通常是因为血管扩张引起渗出性变化，但是没有红细胞出现，红色病变会在一定压力下呈现白色。

(八)过敏测试

1.血清免疫球蛋白 E(IgE)试验

变态反应性疾病与血清 IgE 密切相关，IgE 属于机体免疫球蛋白的一种类型。发生过敏反应的宠物，其 IgE 水平会升高，IgE 可以促发、推进Ⅰ型变态反应。因此，检测血清中总 IgE 和特异性 IgE 的含量，对于Ⅰ型变态反应的诊断和过敏原的确定很有价值。故 IgE 在血清中含量过高，常提示遗传过敏体质或Ⅰ型变态反应的存在。

在正常情况下，血清中的 IgE 含量极小，必须采用高度敏感的放射免疫测定法或酶联免疫吸附试验(ELISA)，才能进行对血清 IgE 的检测。由于 ELISA 法操作方便，敏感性高，在临床上经常应用。

2.过敏原皮内试验

过敏原皮内试验是一种诊断特异性皮炎较好的方法，近年来被广泛应用。过敏原皮内试验可以让我们对发生过敏反应的皮肤进行检测，大多数宠物能够耐受这个过程，并且这个结果可信度较高。

宠物在试验前：抗组胺药停用 2 周左右，类固醇药物停用至少 4 周。为了保证高质量的过敏原原料，提供至少 40 种的过敏原以保证足够的过敏原测试范围。

操作方法：①待检测宠物镇静以减少应激；②用毛推或其他剃毛工具在胸部两侧修剪一定的无毛区域并做好清洁，注意不要损伤皮肤；③用记号笔划一网格状提示注射的部位；④使用特殊的皮内注射器，过敏原小量皮内注射(0.05～0.10 mL)后 30 min 左右进行评估。

生理盐水注射作为对照组，评估每个过敏原皮内注射部位的红斑和反应程度，皮内注射后 30 min 内出现风疹块即为反应阳性(图 3-33)，皮内注射后经 24～48 h 出现浸润性结节为迟缓反应阳性。阳性表现：在反应边缘有明显突起，出现红疹和锐性突起。阴性表现：在注射部位出现一定程度的膨胀，但是不会出现红疹和锐性突起。

理想的过敏测试，应同时检测血清免疫球蛋白和皮内过敏原。

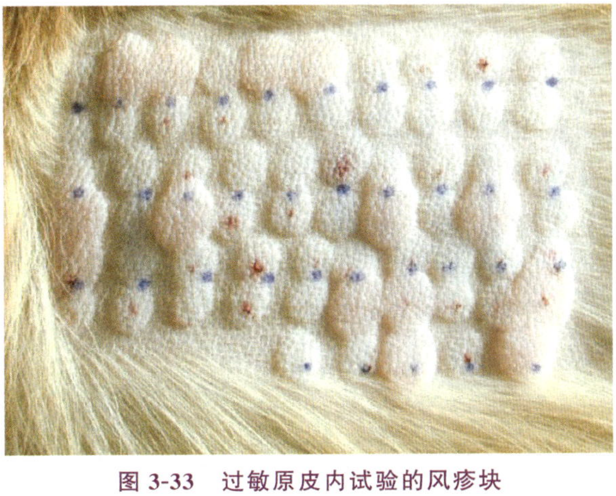

图 3-33　过敏原皮内试验的风疹块

3. 食物过敏测试

宠物常见的皮肤过敏原因有特异性皮炎、食物过敏。两者都不能通过皮肤化验或抽血诊断，只能通过排除其他原因的瘙痒症来得出过敏结论。特异性皮炎和食物过敏的诊断方法是通过食物排除试验，排除食物过敏，才知道是否存在特异性皮炎。

食物过敏时皮肤通常很痒，但是有很多种其他皮肤病也会引发瘙痒。因此必须先排除寄生虫、癣菌、脓皮病等瘙痒性皮肤病，得出宠物的皮肤病是过敏的诊断结论后，再进行食物排除试验。

（九）治疗性诊断试验

1. 跳蚤性皮炎的治疗性诊断

跳蚤性皮炎是一种常见皮肤病，洗澡可有效移除跳蚤和虱子，使患病宠物的症状出现明显改善。腰部皮炎和所有瘙痒的猫都应该进行跳蚤性皮炎治疗性诊断，临床上使用赛拉菌素（大宠爱）、吡虫啉（爱沃克）等在治疗跳蚤性皮炎时效果非常好。对于跳蚤过敏的宠物主人应该定期给予药物治疗。在跳蚤与虱子等大量存在的环境中，需要花费很长的时间才能降低跳蚤与虱子的数量，此时，宠物主人可能会发现治疗效果不佳。

2. 猫蠕形螨病的治疗性诊断

猫蠕形螨病是由蠕形螨引起的，具有传染性，表现为脱毛、瘙痒。据报道在美国南部高发。由于猫蠕形螨较难诊断，常常给予 4～6 周的石硫合剂治疗，可作为猫蠕形螨病的治疗性诊断。

第四章 寄生虫性皮肤病

知识目标

1. 通过病史和症状，快速识别疑似寄生虫感染病例，熟练选择并操作样本采集方法。
2. 能够区分不同寄生虫感染的临床差异，并结合实验室检验结果排除其他皮肤病干扰。
3. 根据宠物的寄生虫虫种、感染程度和个体差异，合理制定驱虫方案，正确使用药物并指导宠物主人做好后续护理。
4. 向宠物主人普及寄生虫的传播途径、预防措施，以降低复发风险。

能力目标

1. 掌握常见宠物寄生虫(如跳蚤、蠕形螨、疥螨、耳痒螨、蜱虫、虱、姬螯螨等)的生物学特性、生活史及致病机制。
2. 熟悉不同寄生虫感染的典型临床症状以及与非寄生虫性皮肤病的鉴别要点。
3. 理解寄生虫性皮肤病的诊断流程，包括病史采集、体格检查、实验室检验的原理与应用。
4. 掌握驱虫药物的作用机制、适用范围及联合治疗方案，并了解环境消杀和预防措施。

素质目标

1. 重视寄生虫性皮肤病的早期预防，避免因误诊或延误治疗导致宠物长期痛苦或继发感染。
2. 秉持严谨细致的工作作风，通过规范采样和检验确保诊断的准确性，杜绝主观臆断。
3. 认识人兽共患寄生虫(如蜱虫、跳蚤)的潜在风险，并向宠物主人强调防护措施，履行社会责任。
4. 关心宠物福利，在治疗过程中注意操作轻柔，减少宠物应激，并耐心解答宠物主人疑问。

常见的寄生虫性皮肤病有跳蚤、蠕形螨、疥螨、耳痒螨、蜱虫、虱、姬螯螨等体表寄生虫造成的皮肤病，以及钩虫幼虫性皮炎、犬恶丝虫的微丝蚴皮炎等。其中以体表寄生虫造成的皮肤病最为常见。

第一节 跳 蚤

跳蚤是昆虫纲蚤目完全变态类节肢动物，俗称革子，是小型、无翅、善跳跃的寄生性昆虫。是栉首蚤寄生于犬猫体表引起的皮肤病，多寄生于腰背部、尾根部、腹后部和四肢内侧，叮咬吸血分泌毒素，引起犬猫剧烈瘙痒，感染宠物出现搔抓、啃咬，严重者出现皮炎和贫血等症状。体表的跳蚤通常是犬栉首蚤和猫栉首蚤。

一、种类与形态

1. 犬栉首蚤

犬栉首蚤是多宿主寄生，可寄生于犬、猫和人体表，感染犬和野生犬科动物，一般为 2 mm 左右，呈左右扁平状，腹部较大，胸部较小；有 3 对足，其中第 3 对足发达，跳跃能力强；头呈三角形，口器由 3 个成束状口针构成，通过穿刺方式吸取组织液或血液，头两侧有 1 对单眼；蚤腹部分节清晰，共 10 节，外生殖器处于第三节腹侧。

叮咬引起皮肤损伤的同时，还传播鼠疫、伤寒和绦虫病等多种疾病。临床症状是犬的头部、尾根、背部、腹部和四肢内侧等处瘙痒，犬在频繁舔舐啃咬过程中，易引起皮肤红肿、脱毛，严重者继发感染细菌性或真菌性皮肤炎。

2. 猫栉首蚤

猫栉首蚤为世界性广泛分布的数量最多的一种跳蚤，宿主主要为食肉动物，尤其以犬、猫等多见。由于犬猫与人类接触密切，在日常生活中，该蚤叮吸人血引起过敏性皮炎最为常见。此外，它也是犬腹殖绦虫的中间宿主。

二、生活史

跳蚤的生活史过程有四个阶段：卵、幼虫、蛹和成虫（图 4-1）。

1. 卵

跳蚤卵呈白色圆形或椭圆形，可在生活环境、宠物身上、泥土里找到。跳蚤卵外表光滑无胶，在行动时会散落在环境中的各个地方（图 4-2、图 4-3）。成虫产卵分为若干批，吸血

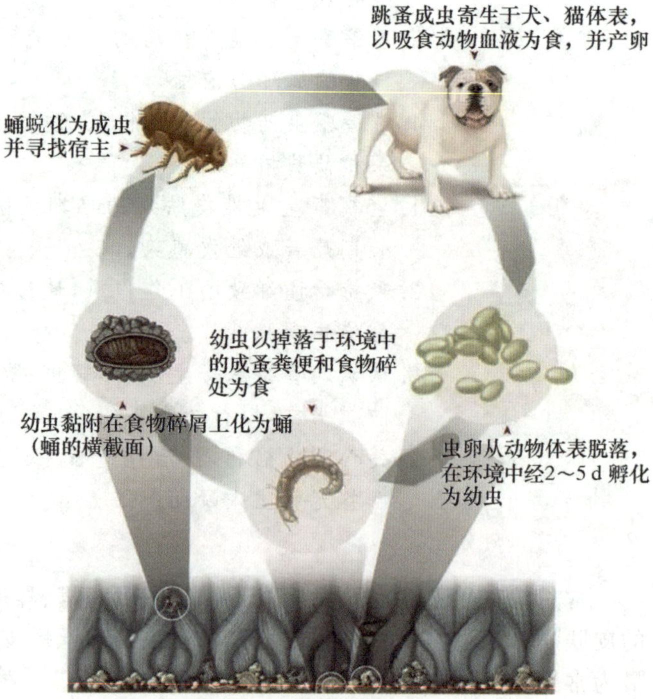

图 4-1 跳蚤的生活史

可促成下一批卵的成熟，一个雌蚤一生可产卵200～400个。

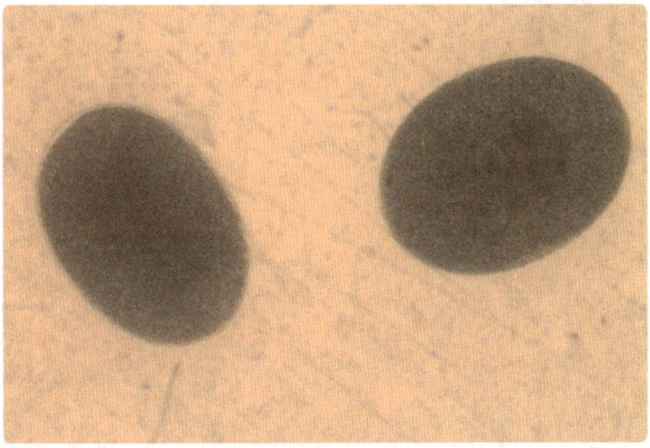

图4-2　跳蚤虫卵(一)

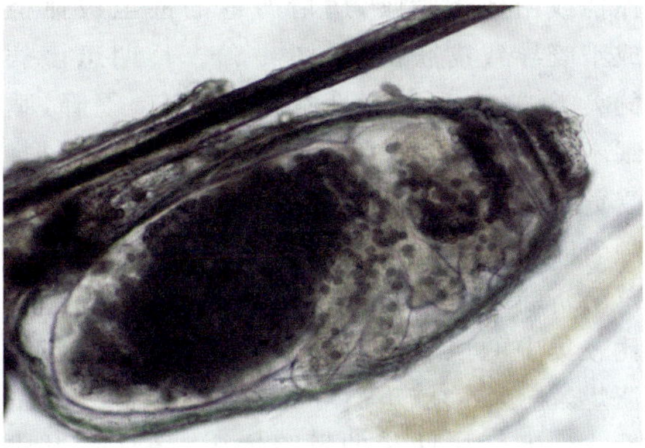

图4-3　跳蚤虫卵(二)

2. 幼虫

跳蚤幼虫的形状似最小的蚕，但颜色是白色或乳黄色的，身体有些透明，没有腿，全身有鬃，行动活泼，能自由生活。身体除头部外分为13节，代表3个胸节和10个腹节。口器为咀嚼式，以有机物渣滓为食料，但在已研究过的种类中，成虫的排泄物最适宜。幼虫偏好阴暗，怕光、怕干燥。经过3次蜕皮后幼虫即长成而进入蛹期。

跳蚤有三种幼虫：一龄幼虫和二龄幼虫以植物和动物性物质(包括成年跳蚤的排泄物)为食物。三龄幼虫只做茧，不吃食。茧为卵圆形，不易被人发现，它通常附在犬的垫料上，几天后化蛹，总过程大约需要2周时间，即从卵发育为成年跳蚤。

3. 蛹

在变蛹之前，长成的幼虫自制一个半透明的丝质的茧把身体包住。茧的外表常黏附一些砂粒或有机物渣滓等，或者形成网状的细丝支架在粗糙的物体表面，在茧内脱去幼虫的最后一次外皮成为蛹。这时头、胸、腹都已具雏形，口器、触角和腿已能看得出来，但它是不吃不动的。经过一定时期成虫破茧而出。

4. 成虫

成虫(图4-4)具备跳跃行动的能力，雌雄均能找到宿主吸血，能交尾并产卵，颜色各异，自乳黄色至深棕色。在适宜的环境中，可生活1年以上，甚至长达2年。全部生活史的完成短则2～3周，长则1年以上。食物和气候是主要的影响因素。总体来说，跳蚤的生活史进展是比较慢的，但由于它们寿命较长，所以仍能保持很多的数量。

图4-4　跳蚤成虫

三、临床症状

跳蚤主要寄生于犬猫的头部、颈部、背部、腹部、尾根部、肛周和四肢内侧等被毛密集的区域，病情较严重的遍布全身。受到感染的皮肤由于跳蚤的叮咬会剧烈瘙痒，宠物表现为焦虑、精神不安、频频回顾瘙痒区，对瘙痒区使劲地抓挠或用牙齿啃咬，病情严重的甚至被抓挠或啃咬导致皮肤出血（图 4-5）。长期患该病的犬类，将出现营养性贫血，采食量下降，睡眠不足，明显消瘦，毛色暗淡，精神萎靡不振。受危害区初期损伤较轻时出现过敏性红肿，随着时间的延长，部分毛囊受到破坏，被毛脱落易折断，皮肤表层出现脱皮现象，体表患病比较集中的区域皮肤明显增厚，被覆结痂或溃烂，蔓延不愈，从而导致继发真菌性、细菌性或病毒性皮肤病的风险增大，最终易形成久治不愈的混合型皮肤病，用药复杂度提高，治愈难度很大。一般患过蚤性皮肤病的犬猫，再次患病时症状较轻。

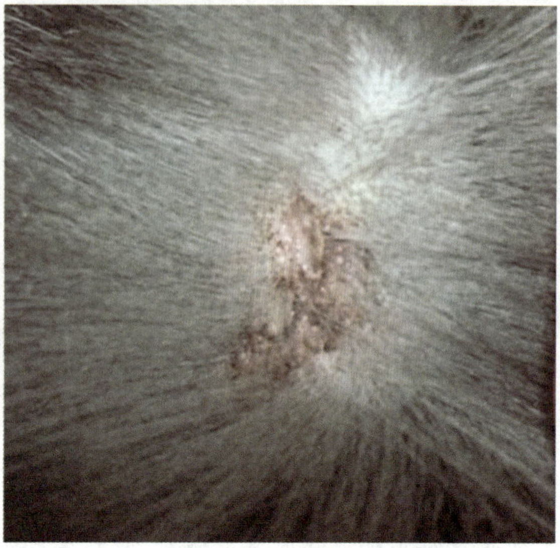

图 4-5　跳蚤叮咬后皮肤出血

四、诊断要点

跳蚤危害宠物皮肤，表现为瘙痒难忍、不断抓挠和啃咬、精神状态不佳等临床症状。跳蚤常聚集于宠物耳根、尾根、四肢内侧和乳房周围等皮肤薄的区域，拨开被毛可以用肉眼观察到跳蚤爬行或跳动（图 4-6），即为初步确诊。

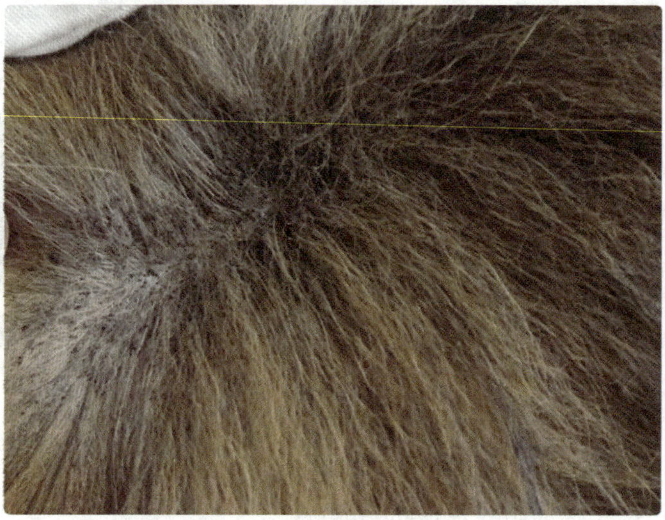

图 4-6　犬被毛中的跳蚤

除根据临床症状和观察跳蚤成虫进行诊断外（图 4-7），通过跳蚤粪便的湿纸试验也是常用的诊断方法之一。方法是将梳理下的碎屑放在潮湿的白纸上，因为跳蚤粪便含有可溶的血色素，几分钟后，黑色的跳蚤粪便会将湿纸染红（图 4-8）。或将可疑的跳蚤粪便碎屑放在显微镜下观察，见到可溶的跳蚤粪便血色素（图 4-9），也可确诊。

图 4-7　猫身上梳下的跳蚤成虫

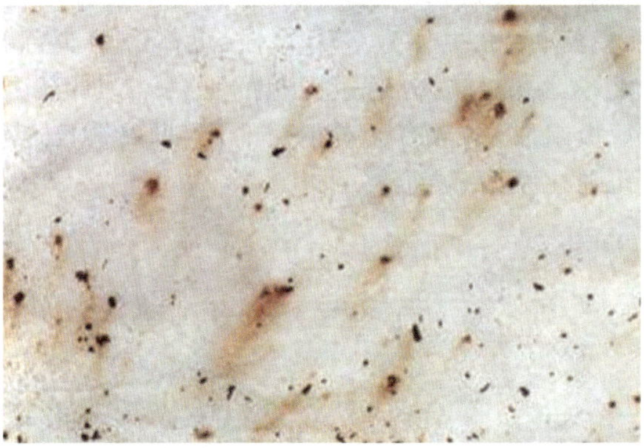

图 4-8　跳蚤湿纸试验(跳蚤粪便扩散开的血色素)

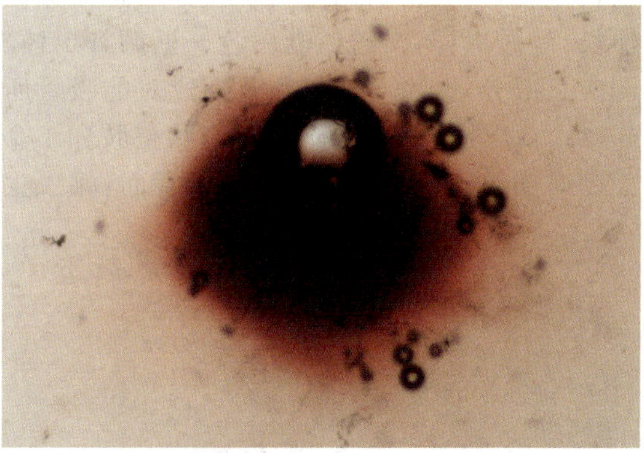

图 4-9　显微镜下的跳蚤粪便血色素

五、防治方法

1. 环境卫生

保持宠物活动环境及体表卫生是预防蚤性皮肤病的关键。跳蚤常在温暖潮湿的环境中繁衍,因此,墙角、砖缝、杂物堆积处要保持通风和干燥,经常清扫和喷洒杀灭跳蚤的药物。在日常喂养中,要注意清理被粪便或尿液污染的区域。

2. 体表清洁

保持宠物体表清洁,经常清洗和梳理被毛,一般每周至少进行一次清洁工作。洗护宠物时,应选择宠物专用的驱蚤性功能香波。

3. 预防跳蚤

在日常保健过程中,定期对宠物体外进行预防性用药,如大宠爱、爱沃克等滴剂,也可用尼可信等口服药或佩戴驱蚤项圈。

4. 跳蚤治疗

已患有蚤性皮肤病的宠物,可采用内服和外用相结合的办法治疗。由于在环境中还会散落大量的未死亡虫体,应及时清理,防止蚤性皮肤病的再次暴发。同时要注意人感染跳蚤。

第二节 蠕 形 螨

犬蠕形螨病又称毛囊虫病或犬脂螨病，是由犬蠕形螨寄生于犬毛囊或皮脂内而引起的一种常见且顽固的皮肤病。犬蠕形螨多寄生在犬的眼、耳、唇以及前腿内侧的无毛处，多寄生在毛囊中，很少寄生在皮脂腺，形成与周围界线分明的红斑。各年龄阶段均有发生。由于免疫功能下降常引起全身性蠕形螨感染，也常继发细菌、真菌感染，从而引起更为严重的皮肤病。

一、种类与形态

蠕形螨在分类上属于节肢动物门、蛛形纲、蜱螨目、辐螨亚目，是一种皮肤寄生虫。蠕形螨的宿主特异性很强，因此大多数种名是按其宿主命名，如犬蠕形螨、绵羊蠕形螨等。犬蠕形螨体长，呈蠕虫样，半透明乳白色。据调查虫体有大小两种，大虫体致病力较强，虫体分为头、胸和腹三部分，头由 1 对触须及不成对的吸管所组成，从胸部分出 4 对短而粗的腿（图 4-10 至图 4-12）。口器由 1 对须肢、1 对刺状螯肢和 1 个口下板组成；胸部有 4 对很短的足，腹部细长，表面密布横纹。雄虫生殖孔开口于背面，雌虫生殖孔则在腹面。

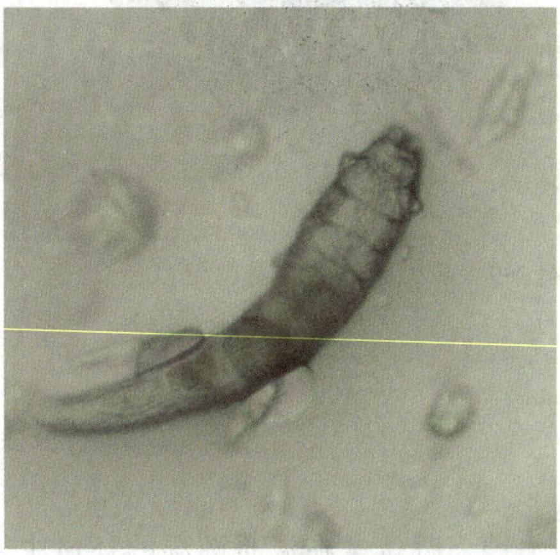

图 4-10 犬蠕形螨的正面

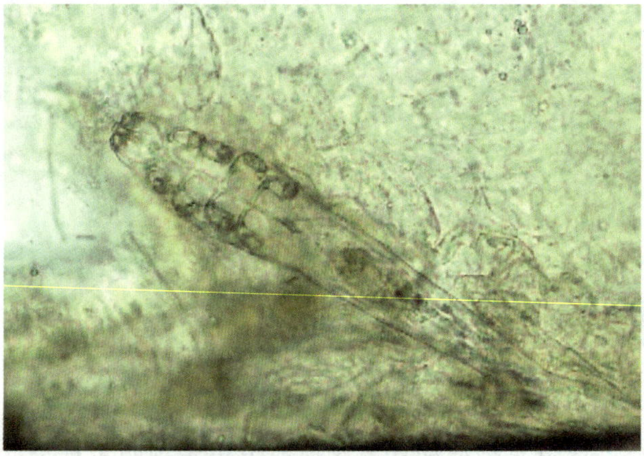

图 4-11 犬蠕形螨的腹侧

图 4-12 犬蠕形螨的侧面

二、生活史

犬蠕形螨的生活史有 4 个阶段：卵、幼虫、若虫、成虫。犬蠕形螨的虫卵呈纺锤形(图 4-13)。虫体通常寄生于犬皮肤的毛囊中(图 4-14)，而且多寄生在皮肤的疱状突起内，并在此完成生活史，整个生活史共需要 24 d(图 4-15)。蠕形螨从卵孵化后，由若虫长到成虫再到死亡，生命周期为 15 d 左右。一般认为，蠕形螨具有负趋光性，在夜间爬出毛囊、皮脂腺。处于繁殖期、产卵期的蠕形螨会加快蠕动速度，频繁在体表活动，使宠物感到极度瘙痒。

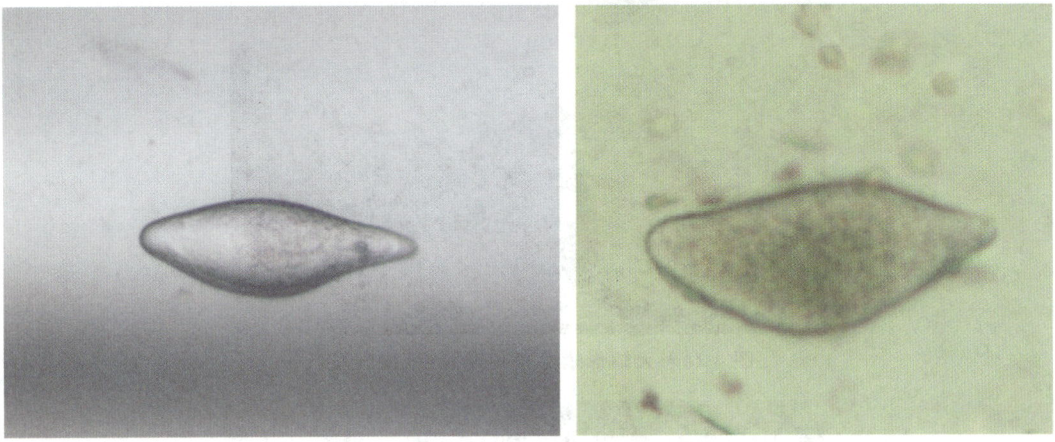

图 4-13　犬蠕形螨的虫卵

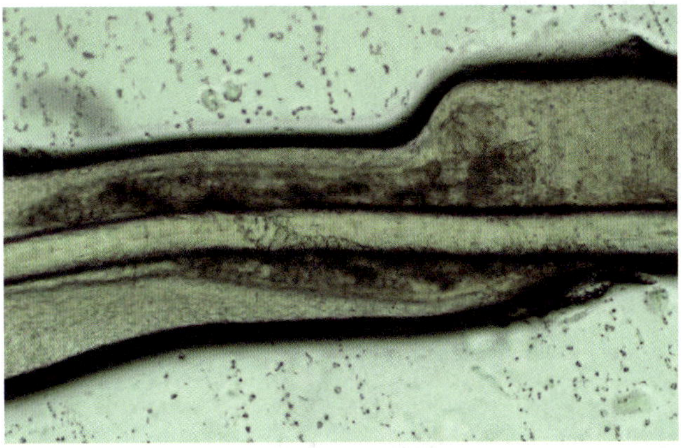

图 4-14　毛囊中的犬蠕形螨

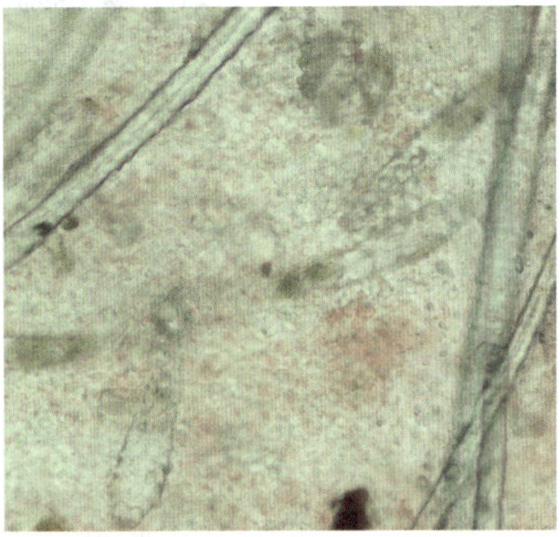

图 4-15　犬蠕形螨的各种形态

三、临床症状

各种年龄段的宠物均可发生蠕形螨感染，但多发于 3～10 月龄的幼龄宠物。患病宠物和健康宠物相互接触可感染，也可通过媒介物间接感染，还可通过胎盘由母犬感染给幼龄宠物。蠕形螨的发生具有季节性和遗传性。蠕形螨的抵抗力很强，可在外界存活多日。

感染初期患部脱毛，皮肤发红(图 4-16)、变厚多皱皮，随后皮脂腺分泌增强，覆盖有银白色黏性的糠麸样鳞屑(图 4-17)。后期皮肤变成淡蓝色或红铜色(图 4-18)，伴随细菌、真菌等微生物侵入，发展为毛囊炎、脓皮病(图 4-19)等，发出难闻的臭味，皮肤上可见到数量不等、与周围界线分明的红斑。红斑多出现在眼、耳、唇和腿内侧的无毛处，蠕形螨面部感染后，会出现红疹、皮褶、脓皮、瘙痒等典型症状（图 4-20），当出现红斑、皮脂溢出和脓性皮炎时，患病宠物会瘙痒，并常见体表淋巴结病变。蠕形螨感染是可造成犬死亡的寄生虫病，严重感染的宠物，身体大面积脱毛，浮肿。全身性蠕形螨感染伴随严重的瘙痒以及明显的自我损伤。蠕形螨的慢性感染，感染皮肤粗糙，有脓疱、臭味，瘙痒程度强。

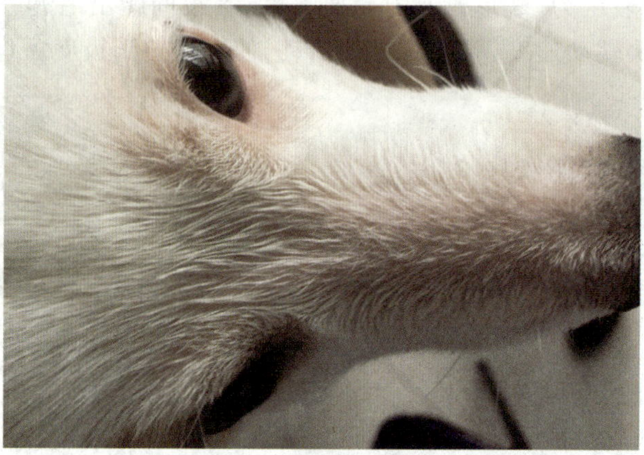

图 4-16　犬蠕形螨感染初期脱毛、皮肤发红

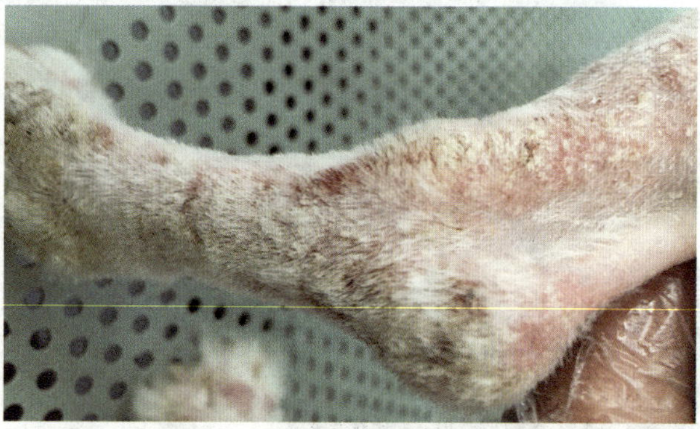

图 4-17　犬蠕形螨感染后皮肤的糠麸样鳞屑

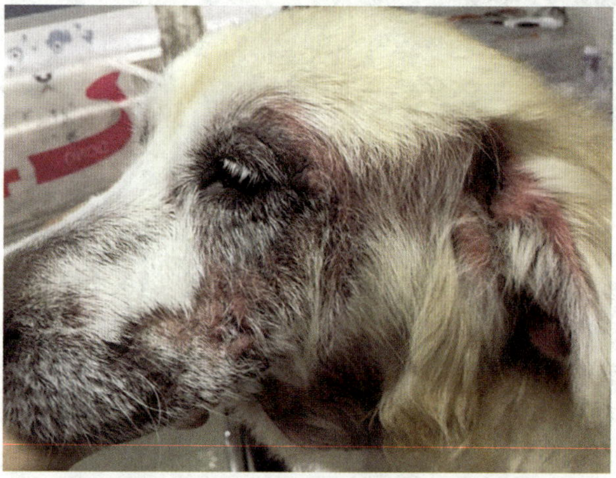

图 4-18　犬蠕形螨感染后期皮肤出现红铜色

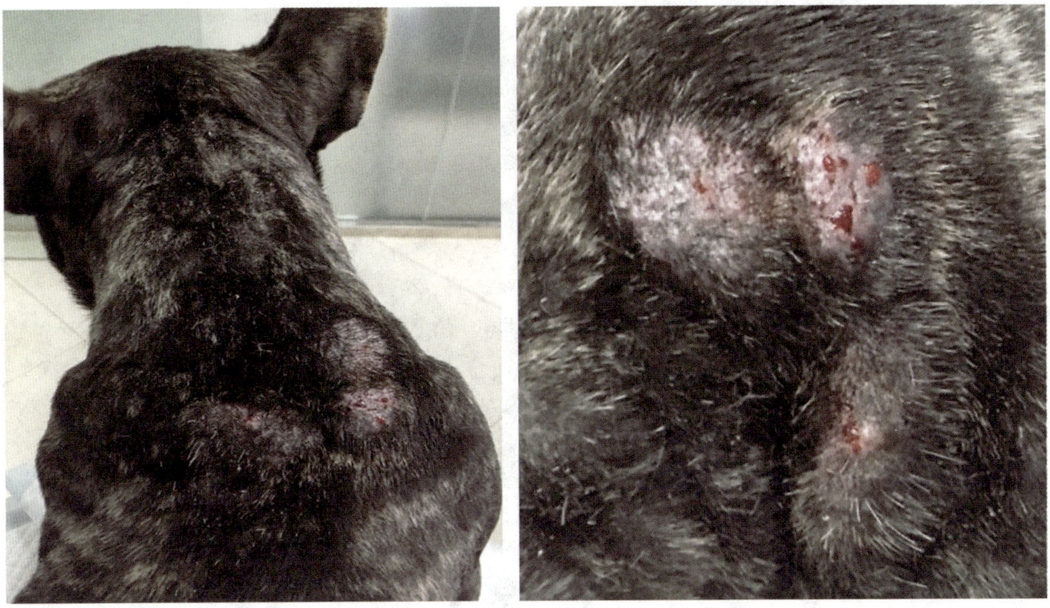

图 4-19　蠕形螨感染斗牛犬形成脓皮病

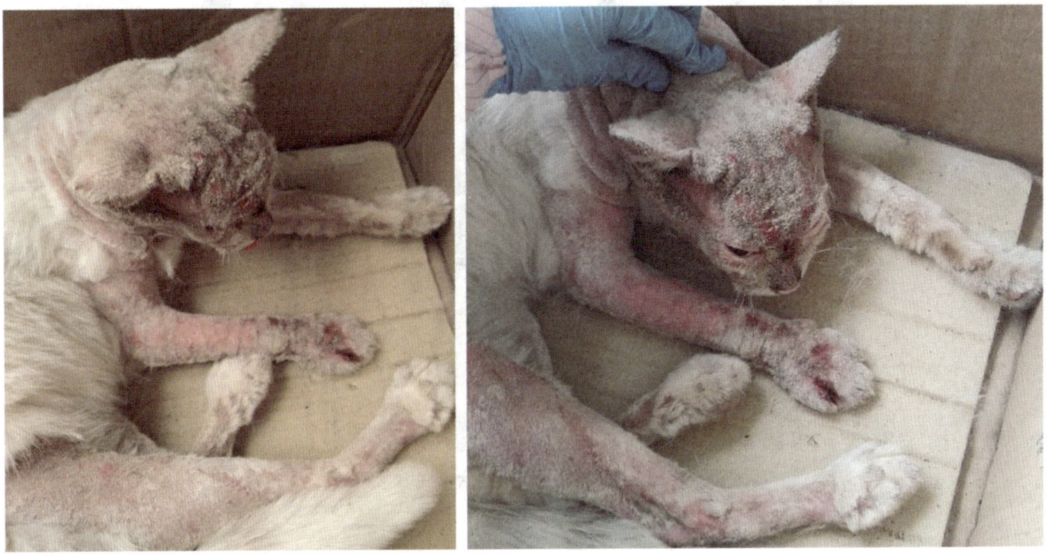

图 4-20　猫蠕形螨感染后严重瘙痒

四、诊断要点

根据临床症状可以做出初步诊断。然后采用拔毛、深层皮肤刮片、透明胶带等方法进行采样镜检，看到蠕形螨(图 4-21、图 4-22)即可确诊。

但临床上并非每个病例都能顺利镜检到蠕形螨，建议在病变处进行多点多次采样镜检，若实在镜检不到，但又高度怀疑此病时，也可根据病史、临床症状、体表皮肤症状等采用治疗性诊断。

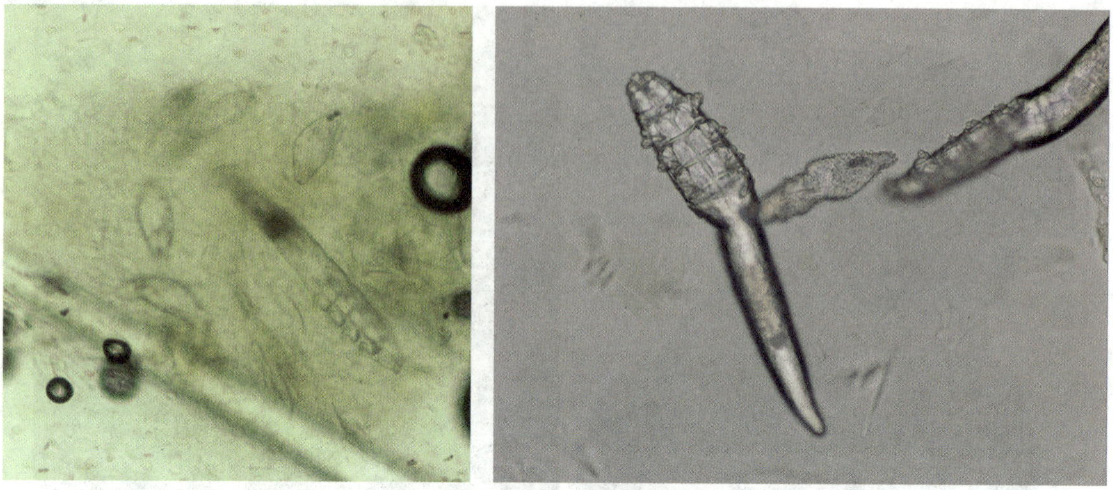

图 4-21　蠕形螨虫卵及蠕形螨

图 4-22　拔毛后镜检到大量的蠕形螨

五、防治方法

1. 预防

(1)注意卫生，保持垫料干燥，并定期进行消毒。定期为宠物洗澡，并使用宠物专用沐浴产品来保持皮肤清洁。经常清洗宠物的窝垫、玩具等用品，定期消毒宠物生活环境，可使用稀释的漂白剂或专用消毒剂拖地，能有效减少螨虫滋生。

(2)减少与患病宠物直接接触。不要让宠物与患有蠕形螨病的动物接触。带宠物到可能有感染源的地方，要注意避免接触患病宠物。

(3)增强宠物皮肤自身的抵抗能力。保证宠物摄入营养均衡的食物，含有优质蛋白质、维生素和矿物质的食物有助于提高宠物免疫力。让宠物适当晒太阳、进行适量运动，也能增强宠物体质，降低感染蠕形螨的概率。

(4)定期使用预防体外寄生虫的药物。

2. 治疗

(1)驱虫药物。使用外用驱虫滴剂，如爱沃克等，也可使用外用驱虫片剂或风味片剂等进行治疗。根据病情严重程度，在全身性蠕形螨治疗时，可使用伊维菌素、多拉菌素等药物进行皮下注射或口服，但不建议给柯利犬使用，其他犬种均适用。口服时，第 1 周渐进性增加剂量，同时观察厌食、呕吐等可能的副作用，一旦发现立即停药。

(2)对已产生严重脓皮病、难闻臭味的宠物，推荐使用功能性香波或四硫合剂等药浴治疗。

(3)不要长期使用抗菌素治疗。

(4)均衡食物营养，可以修复皮肤，增强机体抵抗力。

(5)注意环境灭螨。某些中药外用具有一定的辅助治疗作用。

治疗期间，要给宠物佩戴伊丽莎白圈，防止其舔舐或抓挠患处，以免加重感染或引起其他并发症。还要保持宠物生活环境的温暖、干燥和清洁，有利于病情恢复。

全身严重瘙痒时可注射地塞米松或口服醋酸泼尼松、扑尔敏，但是不要超过 3 d，否则会助长细菌和真菌的感染。

第三节　疥　　螨

通常，疥螨病是指由疥螨科、疥螨属的疥螨寄生于哺乳动物皮肤表皮内的一种慢性寄生虫性皮肤病，俗称癞皮病。疥螨病是一种具有顽固性、接触性、传染性的皮肤病，表现为剧痒、结痂、脱毛和皮肤增厚的临床特征。

一、种类与形态

疥螨虫体呈龟形，背部隆起、腹部扁平、乳白色(图 4-23)。躯体分两部分，前端称为背胸部，有第 1～2 对足；后端称为背腹部，有第 3～4 对足。躯体表面有细横纹、锥突、鳞片和刚毛，假头后面有一对短粗的垂直刚毛，背胸部有一块长方形的胸甲，肛门位于背腹部后端的边缘上(图 4-24)。虫体腹面有 4 对粗短的足，前后 2 对足之间的距离较远。在雄虫的第 1、2、4 对足和雌虫的第 1、2 对足上各有一个吸盘。在雄虫的第 3 对足末端和雌虫的第 3、4 对足末端各有 1 根长刚毛。疥螨虫体电镜扫描显示排列于兔疥螨棘突区与刚侧板上的针刺只有 6 对，雌螨生殖孔形成一横沟，横沟上方有一颜色较深的生殖吸盘。疥螨成虫的体壁由表皮和真皮组成，表皮由上表皮、外表皮和内表皮组成，其中上表皮又可分为盖质层和表皮质层，骨骼肌细胞由肌质膜、肌质和核组成。

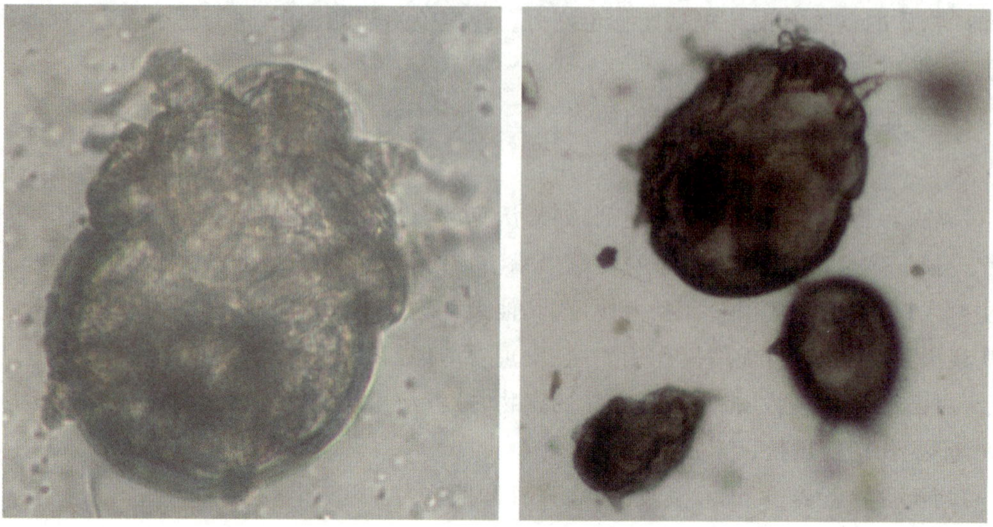

图 4-23　疥螨成虫

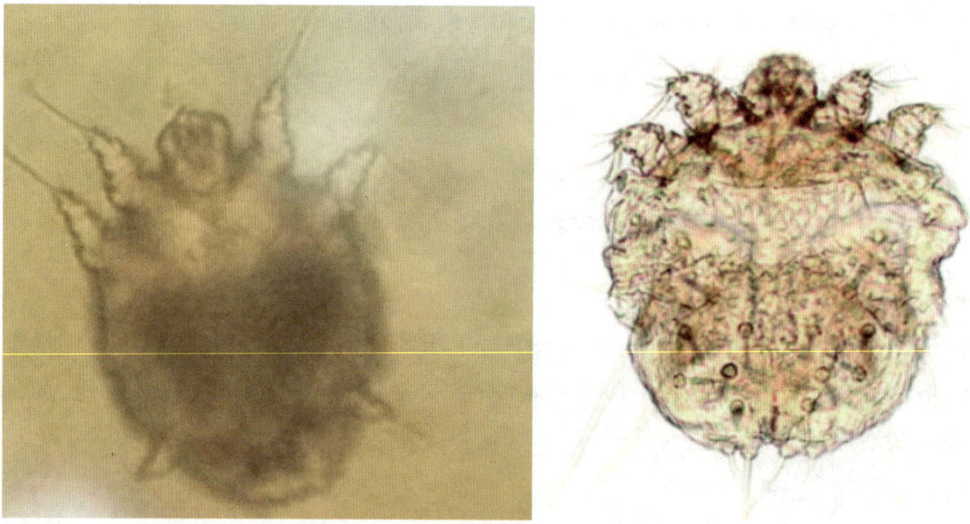

图 4-24　疥螨成虫的形态

二、生活史

疥螨的生活史过程包括卵、幼虫、若虫、成虫 4 个阶段(图 4-25)。

犬疥螨的全部发育过程都在犬身上度过，一般在 1～3 周完成。疥螨在犬皮肤的表皮上挖凿隧道，雌虫在隧道内产卵(图 4-26)，每个雌虫一生可产卵 20～50 个，卵呈圆形或椭圆形，大小平均为 150 μm×100 μm，淡黄色，壳薄，卵壳与穴底紧密黏附。卵发育成熟后孵化为幼虫，幼虫有 3 对足，体长 0.11～0.14 mm，幼虫阶段致病力最强。孵化的幼虫爬到皮肤表面，在皮肤上凿小洞穴，并在穴内蜕化为若虫。若虫具有 4 对足，可辨出雌雄，雌雄若虫在晚间于表皮进行交配，交配后雄虫大多死亡。雌若虫钻入皮肤挖凿浅的隧道，并在里面蜕变为成虫。

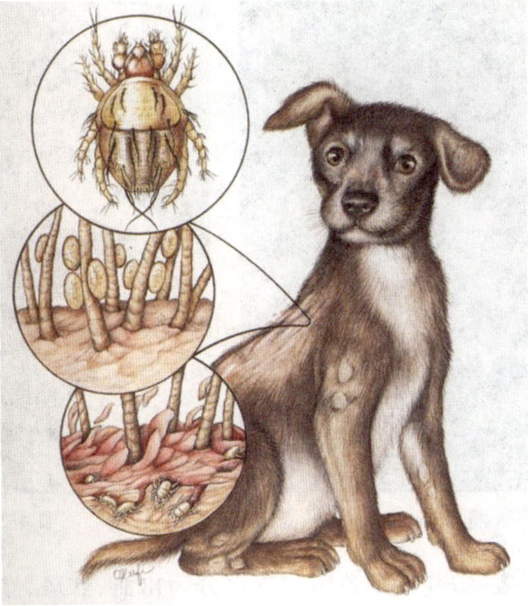

图 4-25　疥螨生活史

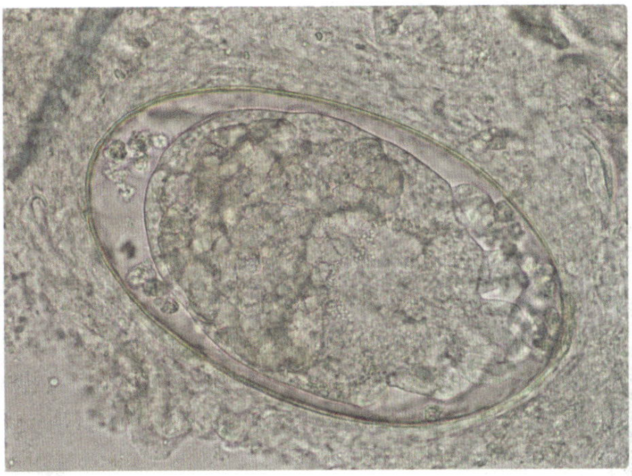

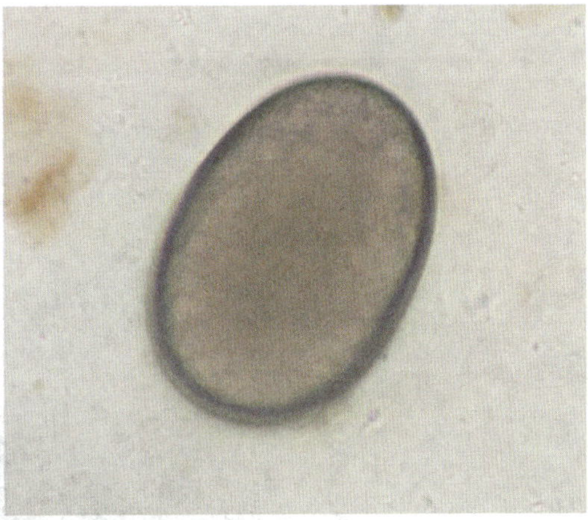

图 4-26　疥螨虫卵

疥螨病多发于秋末、冬季和春初。这些季节光线照射不足，犬毛密而长，特别是犬舍环境卫生不良、潮湿的情况下，最适合螨虫的发育和繁殖，犬最易发病。

三、临床症状

犬疥螨在幼犬较严重，多先起于头部、鼻梁、眼眶、耳部及胸部，然后发展到躯干和四肢，多发生于皮肤薄嫩的肘部、胸背等皱褶处，常见粟粒大小红斑丘疹，奇痒难忍，传染性极强。病初皮肤发红有疹状小结，表面有大量麸皮状皮屑（图 4-27），进而皮肤增厚、被毛脱落、表面覆盖痂皮、龟裂（图 4-28）。病犬剧痒，不时用后肢搔抓，摩擦，当有皮肤被抓破或痂皮破裂后可出血，有感染时患部可有脓性分泌物，并有臭味。

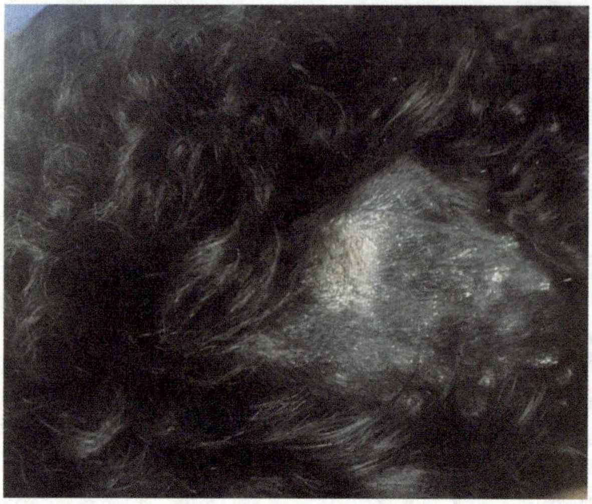

图 4-27　粟粒丘疹，麸皮皮屑

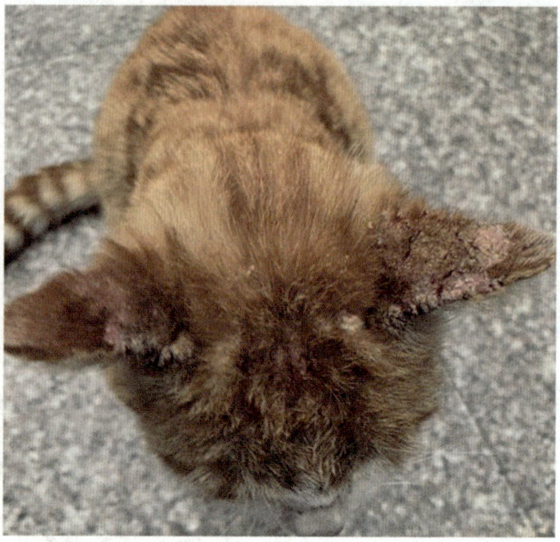

图 4-28　结痂、龟裂

疥螨最常见的症状是瘙痒，其整个致病过程可分为出血、红斑、渗出、结痂 4 个时期。患犬皮肤被螨虫长期慢性刺激，终日不停啃咬、搔抓、摩擦患部，使犬烦躁不安，影响休息和正常进食，临床可见病犬脱毛（图 4-29）、渐消瘦、营养不良，重者可导致死亡。

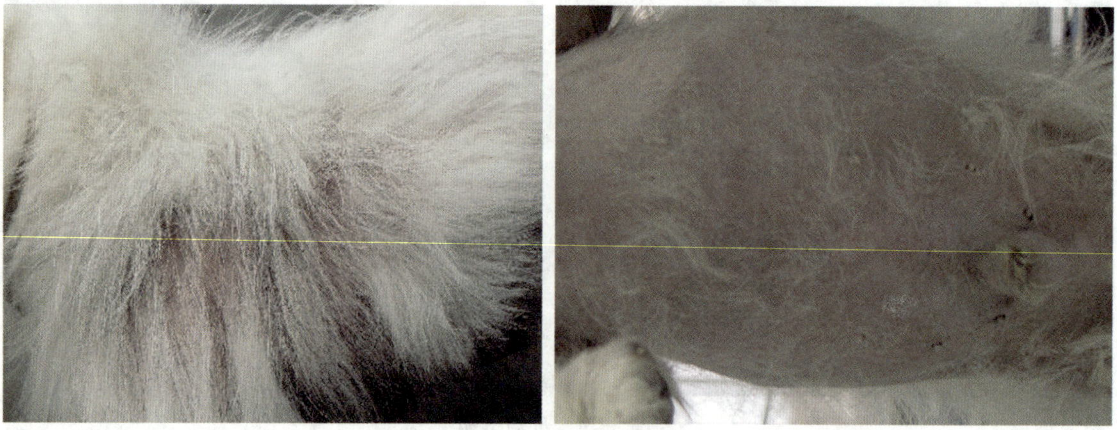

图 4-29　肘部、腹部严重脱毛

四、诊断要点

犬疥螨的一般症状为掉毛、皮肤变厚，出现红斑，小块痂皮和鳞屑以及非常瘙痒引起犬自己抓伤，继发细菌感染。疥螨常寄生于外耳，严重时波及肘和跗关节部。在临床上，腹下部病灶分布较多。

根据临床症状，并从病变部位和健康皮肤交界处刮取皮屑或痂皮，将皮屑或痂皮置于载玻片上，滴上 50%甘油溶液，显微镜下观察，见活的疥螨或虫卵即可确诊，见图 4-30。

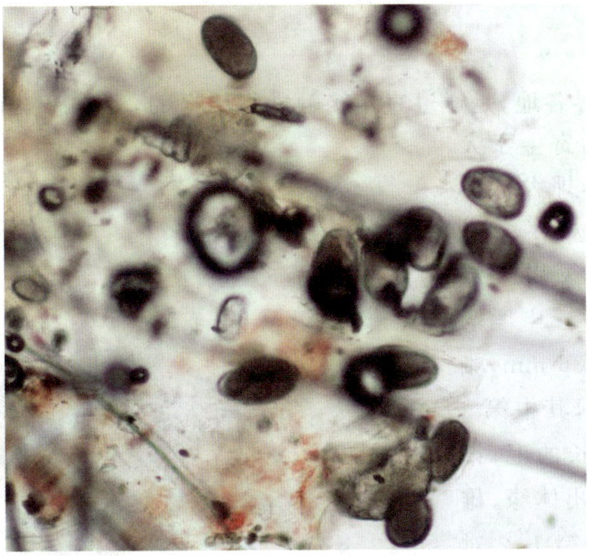

图 4-30 显微镜下见大量的疥螨虫卵

五、防治方法

1. 预防

(1)注意清洁卫生。定期给宠物洗澡,并使用宠物专用香波来保持皮肤清洁。但注意不要过度洗澡,以免破坏皮肤的油脂保护层。

(2)隔离患有疥螨病的宠物,防止互相感染。尽量避免宠物与患有疥螨病的其他动物接触,在宠物医院等场所也要注意防止交叉感染。

(3)增强宠物皮肤自身的抵抗能力。提供营养均衡的食物,保证宠物有充足的睡眠和适当的运动,以增强其自身免疫力,降低感染疥螨的风险。

(4)定期使用体外寄生虫(含疥螨)滴剂。

2. 治疗

(1)使用治疗疥螨类药物,如口服贝卫多、尼可信、超可信或使用体外驱虫滴剂等。

(2)剪掉患部被毛,全身使用功能性香波。

(3)皮下注射伊维菌素等,柯利犬等对伊维菌素敏感的犬种需慎用。

(4)增强食物营养,恢复皮肤机能,增强机体抵抗力。

(5)抗菌素治疗。同时注意环境灭螨。

第四节 耳 痒 螨

犬猫的耳痒螨,又称耳螨,是犬猫常见的耳道寄生虫。多数情况寄生于耳道,少数情况也会出现在头部、颈部和尾部。耳痒螨病是由耳痒螨属的耳痒螨寄生于外耳道所引起的外耳部的炎症。

一、种类与形态

耳痒螨分布于世界各地，是通过直接接触进行传播的，犬猫感染较为普遍，特别是在犬的哺乳期。目前，认为寄生于犬猫的耳痒螨只有一种，即犬耳痒螨。虫体呈椭圆形，足体突出（图 4-31）。虫体前端突出一短圆锥形的刺吸型口器。耳痒螨雄虫大小为 0.28～0.36 mm，雌虫为 0.35～0.45 mm，其中第 3 对足的末端有 2 根细长的毛；第 4 对足不发达，不能伸出体缘，雄螨每对足末端和雌螨第 1、2 对足末端均有带柄的吸盘、柄短，不分节。耳螨以表皮残渣和组织液为食。耳螨的宿主包括猫、犬、狐狸和貂。

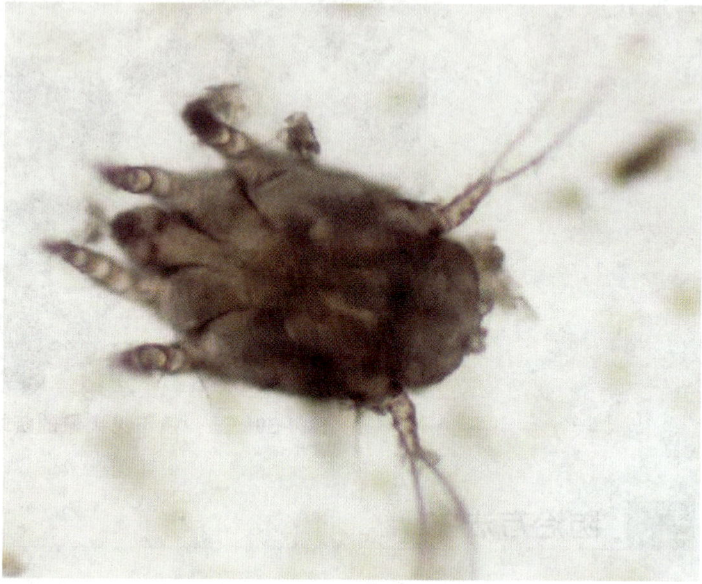

图 4-31　耳痒螨的形态

二、生活史

耳痒螨的全部发育过程包括卵、幼虫、若虫和成虫 4 个阶段（图 4-32），生命周期为 18～28 d。耳痒螨一生约产卵 100 个，虫卵为白色，卵圆形，一边较平直（图 4-33）。条件适宜时，整个发育过程需 2～3 周，条件不利时可转入 5～6 个月的休眠期，以增加对外界的抵抗力。

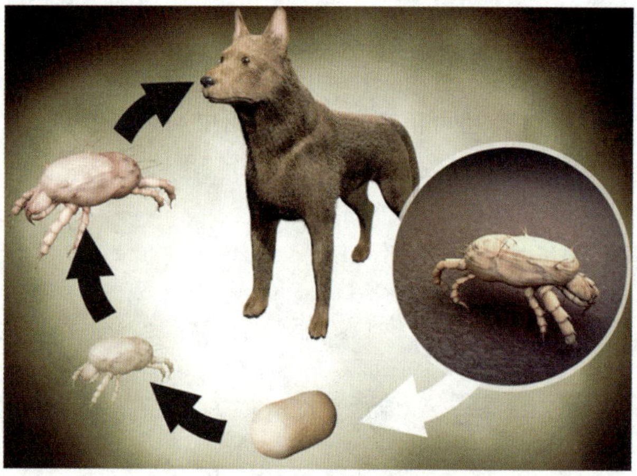

图 4-32　耳痒螨生活史

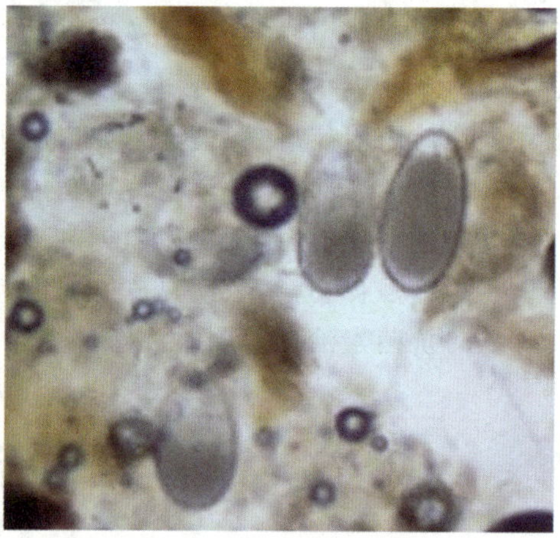

图 4-33　耳痒螨虫卵

耳痒螨的卵经过 4 d 变成幼虫，幼虫再经过原若虫和第二期若虫阶段后变成成虫，其中雄螨为 1 个若虫期。耳痒螨变成成虫之后马上能受精产卵。犬耳痒螨寄生于犬的外耳道内，具有坚韧的角质表皮，在环境温度 6～8 ℃，湿度 85%～100%的条件下可存活 2 个月以上。耳痒螨离开宿主后能在环境中存活 5～17 d，具体取决于环境的温度和湿度。

三、临床症状

1. 耳道分泌物

耳朵的瘙痒表现为用后腿挠耳朵或甩头。产生红褐色或者黑色的耳道分泌物(图 4-34)，由耳油、血、炎症分泌物和耳痒螨本身组成。

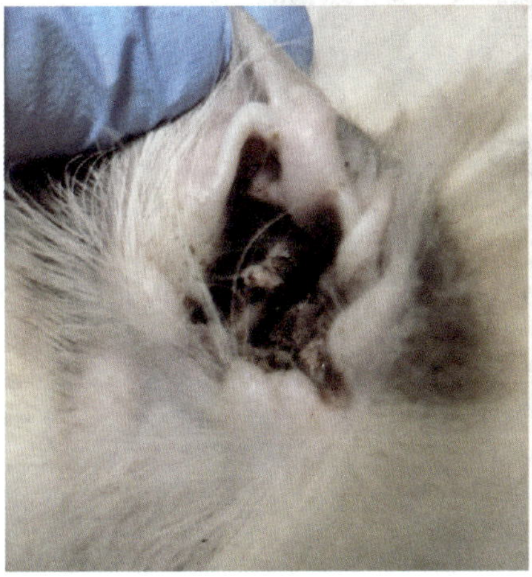

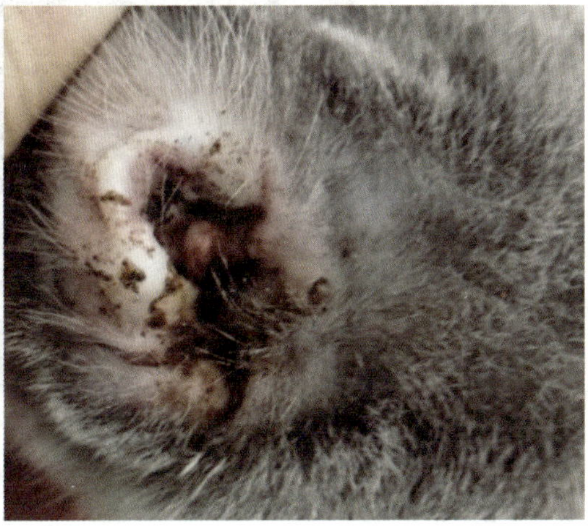

图 4-34　耳道褐色分泌物

2. 瘙痒、抓伤

耳痒螨寄生于宠物的皮肤表面，采食脱落的上皮细胞。采食时分泌有毒物质，对宠物表皮的神经末梢造成化学性刺激，表现出耳部奇痒。有时触碰患耳痒螨宠物的耳道、头部和颈部皮肤会有严重的瘙痒和局部过敏反应，严重的情况可能全身瘙痒，皮肤出现抓痕(图 4-35)。耳部疼痛，拒绝耳道检查。抓搔可能使耳郭外部脱毛、耳血肿。

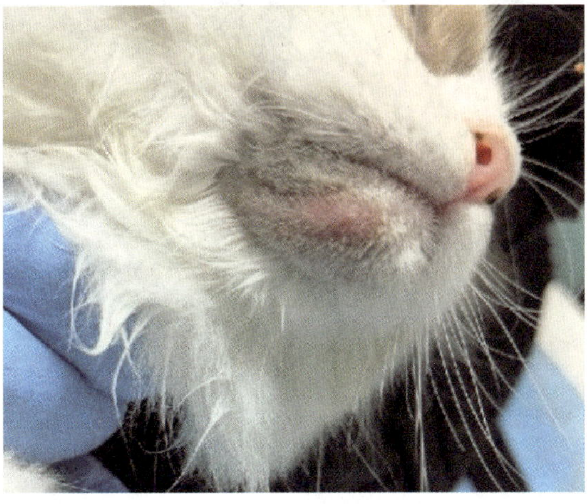

图 4-35　耳道瘙痒抓痕

3. 感染加重

犬猫耳痒螨的早期感染常是双侧性的，进一步发展为整个耳郭广泛性感染，鳞屑明显，角化过度并自己抓伤。更严重的感染则双耳郭有厚的过度角化性鳞屑（图 4-36），并蔓延到头前部。耳痒螨可能会引起大量的耳脂分泌物和淋巴液外溢继发化脓，继发细菌感染，造成中耳炎或内耳炎，产生听力受损，失去平衡等症状，重者可继发脑炎和出现神经症状。

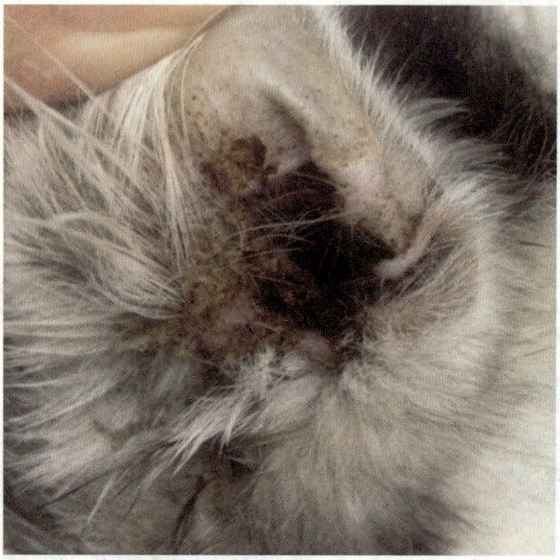

图 4-36　耳郭过度角化性鳞屑

四、 诊断要点

肉眼或检耳镜观察耳道内有大量耳垢，并且患犬经常出现摇头、搔抓或摩擦耳部的现象，可疑似为本病。用放大镜或低倍显微镜检查渗出物，发现细小的白色或有活动性的耳痒螨成虫即可确诊。或者取外耳郭脱毛边缘刮取物镜检，看到耳痒螨成虫或虫卵即可确诊（图 4-37）。

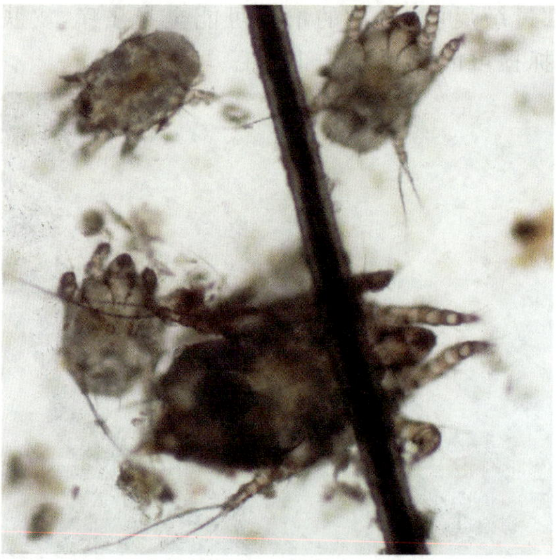

图 4-37　耳痒螨成虫

五、防治方法

1. 预防

(1)注意环境卫生,保持环境干燥。对犬猫经常接触的床铺、垫料、用具和周围环境进行清洗和消毒。

(2)保持耳道清洁,定期使用洗耳液进行清洗。

(3)杜绝健康的犬猫与患病犬猫直接接触。

2. 治疗

(1)清洁耳道。治疗犬猫耳痒螨时应先清洁外耳道,再用棉签或柔软的纸轻轻擦掉外耳道的耳垢。清洁耳道时尽量减少刺激,尤其是猫,否则易使病情加重甚至引发细菌感染。

(2)滴入药物。向洗净的耳内滴注杀耳痒螨的药物,在滴注的药物中最好配有抗生素。

(3)也可选用伊维菌素注射液进行治疗。

第五节　蜱　　虫

蜱虫在分类上属于节肢动物蛛形纲蜱螨目总科,俗称壁虱、扁虱、草爬虫、犬豆子、八脚子等,也是一种引起人兽共患病的寄生虫。常蛰伏在浅山丘陵的草丛上,蜱虫极喜欢皮毛丛密的宠物。

一、种类与形态

蜱虫是一种不完全变态动物,种类多,分布在世界各个角落,野外草丛和野生动物身上较多。全世界已知蜱类有 800 余种,我国发现 110 余种,不同地区蜱虫种类不同。

蜱虫红褐色或灰褐色,呈卵圆形,背腹扁平,从芝麻粒大到米粒大不等。不吸血像绿豆大小,吸饮血液后有饱满的黄豆大小,大的可达指甲大小。蜱虫大多生活在草地、农田、森林等野外环境,因蜱虫种类不同而异,一般需要具备较适宜的温度、湿度条件。

二、生活史

蜱的生活史过程包括卵、幼虫、若虫和成虫 4 个阶段。蜱的卵较小,呈卵圆形,一般为黄褐色。虫卵发育为幼虫,幼虫发育为若虫,若虫发育为成虫(图 4-38、图 4-39),蜱的幼虫、若虫和成虫分别在 3 种宿主体上寄生,其中成虫、若虫有 8 条腿,幼虫有 6 条腿。成虫附着并寄生于宠物体表,吸饱血的雌蜱膨胀后如黄豆大小,然后离开宿主,落地进行蜕皮或者产卵,一只雌蜱可产下数千枚卵。春夏季节是蜱虫繁殖旺盛季节,建议宠物少去草丛树木密集的地方;冬天蜱虫基本不活动。蜱离开宠物后附着在草上,可叮人、吸血。

图 4-38　蜱虫的正面

图 4-39　蜱虫的腹面

三、临床症状

宠物在户外草丛中散步时，常被蜱虫叮咬感染。蜱虫一般寄生在宠物皮肤薄、不易被搔到的部位。通常表现为皮肤上突然多出豆粒或大一些的黑色赘生物。蜱虫是媒介生物，通过叮咬吸血可传播病原体，如病毒、细菌、寄生虫等。

蜱虫吸血可造成局部充血、水肿、急性炎症反应，还可引起继发感染。蜱虫叮咬严重的还可引起麻痹症或瘫痪，需要与产后缺钙、骨折等疾病鉴别诊断。蜱麻痹是因为雌蜱虫在犬猫身上吸血时，唾液中分泌一种神经毒素进入血液循环，能抑制肌神经乙酰胆碱的释放，导致运动神经传导障碍，最终肌肉麻痹。这时候呼吸肌也会麻痹，产生呼吸困难，体内二氧化碳含量增多，氧含量减少，因酸中毒而死亡。有些犬被蜱虫叮咬后，5～7 d 开始表现不安、轻度震颤、步态不稳、无力和跛行，之后症状加重，麻痹的范围渐扩大呈上行性发展，患病前肢或后肢不能活动或不能站立，但麻痹部位对刺激仍有反应。成熟的雌蜱虫会导致犬死亡，但是蜱虫种类多，不是所有的蜱虫都会导致麻痹症，犬猫感染后并不都会发病，取决于犬猫的抵抗力、蜱虫的数量等。

四、诊断要点

蜱被发现寄生于犬猫身上，多数情况下是宠物主人在梳理被毛时，看到并剥下宠物身上的“虫”，这就是蜱，体积从小米粒至黄豆大小不等。看到叮咬在皮肤上胀大的蜱虫即可确诊（图 4-40、图 4-41）。

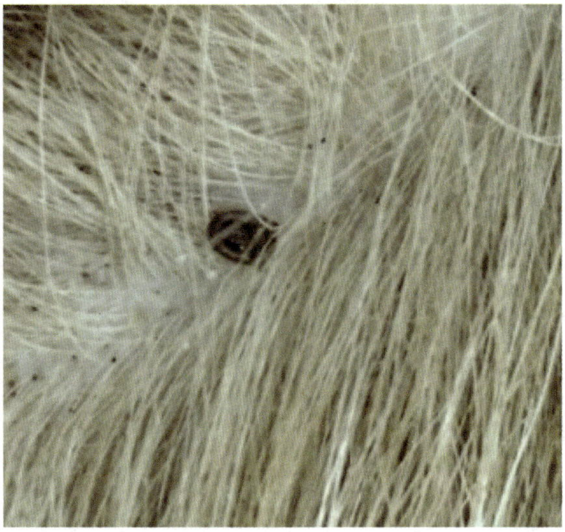

图 4-40　犬感染的蜱虫

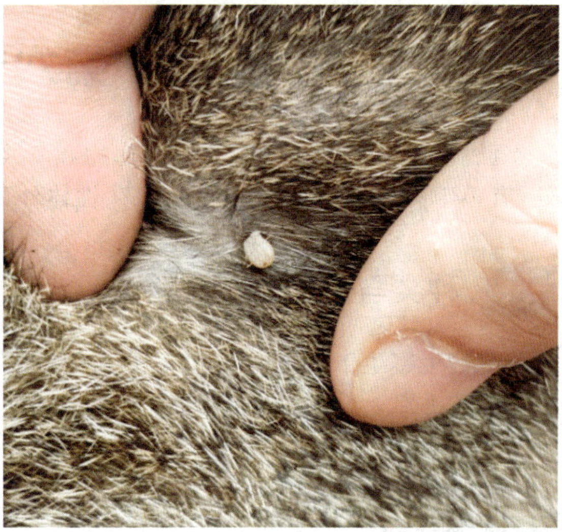

图 4-41　猫感染的蜱虫

五、防治方法

1. 环境卫生

保持环境卫生，减少蜱虫的生存环境。家庭应定期喷药以预防蜱虫。有院子的要注意宠物窝的卫生，割掉或烧掉杂草使蜱虫无栖息之地。当携带宠物外出到蜱类生活地区旅行时，仔细检查宠物体表是否有蜱虫附着。

2. 体表清洁

经常检查宠物的体表，保持宠物身体的干净。

3. 预防

(1)定期使用体外寄生虫滴剂，如大宠爱、爱沃克等，也可口服尼可信治疗。

(2)减少宠物进入蜱虫易滋生的环境中，如树林、密集的灌木丛。

4. 治疗

治疗原则是清除体表蜱虫，对症治疗，环境消毒。

(1)感染蜱虫的处置。不可强行取下蜱虫，因为硬取时蜱虫的头部可能会留在宠物皮肤内，引发感染。拔取时应使虫体与皮肤垂直，慢慢地拔出假头。最好的方式是使用专用杀蜱虫药物喷洒后使蜱虫自行脱落；或者使用酒精、乙醚、氯仿等涂在蜱虫身上，使蜱虫头部放松或死亡，再用尖头镊子取下蜱虫。再用碘酒或酒精处理叮咬处，并观察 1～2 d 有无异常并及时治疗。

(2)使用体外寄生虫滴剂，佩戴防蜱项圈，口服或注射体外寄生虫药物。

(3)如果蜱虫大量寄生时，应进行药浴，或清洗被毛后撒药粉进行治疗。

第六节 虱

虱属昆虫纲虱目，寄生于哺乳动物和鸟类身上。体形较小，无翅，背腹扁平，寄生于毛发处，有善于钩住毛发的足，是一种永久性体外寄生虫，也是一类无翅小形寄生昆虫的统称。

一、种类与形态

虱终生寄生于宿主体表，以宿主血液、毛发、皮屑等为食。寄生在犬猫身上的虱主要分为长颚虱和毛虱。长颚虱主要吸血，身体呈圆锥形，长 1.5～2 mm，终生不离开宠物身体。毛虱外形短宽，长约 2 mm，黄色带黑斑，主要以毛和皮屑为食。

二、生活史

虱为渐变态发育，生活史过程有卵、若虫和成虫 3 期。

卵呈椭圆形，大小约 0.8 mm×0.3 mm，白色，俗称虮子，卵黏附在毛发或纤维上，其游离端有盖，上有气孔和小室(图 4-42)。雌虱一生产卵可达 300 个，雌虫产卵不久后便会死去。卵经 7 d 左右变成若虫，从卵盖处孵出，其外形与成虫相似，但较小，尤以腹部较短，生殖器官尚未发育成熟。若虫能吸血，经 3 次蜕皮变成成虫(图 4-43)。成虫可存活 30～40 d。

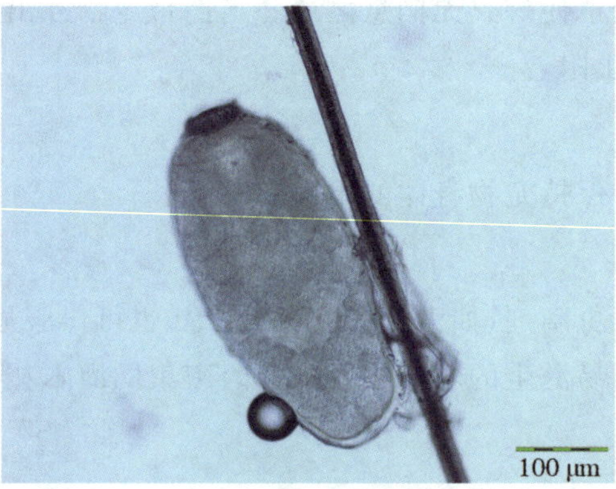

图 4-42 虱虫卵

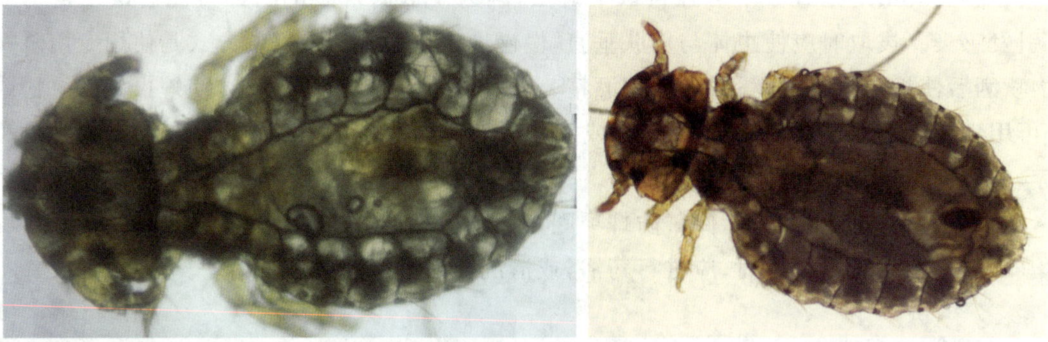

图 4-43 虱成虫

虱繁殖最旺盛的季节是在秋冬季节,因为这时候宠物身上的毛浓密。夏天虱离开体表后很快会死亡。

三、临床症状

虱在哺乳动物体表吸血时可以分泌毒素,刺激神经末梢,引起皮肤剧烈瘙痒,所以宠物一般会表现不安搔抓,干扰其正常生活,特别是幼犬,严重者会引发其身体虚弱、贫血、厌食等。大量感染时,严重搔抓会使皮肤破溃还可能引发皮炎,导致继发细菌感染,形成脓疮,甚至出现脱毛、掉毛、精神沉郁等症状。往往感染后的皮肤抵抗力变差,容易被其他疾病感染。

虱感染的宠物身上常有一些凹凸不平的结节。虱吸血时还可以传播多种疾病。肉眼或放大镜可见到虱甚至虱窝(图 4-44)。

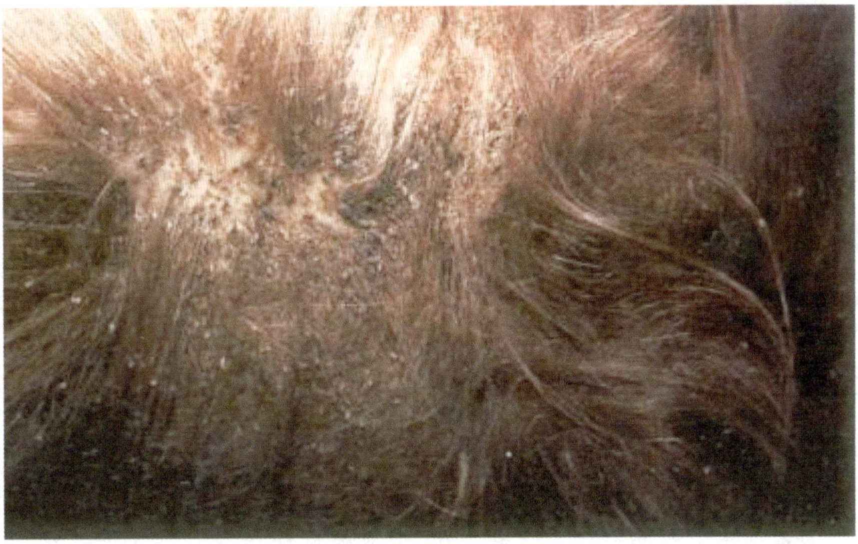

图 4-44　大量虱在毛发上

犬毛虱还是犬复孔绦虫的传播者。

四、诊断要点

犬毛虱以毛和表皮鳞屑为食,易造成犬瘙痒和不安,犬啃咬瘙痒处而自我损伤,引起脱毛,继发湿疹、丘疹、水疱、脓疱等,严重时食欲差,影响犬的睡眠,造成犬的营养不良。

五、防治方法

1. 环境卫生

做好环境卫生,保持干燥,减少虱滋生。

2. 体表清洁

饲养过程中加强管理,保持宠物体表清洁卫生,让虱没有安逸的生存空间。

3. 预防

(1)定期检查和使用体外寄生虫滴剂，如大宠爱、爱沃克、福来恩等。

(2)定期药浴也是一种有效的方式。

4. 治疗

(1)使用体外寄生虫滴剂。

(2)注射杀虫针剂，如害获灭。

(3)对虱感染的皮肤损伤可以使用一些修复皮肤的外用药，加速康复。

第七节 姬 螯 螨

姬螯螨病是由一种寄生于宠物皮肤表面的肉食螨科的螨虫，引起轻度非化脓性、可传染的皮炎，也称为“移动的皮屑”。

一、种类与形态

姬螯螨主要有三个虫种：牙氏姬螯螨(犬)、布氏姬螯螨(猫)、寄食姬螯螨(兔)。虽然以上三种分别在犬、猫和兔身上发现，但实际上并无严格的宿主特异性，而且三种都有可能传染给人。

二、生活史

姬螯螨虫寄生于表皮角蛋白层的假管道中，以组织液为食，它的生活史全部都在宿主身上完成。呈高度接触性传播，尤其在青年宠物之间，既可通过直接接触传播，也可通过污染物传播。姬螯螨属的各种寄生虫都是专一性寄生虫，但其雌性成虫离开宿主能存活 10 d 之久，这有可能是重复感染的一个原因。病理组织学检查显示有表层的血管周围性皮炎，偶尔有螨虫的碎片出现于角质层中，嗜酸性粒细胞数目不定。

三、临床症状

犬猫的姬螯螨病的症状表现差异很大，瘙痒的程度不一，任何品种的犬猫都有可能受到感染。犬背部、臀部、头部和鼻上有黄灰色的鳞片，犬运动时掉下。幼龄宠物通常病情较为严重，最主要的症状是背正中线上鳞屑过多，被毛有轻微的油脂样外观。猫有天生梳理毛发的本性，会将皮屑、螨虫及虫卵舔掉，因而有可能在猫的粪便中发现虫体和虫卵。与不会自我梳理的犬相比，猫的早期症状很难被发现，而且发展缓慢。随着病情的发展，皮屑会遍布全身，脱毛和瘙痒会逐渐加重。有些宠物可能对姬螯螨发生超敏反应，通常出现虫体量很小而瘙痒很重的现象，表现症状是表皮脱落性红斑以及与疥螨病类似的病变分布和瘙痒程度。有些猫可能出现粟粒性皮炎或者不伴有其他病变的背部自舔性脱毛。

成年的犬、猫、兔有可能成为无症状的携带者。姬螯螨可感染人。

四、 诊断要点

询问病史和临床检查对本病有提示作用，可以用以下几种方式检查螨虫及其虫卵。

(1)进行大面积的表层皮屑刮取。刮取部位的选取：幼犬通常首发于臀部，后扩散至头部和背部；猫常发于背部。

(2)刷子刷拭。用跳蚤梳或硬塑料梳子梳理被毛。

(3)吸尘技术。用手握式吸尘器，对宠物皮毛进行大面积吸尘，并将收集到的碎屑进行显微镜检查。

(4)粪便浮集、查找虫卵或螨虫。

(5)用高倍的放大镜对皮屑进行检查，查找口器残片，其终端具有明显的小钩。

(6)检查毛干的一端，看有无虫卵附着。

五、 防治方法

很多外用杀虫药对姬螯螨均有效，如石硫合剂等。注射应用害获灭、净灭和多数杀虫剂。杀虫的药浴剂、粉剂、香波等也可用于治疗。

犬猫可使用伊维菌素 0.2～0.3 mg/kg 体重，皮下注射，但伊维菌素不用于柯利犬，对有接触史的宠物都进行治疗。用杀虫剂处理宠物生活的环境。

第五章 传染性皮肤病

知识目标

1. 宠物细菌性皮肤病。
2. 宠物真菌性皮肤病。
3. 宠物病毒性皮肤病。

能力目标

1. 掌握细菌、真菌、病毒等不同病原体引发的传染性皮肤病类型，熟知各类疾病的典型特征。
2. 掌握细菌性皮肤病的发病机理、临床症状、诊断要点、防治方法。
3. 掌握宠物皮肤病中常见真菌的形态结构、种类、生长条件、临床表现及诊断方法等。了解马拉色菌、癣菌、隐球菌、脓癣的诊断要点。
4. 了解宠物常见的一些病毒性皮肤病。

素质目标

1. 培养职业道德与责任感，秉持关爱动物、尊重生命的职业理念，在诊疗过程中，认真负责地对待每一例患有皮肤病的动物。
2. 保持对宠物医学领域的浓厚兴趣和求知欲，持续关注宠物传染性皮肤病的最新研究成果和临床诊疗技术进展，不断学习新知识、新技能，提升自己的专业水平。
3. 认识到宠物传染性皮肤病不仅影响宠物健康，还可能对公共卫生安全造成一定威胁，积极向宠物主人和社会公众宣传疾病防控知识，提高人们的防范意识，保障公共卫生安全。
4. 具备良好的团队沟通能力，能够在团队中积极分享自己的经验和见解，同时也能虚心听取他人的意见和建议，共同解决工作中遇到的问题，提高团队整体工作效率。

第一节 细菌性皮肤病

细菌性皮肤病是指由细菌感染及细菌毒素侵袭导致的皮肤病变，临床表现为发病部位的红、肿、热、痛、脓。细菌性皮肤病在临床上发病率高，病理过程长，易复发，细菌的耐药性问题越来越突出。

脓皮病是犬最常见的疾病之一。有些是处于基底膜没有被破坏的浅部，有些是处于基底膜已经受到破坏的深部。

一般可将脓皮病分为三类：浅表脓皮病、深层脓皮病、假性脓皮病。浅表脓皮病可分为皮肤褶脓皮病（擦烂）、脓疱病和毛囊炎；深层脓皮病可分为疖病、蜂窝织炎、指（趾）间脓皮病；假性脓皮病可分为脓性创伤性皮炎、幼龄宠物脓皮病。

一、发病机理

1.健康犬和患脓皮病犬的皮肤菌群

宠物的皮肤表面存在大量的细菌，这些细菌能够很好地适应角质层和毛囊的微环境，这些正常菌群促进了机体的皮肤免疫。

中间型葡萄球菌是犬脓皮病最常见的病原菌，其他病原菌还包括金黄色葡萄球菌和猪葡萄球菌。很多健康犬的皮肤上有少量的这些细菌，但是它们是暂住性菌而不是常在菌。这些革兰阳性葡萄球菌一般存在于肛门、鼻腔、生殖道、口腔等的黏膜处，是这些部位的常在菌。宠物通过舔触自己，将细菌带到皮肤和被毛上。研究表明健康犬和患脓皮病犬身上的中间型葡萄球菌的致病性相同。

角质层由角质化细胞组成，十分致密，是阻止微生物及其产物进入机体的第一道物理屏障。因为犬角质层比其他宠物的薄而致密，犬毛囊管是开放的，且缺乏皮脂栓子，所以犬的皮肤更容易受到感染。

2.脓皮病发病原因

致病性葡萄球菌很容易在发炎的、表皮脱落的脂溢性皮肤上生长。发炎皮肤能够促进表皮的增殖和脱落，其表面形成温暖湿润的微环境，从而促进细菌的增殖。此外，瘙痒导致的自我损伤、表皮脱落降低了表皮的防御功能，皮肤渗漏出的血清为细菌的生长提供丰富的营养。另外，过敏性皮肤病即犬表皮的Ⅰ型变态反应，能够促进细菌抗原进入皮肤，是犬脓皮病最常见的病因之一。

浅表脓皮病，又称为浅表性毛囊炎，是由细菌感染毛囊的表层造成的，导致此病的原因有内分泌失调、过敏与体外寄生虫。细菌性皮肤病主要病原菌为葡萄球菌、微球菌和棒状杆菌等，其中葡萄球菌主要是产色葡萄球菌和中间葡萄球菌，金黄色葡萄球菌有时也会感染。皮肤微环境的改变会使葡萄球菌增殖，细菌产生的炎症会进一步导致细菌的增长。浅表脓皮病是犬常见的皮肤病。

深层脓皮病是由化脓菌侵入毛囊和皮肤而引起的毛囊炎和脓疱，常由螨病、真菌性皮炎以及湿疹等引发。该病多发于胸腹部及四肢部，皮肤肿胀、化脓、破溃，流出大量黄白色分泌物，严重的累及全身，如治疗不及时可导致病犬因败血症死亡。

二、临床症状

浅表脓皮病临床病变多为局灶性，偶见广泛性，表现为脓疱、皮屑、红斑、丘疹、斑丘疹或结痂斑、黄色结痂、圆形脱毛，病灶中心可能有色素过度沉着。这些都是犬浅表脓皮病的典型症状（图 5-1）。

浅表脓皮病既不是一个有特殊分布的皮肤病，也不是一个有典型临床症状的皮肤病。由于葡萄球菌感染对于皮肤内或者皮肤外而言是典型的二次继发感染，所以还需要找出受感染的原因。对于皮肤表面的撕裂，跳蚤等创伤感染，最开始只是一种局部性的感染。

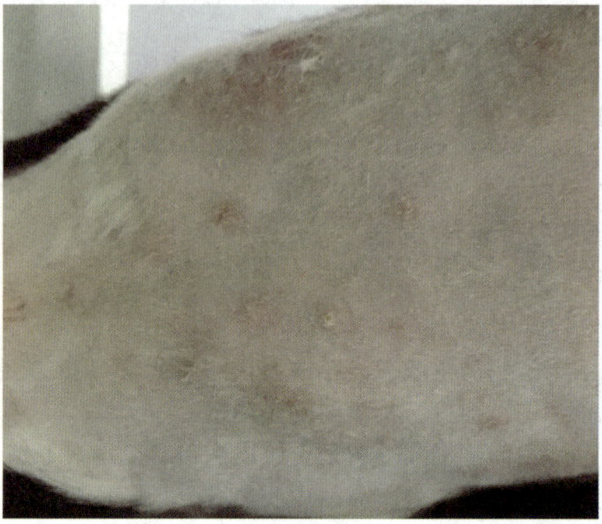
图 5-1　腹部浅表脓皮病(脓疱、皮屑、丘疹、结痂等)

毛囊炎都是一个小的丘疹感染或者是突出于毛干中心的脓疱感染。这些损伤最早的时候容易和风疹相混淆。随着时间的推移，多处受感染毛囊的毛发掉落，小面积内会出现秃毛。暴露在外的皮肤常常容易发炎，但对于犬而言，秃毛区域常有色素沉着于皮肤上，这些秃毛的区域看起来没有出现明显的发炎病变，而这些特征往往暗示着细菌性毛囊炎。随着慢性期越来越长，秃毛的区域看起来类似于虫蛀样的外观(图 5-2)。邻近的损伤逐渐蔓延后可能形成一个较大区域的皮肤炎症病变，可能会被认为是皮癣菌或者其他疾病。

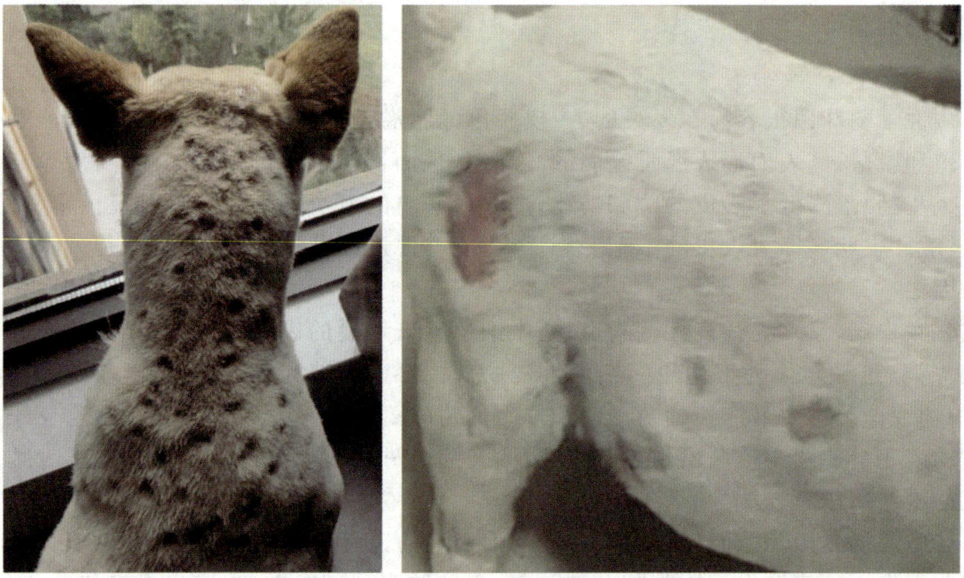
图 5-2　虫蛀样的外观

典型的脓疱可能难以找到，较常见的损伤是不同大小的毛囊丘疹，有可能是陈旧性的(图 5-3)也有可能不是陈旧性的，表皮呈项圈状，色素沉着，表皮脱落，秃毛。秃毛症的环形区域，红疹，鳞屑，痂皮和色素沉着，但是很多囊性和高度炎性过程最开始出现是一个指示点，如脓疱病和落叶型天疱疮可能出现类似的圆形损伤。被感染的区域毛发稀少和角化过度，低炎性。斑点狗毛囊炎周围的毛发可能变成古铜色。

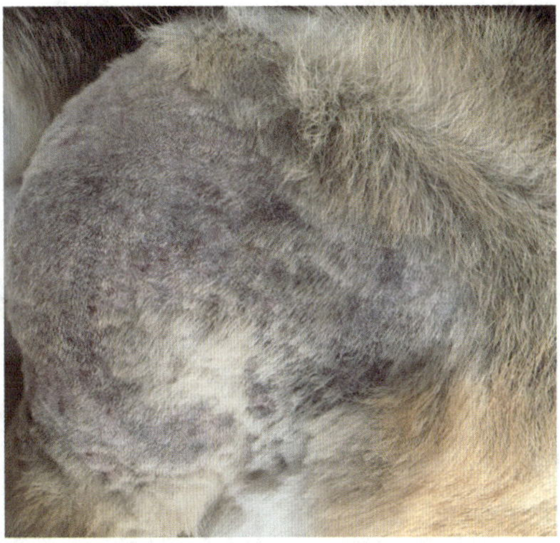

图 5-3 深层脓皮病的陈旧性的丘疹

有些宠物有环形的秃毛区域，皮屑和结痂在头和脖子处，而这类深层脓皮病常常是由皮癣菌或者蠕形螨引起的(图 5-4)。指(趾)间脓皮病也是一种常见的深层脓皮病(图 5-5)。

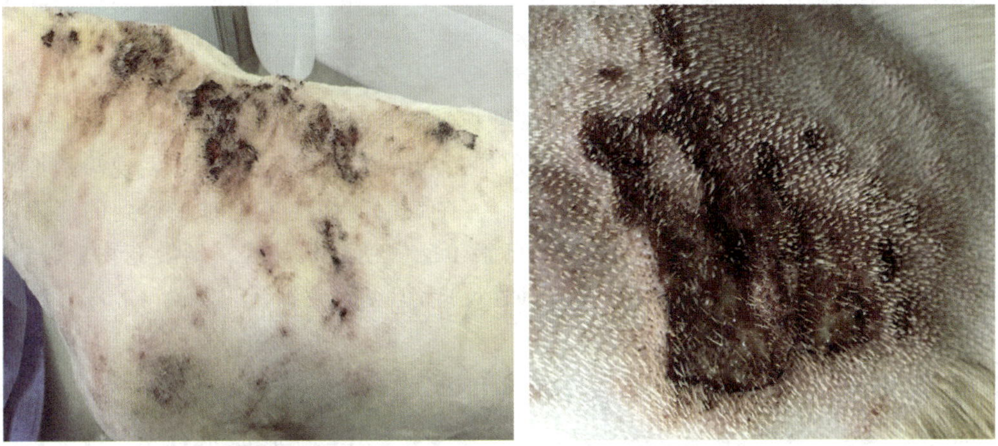

图 5-4 蠕形螨引起的深层脓皮病(颈背部结痂)

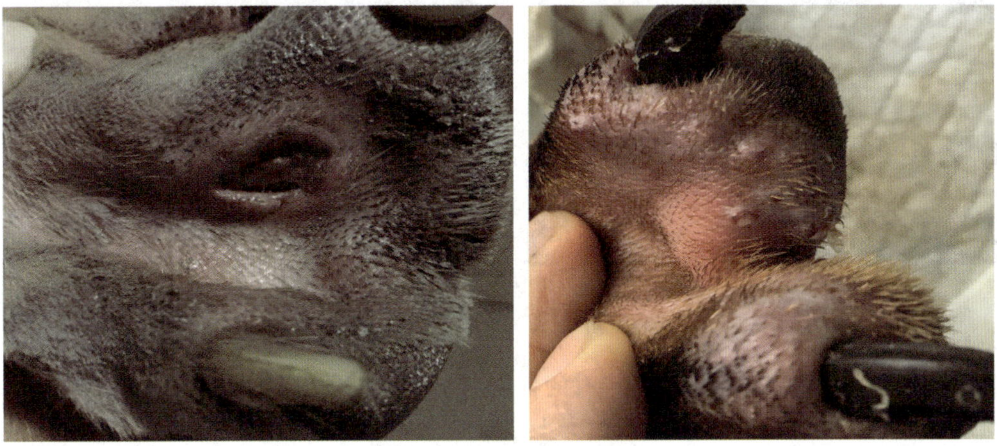

图 5-5 趾间深层脓皮病

三、诊断方法

犬脓皮病的诊断基于对宠物病史的调查、身体检查和辅助检查。

1.细胞学检查

对于皮肤脓皮病，能够清楚地观察到菌群的征象，即健康的中性粒细胞、细胞外的球菌和杆菌、处于吞噬状态的变性中性粒细胞（图 5-6、图 5-7），因此，机体保持着中度的抵抗反应。

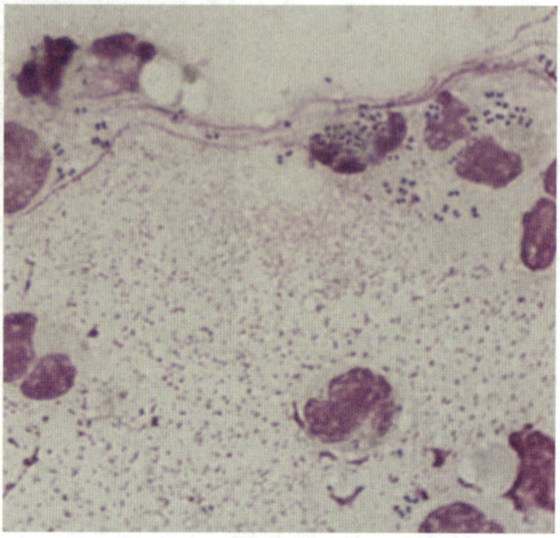

图 5-6　中性粒细胞和球菌

在脓疱性皮炎和毛囊炎中，发现退化的中性粒细胞，这些细胞发生了变色、膨胀，并且核表现为过多的分叶和萎缩。虽然球菌被吞噬的征象数量不多，但是也能经常看到。细胞外球菌的数量相对来说比较常见。这是细菌侵染的征象，即致病菌已经侵入表皮组织中。当皮肤内部表皮、毛囊、真皮发现吞噬征象时，说明这些被吞噬的细菌是具有致病性的，是真正的脓皮病或细菌性脓疱病。嗜酸性粒细胞有时也在脓疱病和毛囊炎中出现。

深层脓皮病的细胞学检查很少能够显示出细菌和吞噬征象，经常能够发现嗜酸性粒细胞和红细胞，时常能够发现肉芽肿性反应（图 5-8）。在脓性创伤性皮炎时观察到的征象同皮肤脓皮病相似。在这里菌群不显著并且使用抗菌素不能够使症状减轻。幼龄宠物患脓皮病时，变性的中性粒细胞数量较多，很多伴有肉芽肿性反应，但见不到细菌。

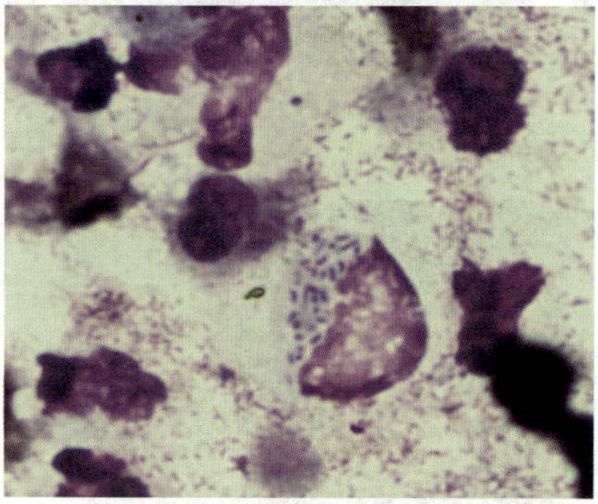

图 5-7　中性粒细胞和杆菌

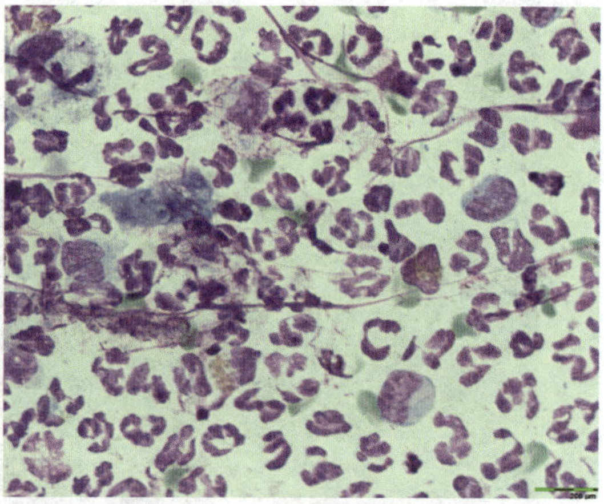

图 5-8　肉芽肿性反应

2.组织病理学检查

组织病理学检查时，能够显示出特有的损伤，但是这在诊断犬脓皮病时很少用到，除非在进行难度较大的鉴别诊断和诊断沙皮犬身上很难被发现的小脓疱时使用。结节性的和弥散性的真皮内化脓性肉芽肿可以分别在疖病和蜂窝织炎中见到。

四、治疗方法

在治疗犬脓皮病时，应同时采用全身性疗法和局部疗法。在治疗浅表脓皮病和深层脓皮病时，全身性抗生素疗法是必需的，但局限性幼龄宠物脓皮病或非广泛性毛囊炎时除外，因为这时使用局部疗法更有效。

1. 抗生素的选择原则

适宜的药代动力学和较好的透皮性；能够有效对抗葡萄球菌；严重的病例选择杀菌活性强而不是抑菌活性强的抗生素；投药方便；没有继发效应；价格合理。抗生素的选择可以根据经验，尤其是浅表性脓皮病。但是对于深层脓皮病和复发性脓皮病来说，当细胞学检查显示的细菌种类较多或经验性抗生素疗法失败以后，必须要进行细菌学检查和药敏试验。

可以选择的抗生素包括青霉素类抗生素、头孢菌素类抗生素、大环内酯类抗生素、磺胺类药物、氟喹诺酮类抗生素等。

2. 治疗的剂量和时间

在治疗时，理想的剂量和足够长的用药时间，从几周到几个月都是十分必要的，主要是根据发病部位的深度和广度。对于慢性复发性脓皮病的病例可以考虑持续治疗。

3. 联合治疗

在治疗犬脓皮病方面局部疗法具有较好的效果，特别是在治疗浅表葡萄球菌病时。在治疗深层脓皮病时需要结合全身性治疗。局部用药主要使用洗必泰（洗液或香波）、聚维酮碘（洗液或香波）、过氧化苯甲酰（香波或凝胶）、乳酸乙酯（香波）。这些药物在治疗初期应当勤用，1 次/d，往后使用的频率可以稍微降低。

皮肤病的治疗必须是强制性的，并且诊断必须正确。在治疗自发性浅表脓皮病时，葡萄球菌的免疫疗法是有效的。真正的犬脓皮病禁止使用局部或全身性糖皮质激素，即使宠物十分瘙痒时也不可以应用，如果使用可能导致严重的复发。相反，可以用在假性脓皮病中并且有效。

浅表性毛囊炎对于一个免疫系统正常的宠物而言，愈合是比较快的。正常用药时间为 21～28 d。在反复感染的病例中，不同寻常的损伤愈合速度较慢，甚至需要更长的治疗周期。

第二节　真菌性皮肤病

一、概述

宠物真菌性皮肤病是指真菌侵入宠物（如猫、犬等）的皮肤、毛发、爪子等部位所引发的一类皮肤病。

（一）真菌的形态结构

1. 菌丝

菌丝呈丝状，细长且有分支。菌丝可以深入宠物的皮肤、毛发等组织中吸收营养物质（图 5-9）。

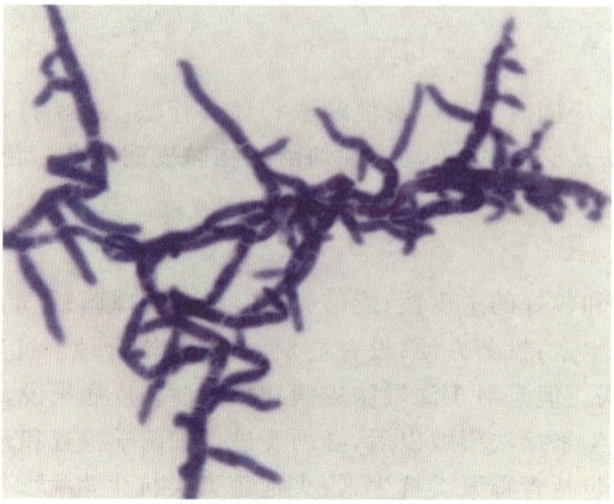

图 5-9　真菌菌丝

2. 孢子

孢子是真菌的繁殖结构，形态多样，有圆形、卵形、棒形等。孢子可以在环境中传播，遇到适宜的条件就会萌发并生长成新的菌丝体（图 5-10）。

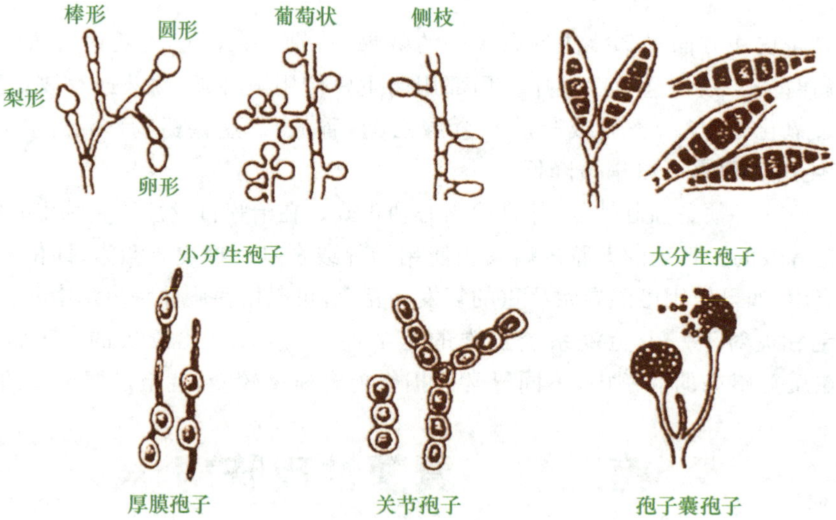

图 5-10　真菌孢子

（二）种类

宠物真菌常见的有马拉色菌、皮肤癣菌，其他还可能有隐球菌、念珠菌、曲霉菌、组织胞浆菌、球孢子菌、芽生菌、孢子丝菌等。

1. 马拉色菌

马拉色菌（图 5-11）是一种圆形或卵圆形的酵母样细胞，通常以出芽方式繁殖，在显微镜下观察，其大小通常为 2～6 μm，马拉色菌的细胞在出芽时呈“花生”样，具有较高的辨识度。

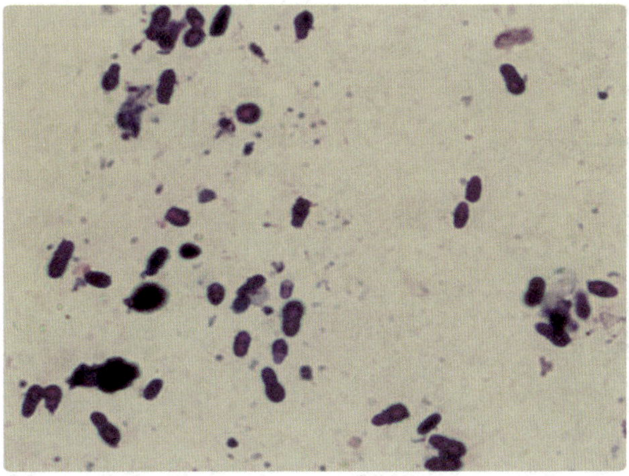

图 5-11　马拉色菌

2. 皮肤癣菌

皮肤癣菌主要有犬小孢子菌、石膏样小孢子菌、须癣毛癣菌。

(1)犬小孢子菌。犬小孢子菌(图 5-12 至图 5-14)是最常见的一种,在宠物尤其是猫身上较为多发。犬小孢子菌的大分生孢子呈纺锤状,壁厚,有 6 个以上间隔,顶端像“帽子”样肥大。毛发孢子小,无序。小分生孢子较少,呈棒状。菌丝有隔,常见球拍状菌丝,有时也可有破梳状菌丝和结节状菌丝。

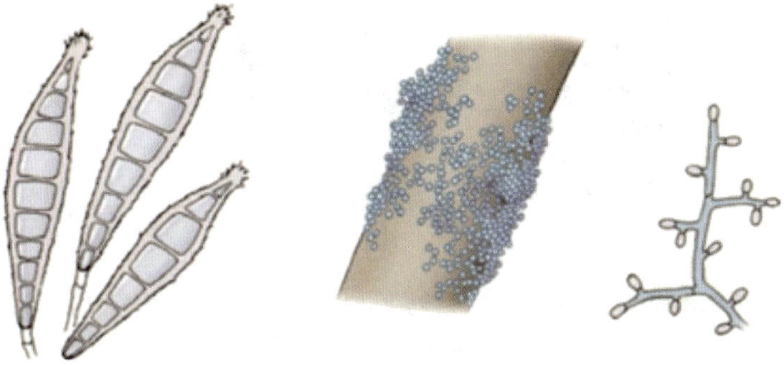

图 5-12　犬小孢子菌的大分生孢子、毛发孢子及小分生孢子形态模式图

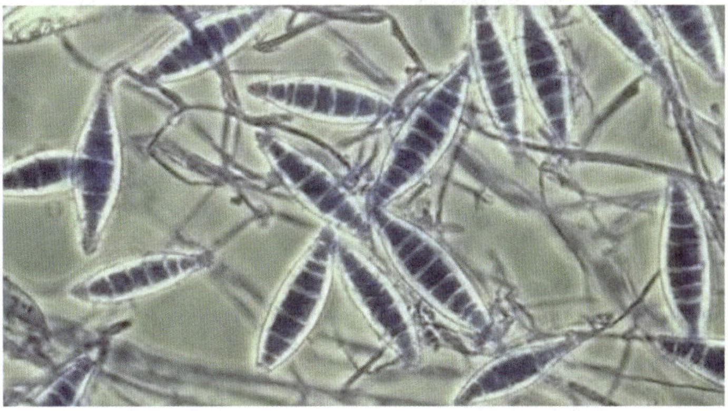

图 5-13　犬小孢子菌的大分生孢子、菌丝

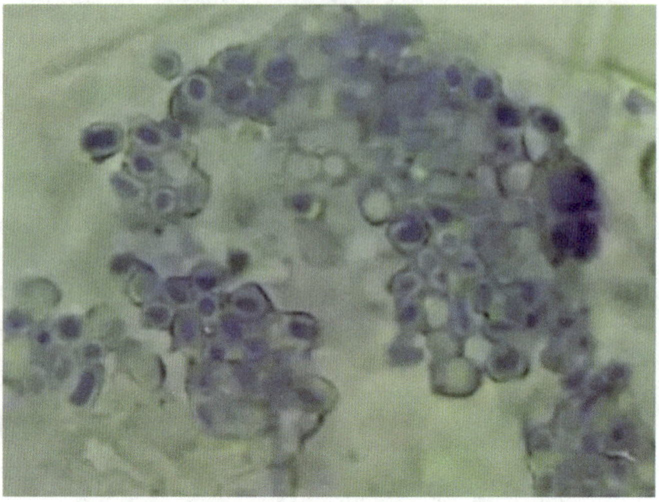

图 5-14　犬小孢子菌的小分生孢子

(2)石膏样小孢子菌。石膏样小孢子菌(图 5-15 至图 5-17)同样可造成宠物皮肤病变。石膏样小孢子菌的大分生孢子呈纺锤形,像竹叶状,薄壁,4～6 个间隔。毛发孢子少,链状有序。小分生孢子很多,呈棒状或梨形。菌丝呈球拍状、结节状等多种特殊形态。

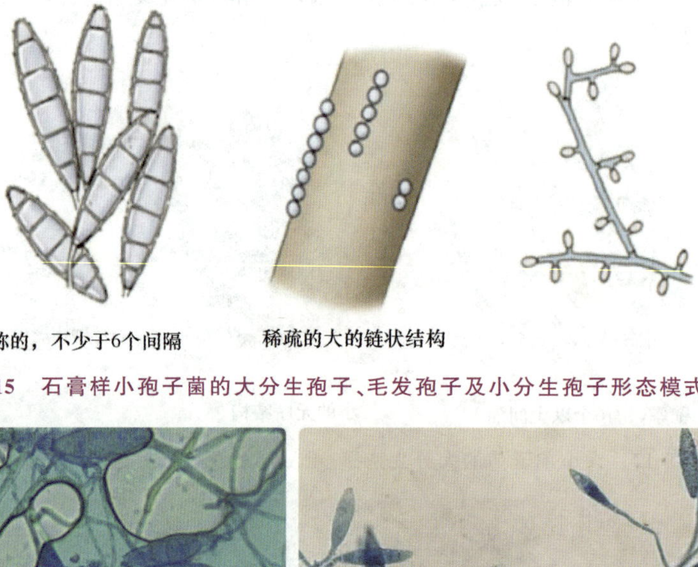

图 5-15　石膏样小孢子菌的大分生孢子、毛发孢子及小分生孢子形态模式图

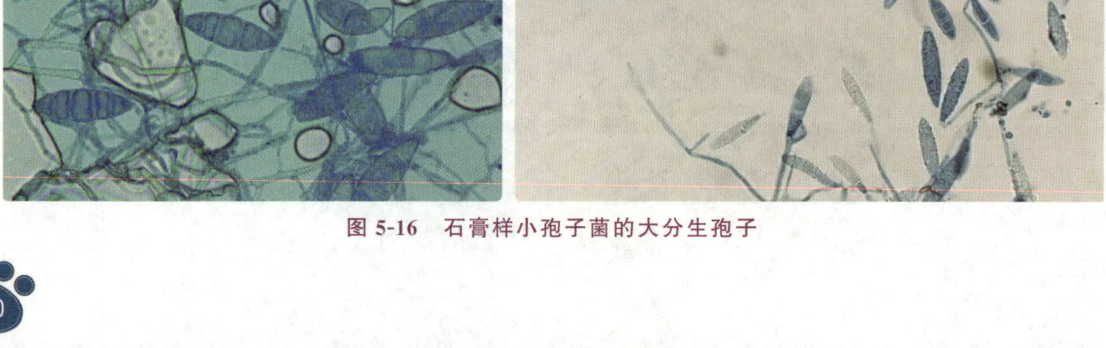

图 5-16　石膏样小孢子菌的大分生孢子

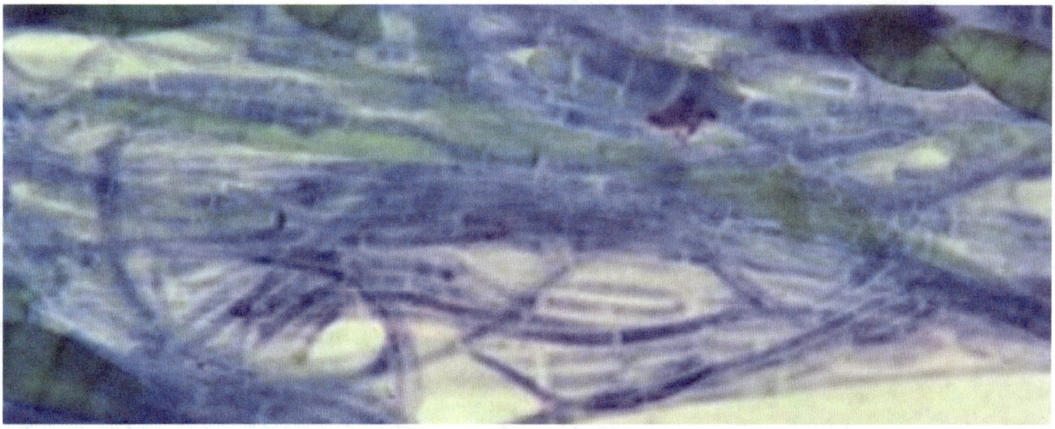

图 5-17　石膏样小孢子菌的菌丝

(3)须癣毛癣菌。须癣毛癣菌能引起宠物皮肤瘙痒、局部脱毛、皮肤炎症等。来源往往与鼠类的直接或间接接触有关。须癣毛癣菌大分生孢子呈棒状或腊肠形，雪茄形比较少见，有2～6个间隔。毛发孢子呈中等大小的链状结构。小分生孢子呈葡萄状或梨形。菌丝有隔，形态较规则，呈卷曲螺旋状(图5-18至图5-20)。

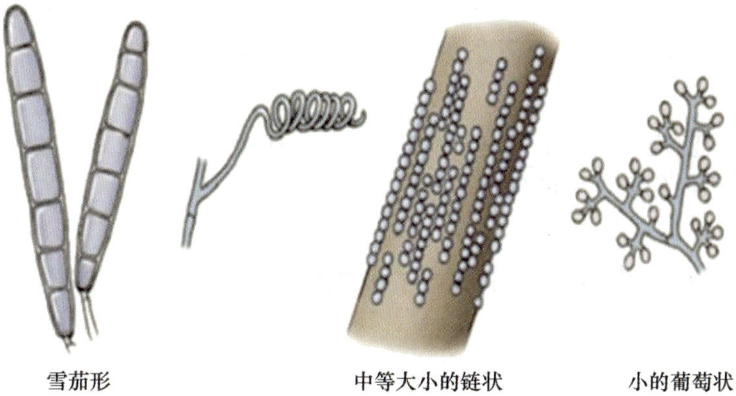

图 5-18　须癣毛癣菌的大分生孢子、毛发孢子及小分生孢子形态模式图

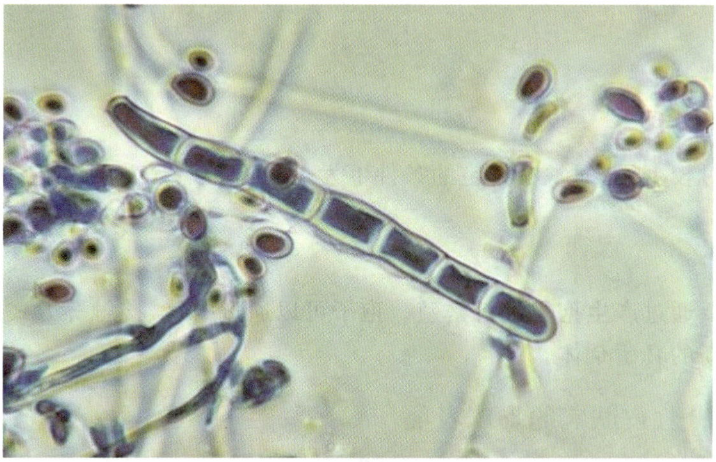

图 5-19　须癣毛癣菌的大分生孢子

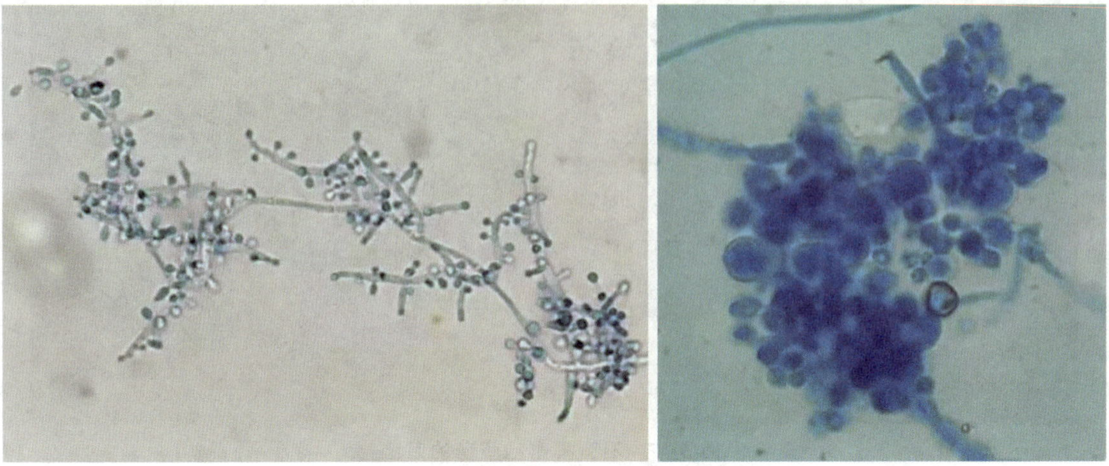

图 5-20　须癣毛癣菌球形孢子

另外，根据真菌感染的深度又可分为：①浅部真菌，主要引起宠物的皮肤表面感染，如犬小孢子菌、石膏样小孢子菌等。这些真菌通常在宠物的毛发、皮肤角质层等部位生长繁殖。②深部真菌，可引起宠物的系统性感染，较为少见，但病情严重，如念珠菌、隐球菌等。

（三）生长条件

1. 温度

不同的真菌对温度的要求不同，但一般在温暖的环境中生长较好。宠物的体温以及适宜的环境温度为真菌提供了良好的生长条件。

2. 湿度

高湿度环境有利于真菌的生长和繁殖。如在潮湿的气候条件下或者宠物居住环境过于潮湿时，真菌更容易滋生。

3. 营养

真菌可以利用宠物皮肤的角质蛋白、皮脂等作为营养来源。宠物的皮肤损伤、营养不良等情况可能增加真菌感染的风险。

（四）繁殖方式

1. 有性繁殖

有性繁殖相对较少见，通常在特定的条件下发生。有性繁殖产生的孢子具有更强的适应性和生命力。

2. 无性繁殖

无性繁殖主要通过产生孢子进行繁殖。孢子可以通过空气、接触等方式传播，在适宜的环境中萌发并形成新的真菌个体。

（五）宠物真菌性皮肤病的临床表现

真菌性皮肤病在犬、猫等宠物身上有以下常见症状。

1. 皮肤病变

(1)脱毛。通常从面部、耳部、四肢等部位开始,逐渐向全身蔓延,形成圆形或椭圆形的脱毛斑,边界较为清晰(图 5-21)。

图 5-21　2 月龄小猫左眼角区域真菌感染脱毛

(2)红斑。皮肤可能会出现淡红色的斑块(图 5-22),通常边界不清晰。这是由于皮肤受到真菌刺激,引发炎症反应所致。

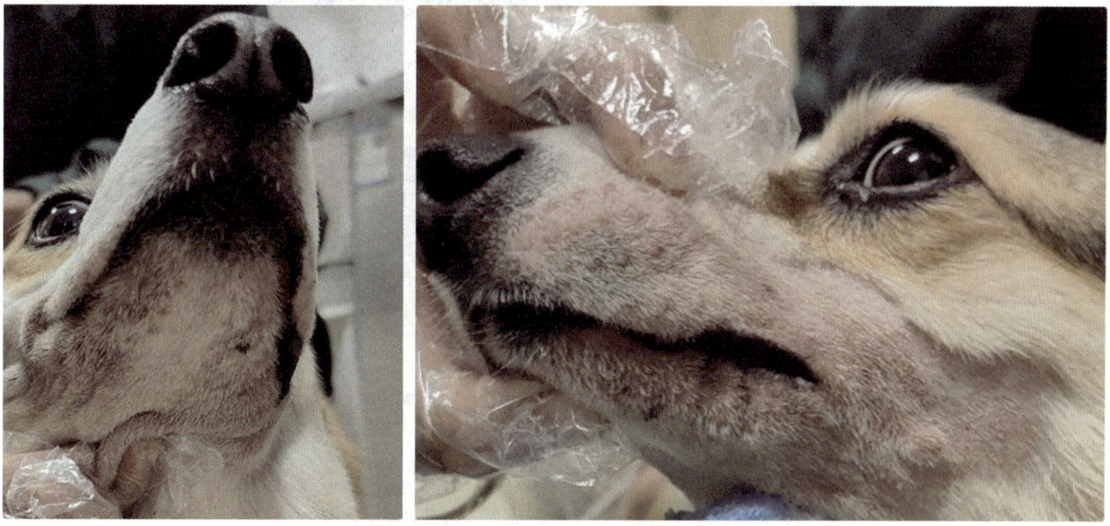

图 5-22　4 岁柯基犬感染真菌后下颌和嘴周出现红斑和结节

(3)丘疹。表现为凸起的小疙瘩,单个出现或多个聚集(图 5-23)。

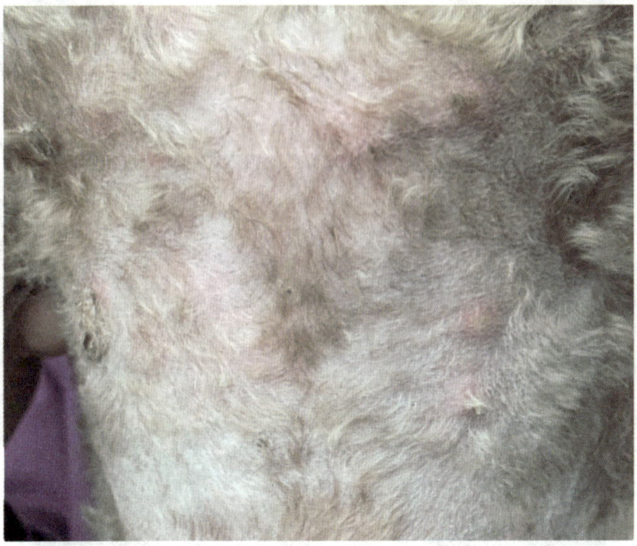

图 5-23 4 岁泰迪犬感染真菌后腹部出现丘疹

(4)脓疱。含有脓液的小疱,周围常有红晕,提示炎症较为严重。

(5)结节。较硬的圆形或椭圆形隆起,可能是慢性感染的表现。

2. 瘙痒

宠物会频繁搔抓、舔舐或摩擦患病部位,以缓解瘙痒不适(图 5-24)。过度的抓挠可能导致皮肤破损,加重感染。

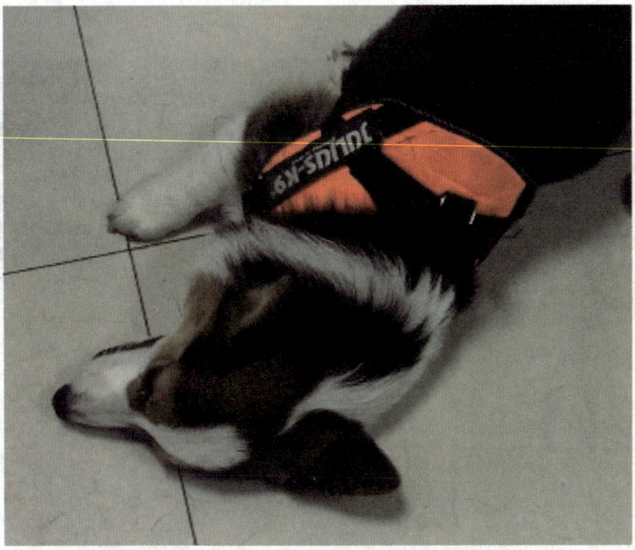

图 5-24 耳道真菌感染后瘙痒,用头摩擦地面

3. 鳞屑

皮肤表面会出现干燥的鳞屑,类似于头皮屑。这是由于角质层过度增生和脱落所致(图 5-25)。

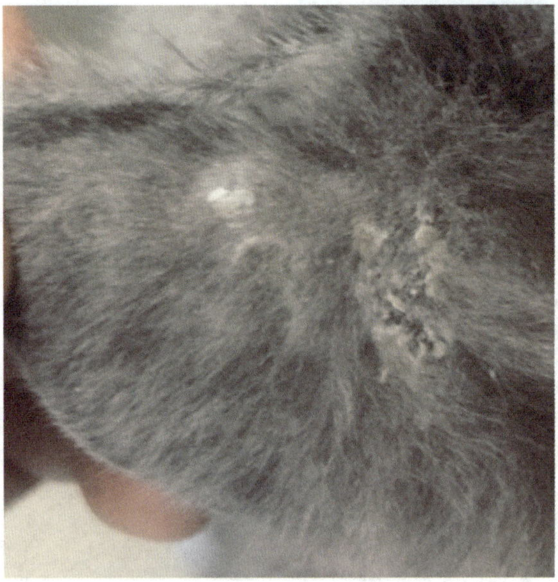

图 5-25　5 月龄小猫真菌感染后的皮屑

4. 色素沉着或减退

患病部位的皮肤颜色可能会变深或变浅。色素沉着通常是炎症后的反应，而色素减退可能与真菌破坏皮肤中的色素细胞有关(图 5-26)。

图 5-26　1 岁猫真菌感染后的鼻部及头部皮肤色素沉着

5. 异味

由于真菌的感染和皮肤的炎症反应，患病部位可能会散发难闻的气味(图 5-27)。

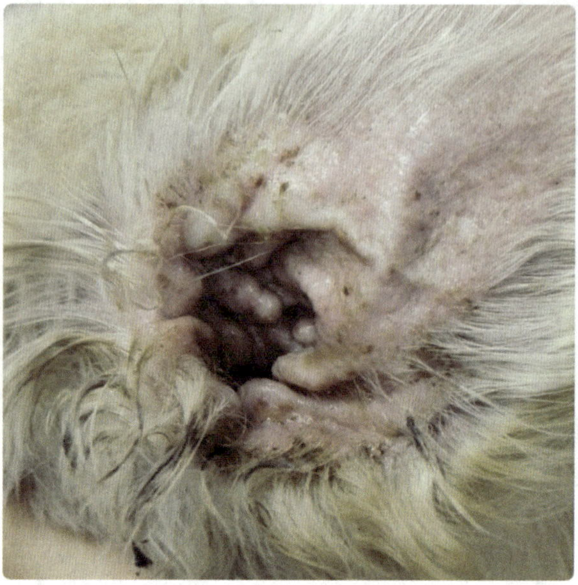

图 5-27　犬耳部真菌感染后散发明显异味

6.其他表现

(1)耳部感染时,可能会出现耳垢增多、耳部红肿、摇头等症状。

(2)爪子感染时,可能会出现跛行、爪子肿胀、趾间发红等症状。

7.其他宠物的临床表现

(1)兔患真菌性皮肤病的临床症状主要表现有:脱毛,严重时可波及全身(图 5-28)。脱毛处皮肤可能显得粗糙,有鳞屑产生。红斑和丘疹,可能伴有瘙痒,兔会频繁用爪子抓挠或摩擦患处。随着病情的发展,可能会形成黄色或褐色的结痂,痂皮下面可能有渗出液。长期感染可能会导致皮肤增厚、变硬。

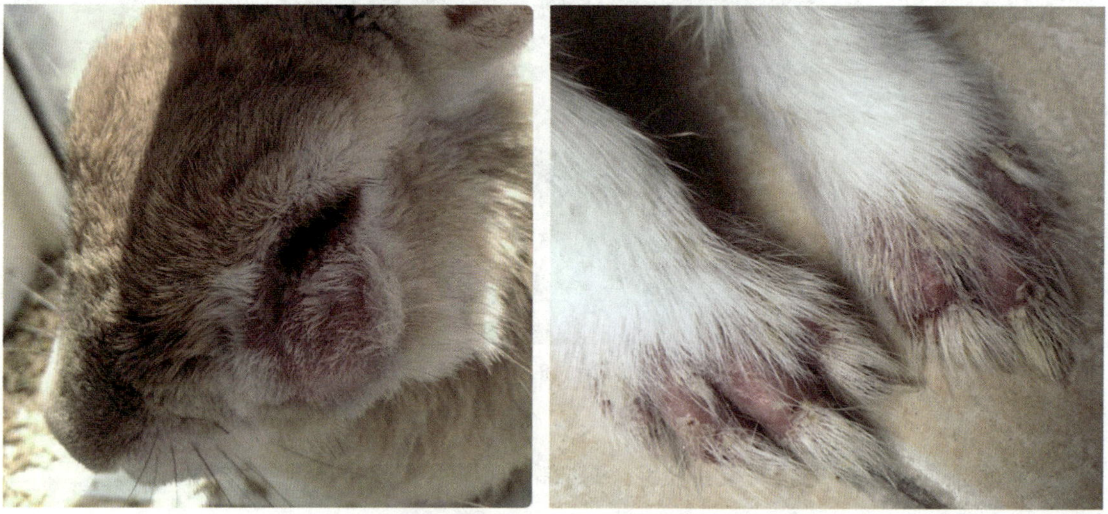

图 5-28　兔真菌感染后眼周、四肢出现脱毛、鳞屑

(2)仓鼠患真菌性皮肤病的临床症状主要表现有:局部或大面积的毛发脱落(图 5-29),露出粉红色的皮肤。脱毛区域的边缘可能不整齐。剩余的毛发变得粗糙无光泽,容易折断。当皮肤出现红斑时,仓鼠会不停地抓挠患处,这可能会导致皮肤破损出血。皮肤表面有大量白色或灰白色的皮屑,类似头皮屑。当感染严重时,患病部位可能会出现肿胀。

图 5-29　仓鼠真菌感染后出现毛发脱落

(六)诊断方法

宠物皮肤真菌的诊断方法包括临床症状观察、显微镜检查、皮肤刮片、药物治疗测试、伍德氏灯检查、免疫学检测、组织病理学检查。

1. 临床检查

真菌感染的临床症状观察主要是癣斑、脱毛、皮肤红肿、瘙痒等外观及分布状况(图 5-30)。

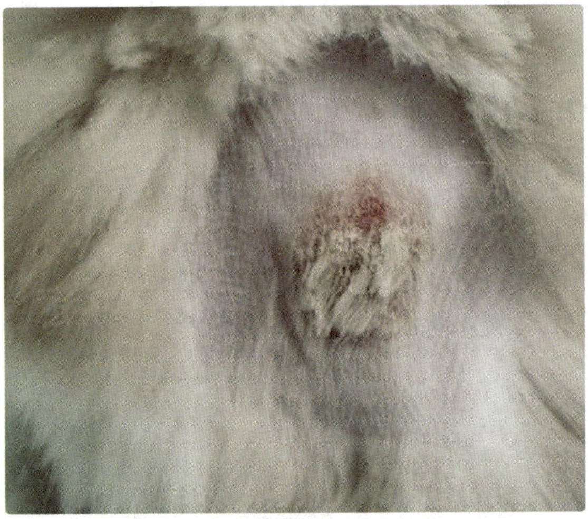

图 5-30　真菌感染后的癣斑

结合临床,在伍德氏灯照射下,某些真菌会发出荧光(图 5-31),从而帮助诊断。许多致病性皮肤癣菌不能发出荧光。药物处理、表皮鳞片相关的角蛋白和皮脂都可产生假阳性荧光。犬小孢子菌真正的阳性反应,是在毛干发出苹果绿色荧光。

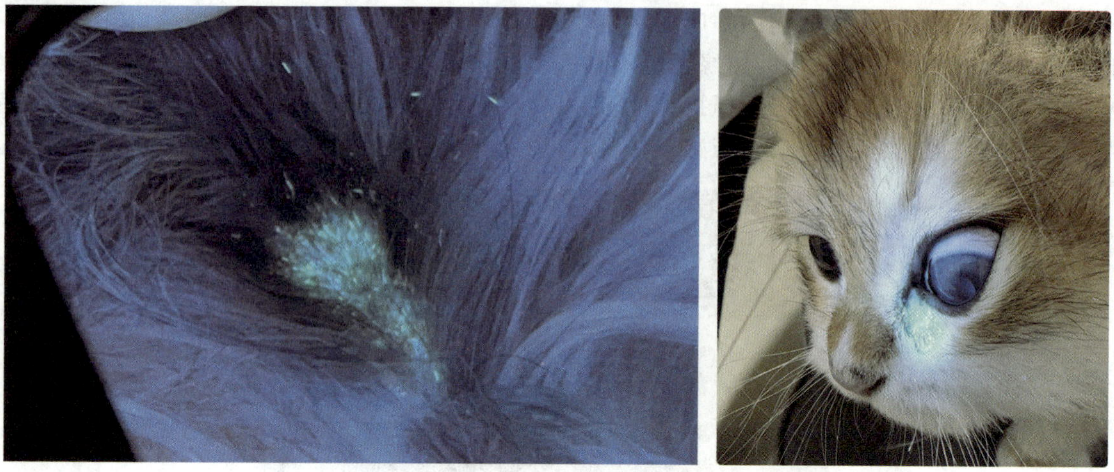

图 5-31 伍德氏灯照射下的苹果绿色荧光

2. 实验室诊断

采集患病部位的一些皮屑或毛发，置于显微镜下，观察有无真菌或细菌的菌体或菌丝。也可进行皮肤刮片，刮取患病皮肤的一些组织进行染色镜检，观察有无真菌或细菌的存在。在临床中，可以根据实际情况选择合适的培养基进行真菌培养，然后进行鉴定确诊。此外，在临床上还可以使用免疫学检测、组织切片检测、分子生物学检测等实验室诊断方法。

（七）治疗

目前，伊曲康唑是最常见的真菌治疗药物，不良反应较少，更有效。伊曲康唑已成为许多兽医师治疗犬猫皮肤真菌病的首选药物。

1. 口服抗真菌药物

目前，市面上常用口服抗真菌药物，主要是用伊曲康唑制成的水剂(图 5-32)、片剂(图 5-33)、胶囊(图 5-34)等产品。

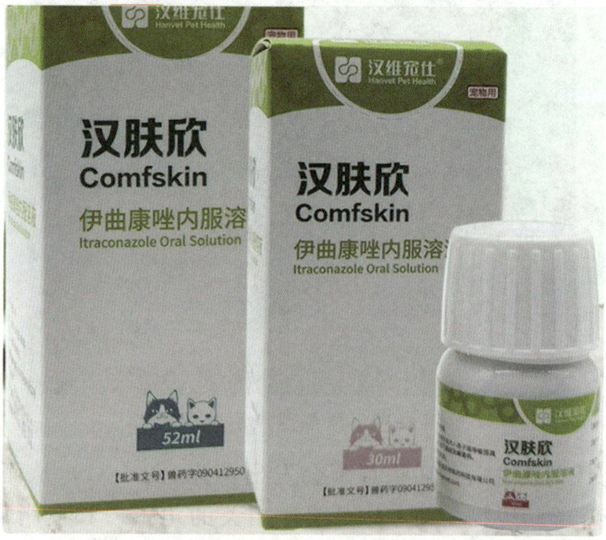

图 5-32 抗真菌药物——伊曲康唑口服液

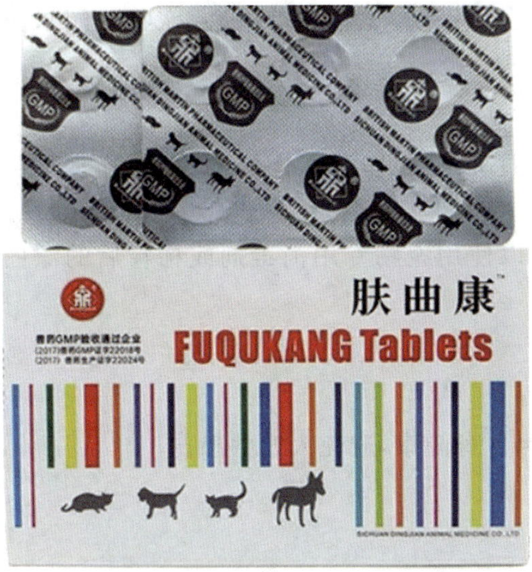

图 5-33　抗真菌药物——伊曲康唑片剂

图 5-34　抗真菌药物——伊曲康唑胶囊

灰黄霉素不再是可供选择的药物。已发现其与猫的特异毒性(骨髓抑制)有关,因此不建议使用。酮康唑可能导致十分严重的肝病,可抑制犬的内源性类固醇激素的产生,不良反应是厌食和呕吐,猫不建议使用。

2. 外用抗真菌药物

常见的外用抗真菌药物,包括一些专门为宠物设计的药膏或喷雾。这些药物通常含有抗真菌成分,能够有效抑制真菌生长,减轻症状。

宠物抗真菌药浴也是一种用于治疗宠物皮肤真菌感染的外用方法。常见的有含有酮康唑、咪康唑等成分的药浴产品。这些药物能有效抑制和杀灭真菌。

药浴步骤:①准备合适大小的容器,如浴缸或大盆,环境温度保持在 38～40 ℃。②将宠物全身皮肤和毛发都浸湿,重点是患病部位。③根据说明书的要求将适量的抗真菌药浴液涂在宠物身上反复揉搓,并停留 10～15 min。④用温水彻底冲洗干净,用干净毛巾擦干。

药浴注意事项:避免药浴液进入宠物眼睛、嘴巴和耳朵。皮肤破溃较严重的部位要谨慎处理。药浴频率应根据病情和兽医师建议而定,通常治疗初期为每周 2～3 次,之后逐渐减少。

3. 辅助治疗

一方面是营养支持,这有利于皮肤代谢,促进皮肤的修复;另一方面大部分抗真菌药物对肝脏的副作用较大,建议辅助搭配保肝类的药物。

定期对环境进行消毒,可以有效防止宠物的再次感染。

(八)预防措施

1. 宠物饲养管理

定期给宠物梳理毛发,这样能及时发现皮肤问题。梳理还可以去除脱落的毛发和皮屑,减少真菌滋生。

保证宠物营养均衡,增强其自身免疫力。例如,给宠物饲喂优质的宠物食品,包含足够的蛋白质、维生素和矿物质等营养成分。

避免接触患病宠物。如果去宠物聚集场所(如宠物医院、宠物寄养中心、宠物公园),要注意及时清洁、梳理毛发。

2.环境卫生

保持宠物生活环境干燥、通风良好。真菌喜好温暖潮湿的环境,潮湿的犬窝、猫窝是真菌繁殖的温床,因此要定期清洁并太阳曝晒。

定期清洁和消毒宠物的玩具、餐具等用品。可以使用宠物专用消毒剂或稀释后的漂白水(注意须冲洗干净)进行消毒。

要留意其他动物是否有皮肤疾病症状。

3.人员防护

与患病宠物接触后需要采取正确的措施来确保自身健康,避免人宠共患。

二、马拉色菌皮肤病

(一)病因

马拉色菌是一种嗜脂性酵母菌,常见于大多数犬猫的皮肤上,是人类及温血动物皮肤上的正常菌群之一(图 5-35)。通常,这种菌不会导致犬猫出现皮肤问题,但在某些情况下,这些菌可以大量地生长繁殖至异常多的数量而产生皮肤或耳朵的疾病。

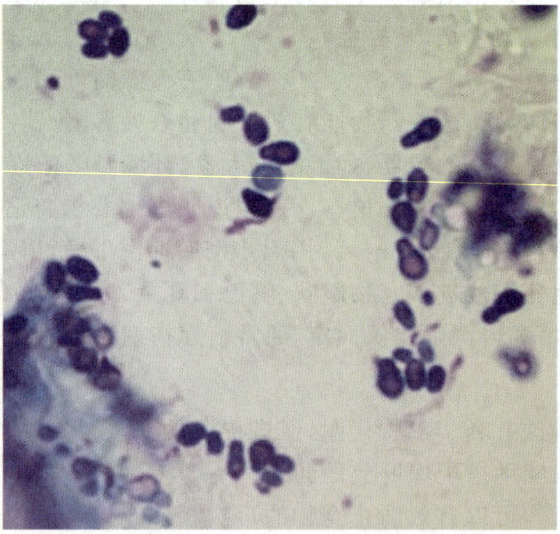

图 5-35 马拉色菌的形态

犬猫马拉色菌性皮炎通常是马拉色菌过度增殖引起的,在临床上很常见,经常由其他潜在疾病引起,或者与其他皮肤病并发。马拉色菌是具有厚壁的单细胞酵母菌,常存在于健康宠物的外耳道、肛门腺、指间皮肤和皮肤黏膜结合处(如嘴唇、包皮、阴道和肛门),可通过母体的生殖道或产生后舔、理毛传给幼仔,也能从野生食肉动物、食草动物身上分离出来。当犬皮肤的褶皱、悬垂的嘴唇、多毛的足部等皮肤、炎症、渗出、自舔等制造出温暖的微环境后,马拉色菌迅速繁殖生长,引起皮肤瘙痒和炎症。

马拉色菌是亲脂性非菌丝体性腐生单极的芽生菌，生长于沙氏培养基上。

（二）流行病学

在平衡状态下，厚皮马拉色菌是健康宠物共生菌。马拉色菌生活在角质层细胞表面。很多品种的犬都能患马拉色菌性皮肤病，但有一些品种的发病率高，如可卡犬、巴赛特猎犬、巴吉度犬、腊肠犬、贵宾犬、西高地㹴犬、沙皮犬、西施犬、拉布拉多犬和德国牧羊犬等。据报道去势公犬和绝育母犬的发病率正在逐渐增加。从腹股沟、尾根部和皮肤皱褶处分离出来的厚皮马拉色菌，其数量在遗传过敏症的犬中比健康犬明显偏高。

脱皮、表皮脂质的抗真菌作用和非特异性的防御机制（如血清 IgA）阻止马拉色菌的过度增殖和感染。马拉色菌与共生性葡萄球菌有共生关系。因此患马拉色菌皮炎的犬，常并发细菌过度增殖或脓皮病。

（三）发病机制

马拉色菌属条件病原体，而皮肤的免疫系统很薄弱，当宠物的防御机制（物理、化学、免疫）受到损害，马拉色菌的繁殖和感染程度就会增加。角质层受到破坏，瘙痒性损伤（过敏），潮湿、免疫异常，角化缺陷等导致皮肤表面脂质改变及内分泌失调，马拉色菌的感染程度就会升高。

马拉色菌引起的皮炎是一种由与犬的发酵共生的厚皮马拉色菌引起的皮肤病。中性葡萄球菌与厚皮马拉色菌是共生关系。普遍认为先前存在的疾病，如过敏、内分泌失调、体外寄生虫感染或角质化缺陷能诱导脓皮病。许多疾病诱导的脓皮病与马拉色菌性皮炎和皮肤的鳞屑有关。

超敏反应：马拉色菌感染犬和特异性皮炎犬酵母菌特异性 IgG 水平升高，部分特异性皮炎犬酵母菌特异性 IgE 水平升高。特异性皮炎犬并发马拉色菌感染，相比于无马拉色菌感染的特异性皮炎，对马拉色菌抗原更易发生强烈的皮内阳性反应。

马拉色菌可能是免疫缺陷患者的人兽共患微生物。

（四）临床症状

马拉色菌通常感染耳部、耳郭、颈腹侧、腋下、腹股沟、腿和爪部、肛周（图 5-36 至图 5-38）。马拉色菌感染最普遍的症状为脱毛，还可能发生下腭粉刺、感染部位红肿，以及有漏脂性皮肤炎。

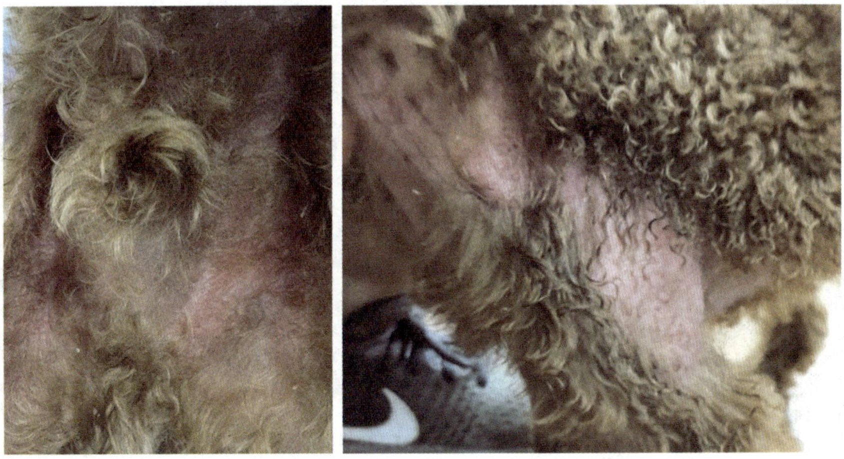

图 5-36 腹股沟和腿部马拉色菌皮炎

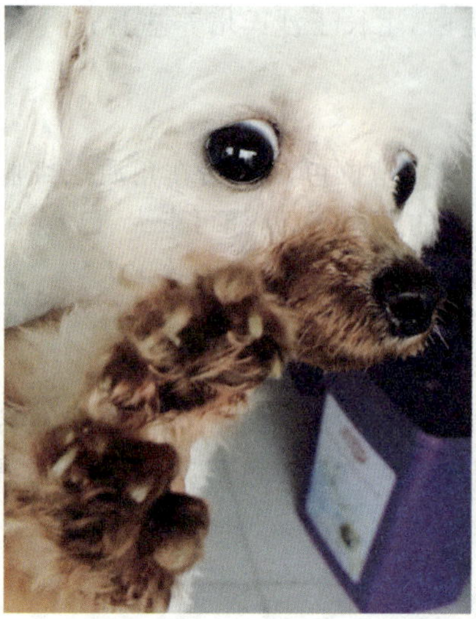

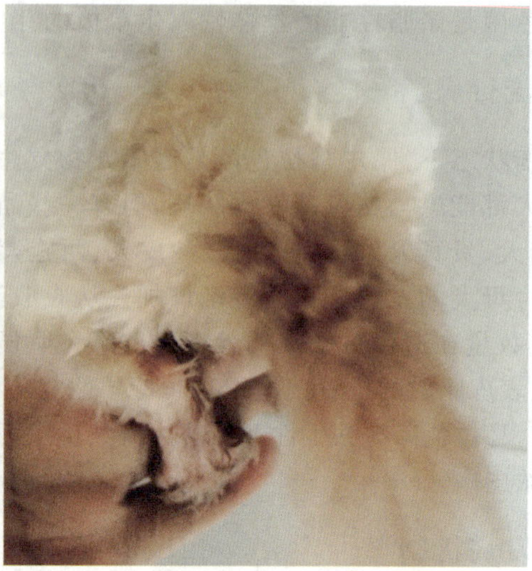

图 5-37　嘴角、腿部和尾部的马拉色菌感染

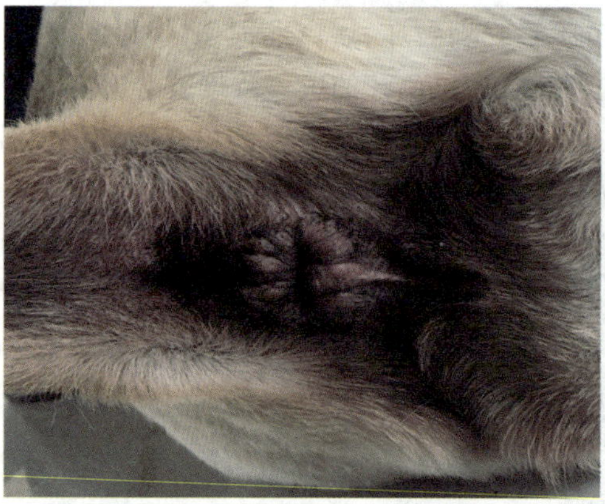

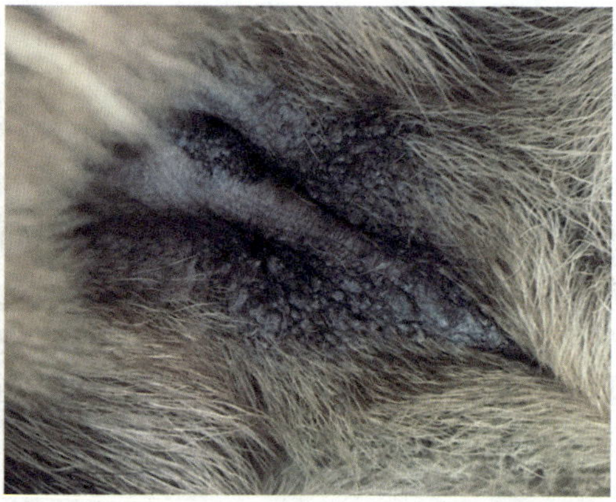

图 5-38　肛周的马拉色菌感染

皮肤易发生红斑、油腻、黄色皮屑和结痂、片状脱毛、苔藓样硬斑和各种条样的色素沉着（图 5-39）。面部、脚、颈腹侧、腹部、指间、甲床的皮肤皱褶，分泌物为黄色或棕色的耵聍腺耳炎（图 5-40），形成臭皮肤。

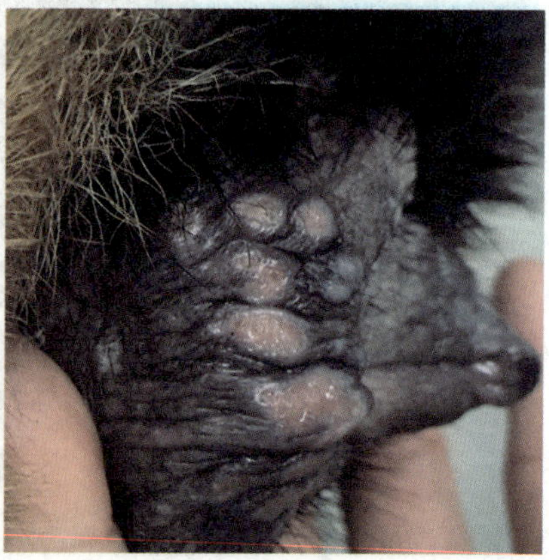

图 5-39　马拉色菌感染后面部、阴户周围色素沉着

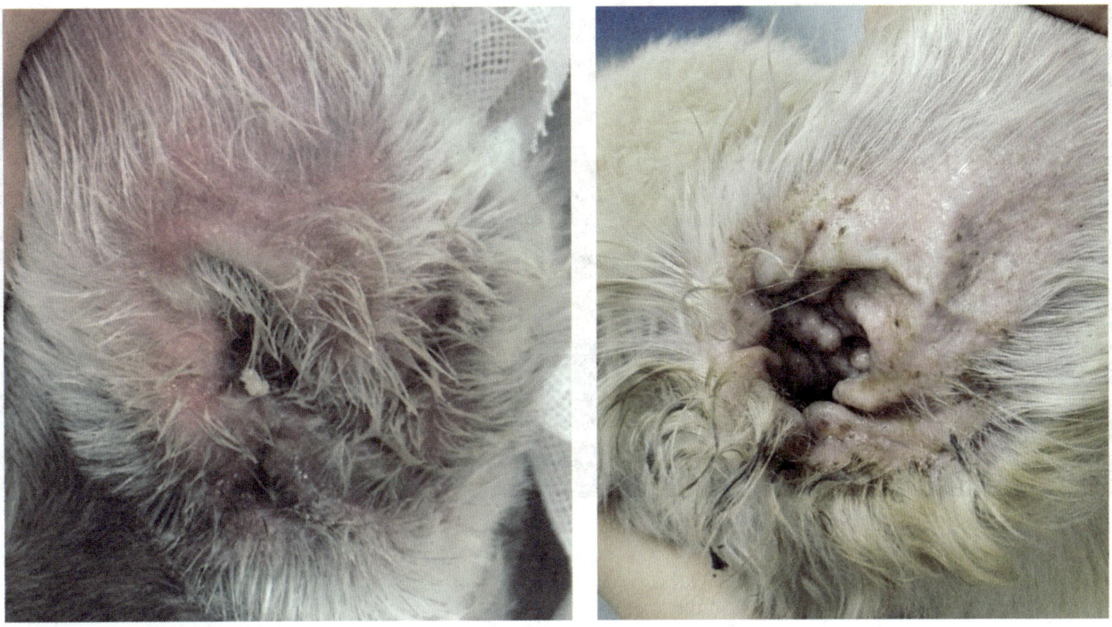

图 5-40　马拉色菌感染后耵聍腺耳炎

在临床上，患马拉色菌皮炎的犬常有特征性的恶臭味，经常有剧痒。应用常规剂量的糖皮质激素治疗，痒感不会减轻。马拉色菌感染犬没有年龄、性别的限制，但不常发生于猫。

猫的马拉色菌性皮炎比犬少发，易感因素了解较少，FIV/FeLV 的猫发病较多，肿瘤和严重患病的猫可见全身性感染，可诱发耵聍腺耳炎、甲沟炎和下巴痤疮（图 5-41 至图 5-43）、色素沉着（图 5-44）。德文科斯猫和斯芬克斯猫易感。

图 5-41　马拉色菌感染猫的耵聍腺耳炎

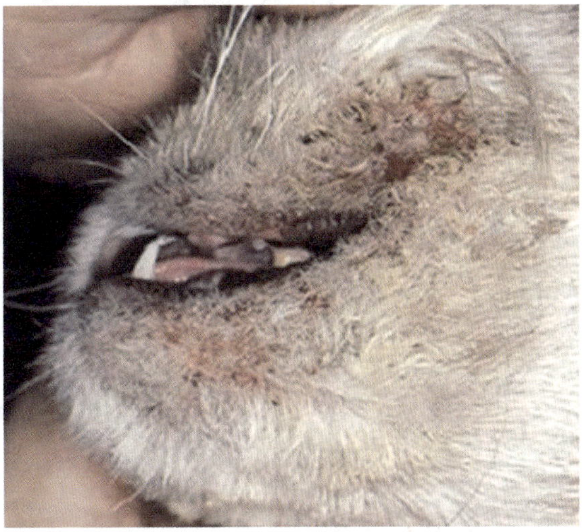

图 5-42　马拉色菌感染猫的下巴痤疮

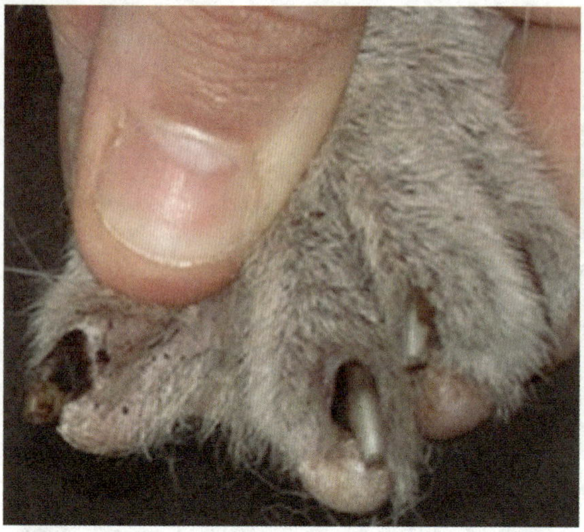

图 5-43　马拉色菌感染猫后的甲沟炎

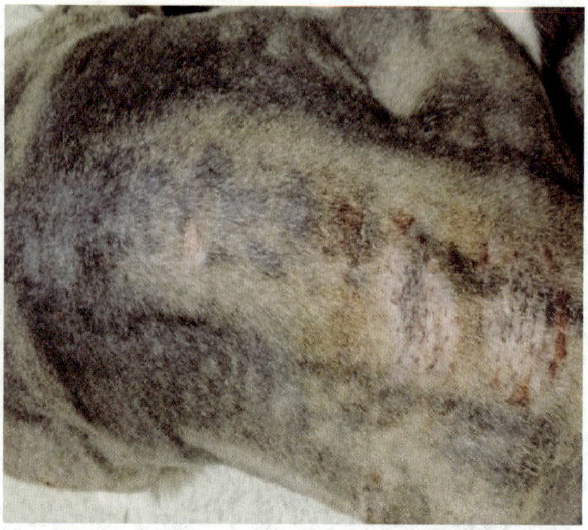

图 5-44　马拉色菌感染猫后的色素沉着

(五)诊断方法

1. 细胞学诊断

刮取感染宠物受损部位组织，也可用透明胶带法采取样本或用棉签取耳朵分泌物和四肢内侧皮肤刮取物压片，用吉姆萨染色后置于显微镜下检查，见大量卵圆形、圆形或圆筒形的马拉色菌，部分形态类似"花生"状的酵母菌(图 5-45)，即可确诊。

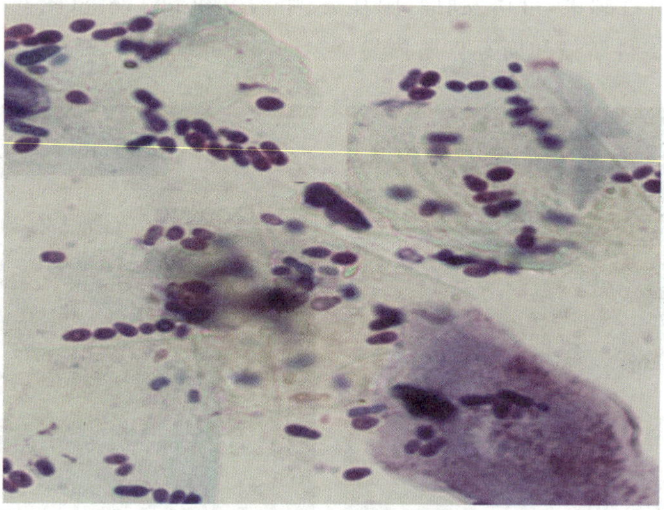

图 5-45　马拉色菌的形态

2. 真菌培养

可通过实验室的细菌培养鉴别感染的菌种，但是由于马拉色菌属可以存在于健康宠物的身上，培养出的菌有可能不是这些症状的真正致病因素。

3. 组织病理学检查

在临床中，还可以采用病理切片进行鉴别诊断(图 5-46)。

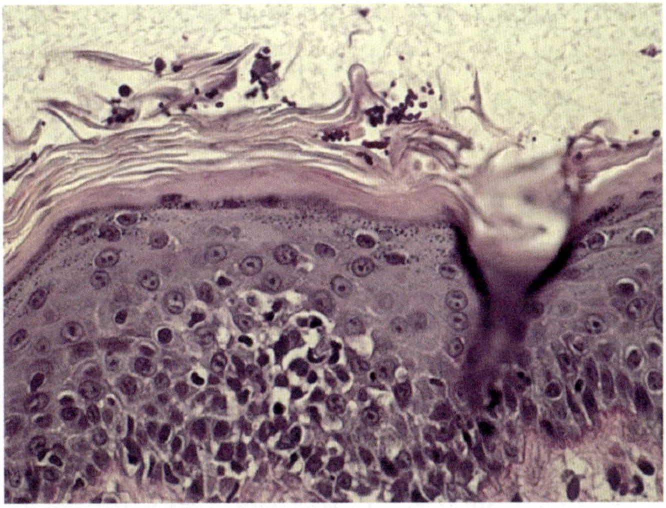

图 5-46 马拉色菌感染的病理切片

4. 治疗性诊断

任何瘙痒皮炎要考虑马拉色菌,也可能与过敏性疾病、脓皮病和角化缺陷症状类似,也可能与它们并存。采用治疗反应来进行诊断也是一种常用方法,马拉色菌皮肤病对抗真菌药物和抗霉菌药物治疗的临床反应良好。

(六)治疗

1. 外部治疗

治疗马拉色菌感染,可以通过改善环境使其不适宜马拉色菌的生长繁殖。

(1)用耳道专用清洗液除去宠物皮肤上的脂质,香波治疗用于特发性病例的维持。

(2)耳道治疗:每天清洗完成后自然甩干,再滴入耳肤灵等药物到耳道。

2. 口服药物

对于感染较严重的、已产生耐药性的猫,可给其口服特比萘芬、肤曲康等,一般经1~2周可见疗效,但总体来说需要根据情况持续治疗1~3个月。以上两种抗真菌药非常有效,但是由于这两种药有潜在的毒副作用,只有在兽医师的指导下才能给宠物使用。

三、 癣菌病

皮肤癣菌病是指由癣菌感染犬猫被毛、爪、皮肤角质层等角质结构而引起的一种传染性皮肤病。幼龄犬猫、免疫力低下和长毛的犬猫发病率最高。它是由真菌引起的一种慢性、接触性传染病,也是一种常见的人兽共患皮肤病。患病犬猫通常感染面积大,病程长,不易痊愈,容易复发。

(一)病原

最容易感染的皮肤癣菌包括犬小孢子菌、石膏样小孢子菌和须癣毛癣菌三种病原。皮肤癣菌在自然界能长期存在，在日光照射或 0 ℃以下时可存活数月之久，附着在皮屑中的致病菌甚至可保持感染力 5 年之久。患真菌性皮肤病的犬在康复后，对同种真菌病原菌具有一定抵抗力，一般在相当长的时间内不再感染。

犬皮肤癣菌病中有 50%～70%是由犬小孢子菌感染造成的，20%～30%为石膏样小孢子菌，10%为须癣毛癣菌。

猫癣是由致病性真菌，如石膏样小孢子菌、须癣毛癣菌和犬小孢子菌引起的，但 90%～98%猫癣是由犬小孢子菌感染造成的，而石膏样小孢子菌和须癣毛癣菌致病的病例较少。

(二)发病机理

1.皮肤抵抗力低、免疫机能下降

一般健康犬完整的皮肤、黏膜具有机械性屏障作用，而且皮脂和汗液中的脂肪酸也具有较强的抑制真菌功能。正常状态下，皮肤的防御屏障作用使病原菌无法正常生长，只是简单地黏附于皮肤或被毛之上，与其他真菌、细菌及寄生虫共存于体表。但在发生机体抵抗力、免疫机能降低，或者某些原发性疾病和医源性感染，并伴有不同类型疾病、使用免疫抑制剂、机体局部抵抗力差或术后异物残留等情况时，机体抵抗力降低，易导致癣菌侵入表皮造成感染。

2.媒介传播

犬猫生活在被癣菌污染的环境中均可能携带犬小孢子菌和石膏样小孢子菌。癣菌的传播主要是通过宠物间的互相接触，或通过接触污染的刷子、梳子、剪刀、垫料等而传播，也可经患有皮肤病的人传播。在养犬数量较多且较密集的情况下，也可通过空气传播。体外寄生虫也是传播途径之一。

3.促进癣菌感染的机制

分生孢子附着于角质细胞，菌丝萌芽和形成渗入角质层；角质素酶的生成促进癣菌侵入；免疫系统不成熟或抑制，使细胞免疫缺乏；寄生虫联合感染。

4.抵抗癣菌感染的机制

通过美容促进毛发和角质层脱落可以抑制癣菌感染，同时增加机体的非特异性免疫。

幼龄宠物易感，主要在于非特异性防御或缺乏获得性免疫力。

(三)临床症状

1.瘙痒感强

经常可以听到宠物搔痒的声音、看到搔痒的动作，也是细菌继发感染的症状。

2.猫临床症状

不规则或者圆形脱毛，有的脱毛区域有大量的皮屑，脱毛区域可能单发，也会全身散在；粟粒疹性皮炎；病灶单个或者多个的瘙痒性皮炎；甲癣，甲沟炎或者指甲逐渐感染形成棕褐色，并有舔舐；波斯猫和喜马拉雅猫多见肉芽肿性皮炎，表现为一个或者多个边界清晰的溃疡、皮肤肿瘤或者结节。如图 5-47 至图 5-49 所示，癣菌浸染部位的临床症状和伍德氏灯照射时的对比图，可见猫癣能引发严重的皮肤色素沉着、粟粒状皮炎、皮屑等症状。

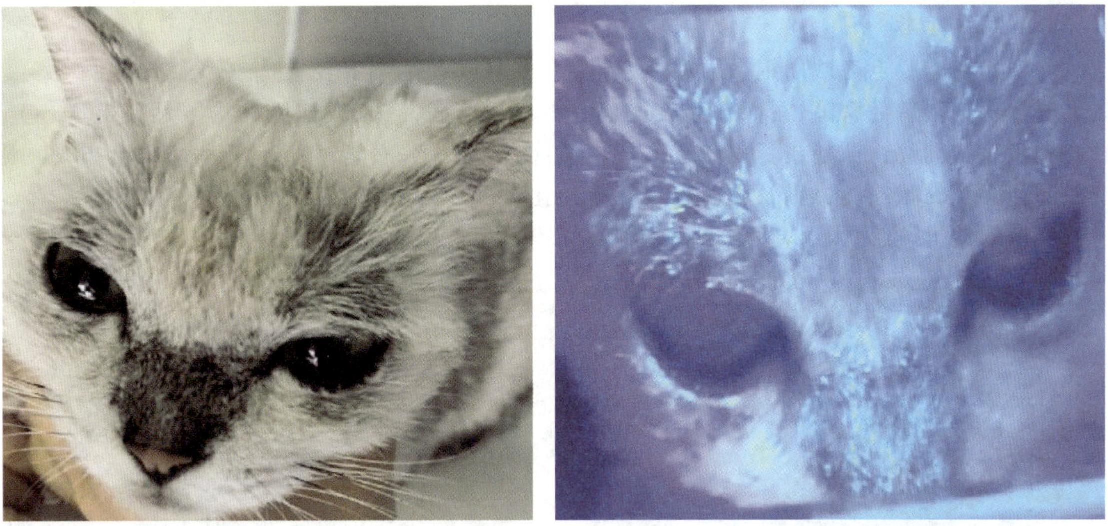

图 5-47　脸部猫癣与伍德氏灯照射对比

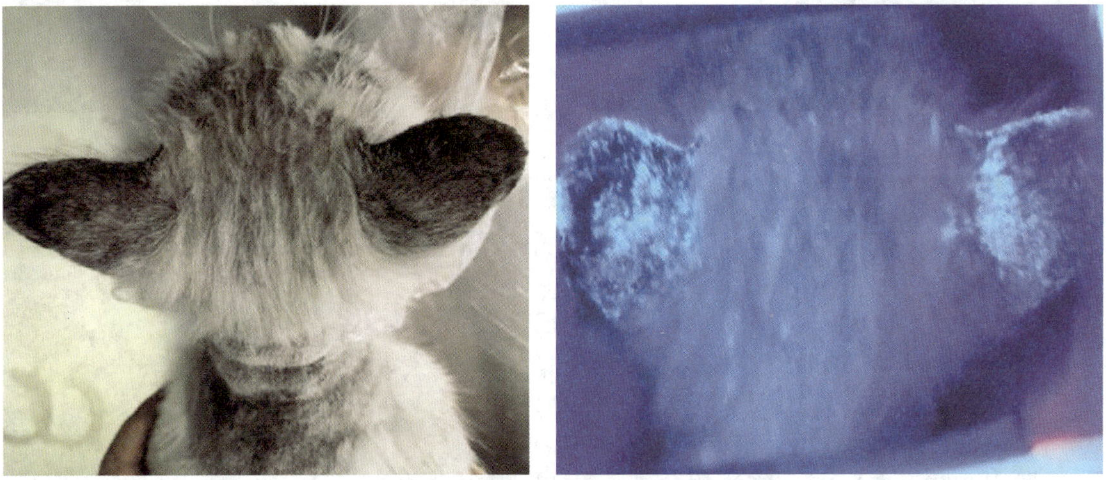

图 5-48　耳朵处猫癣与伍德氏灯照射对比

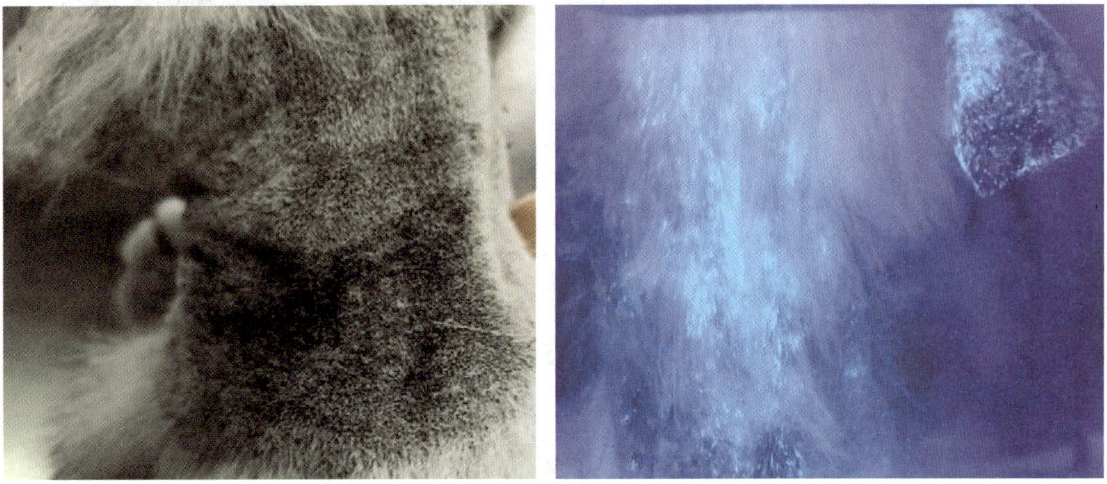

图 5-49　颈部处猫癣与伍德氏灯照射对比

3.犬临床症状

典型症状为脱毛区域周围散在多个水疱，有皮屑或者结痂等炎性病变(图 5-50、图 5-51)；如果混合感染须癣毛癣菌，在面部会表现有毛囊炎和疖病；一个或四肢的局限性脱毛区，有毛囊炎和疖病；皮脂溢，被毛或者皮肤有大量皮屑或者油腻感；石膏样小孢子菌感染会出现局限于面部和四肢的脓疱，脓疱周围有渗出，伴有角化过度、结痂或溃疡；甲癣(图 5-52)。

癣菌的种类，毒力因子，感染宠物的种类和宿主免疫反应决定了临床症状和感染病程。

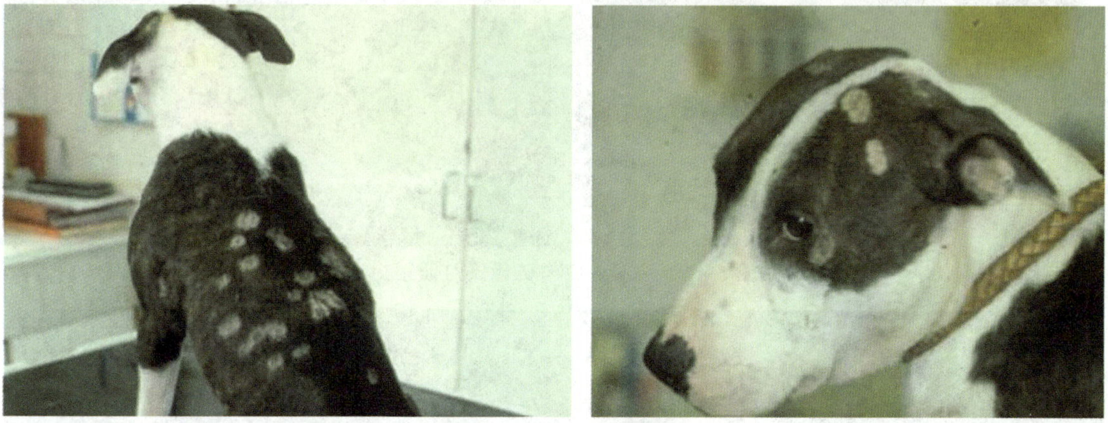

图 5-50　雪茄灰样的结痂

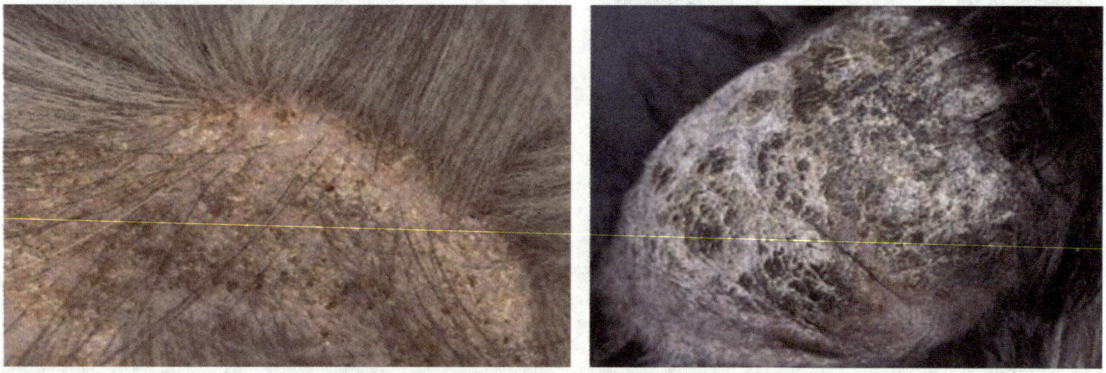

图 5-51　癣菌皮屑和结痂

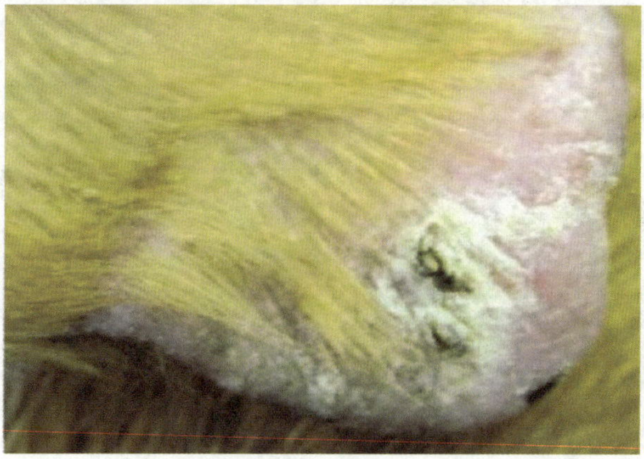

图 5-52　甲癣

(四)诊断方法

1. 伍德氏灯检查

暗室里用伍德氏灯照射进行检查。开灯预热 5 min，照射病毛、皮屑或宠物皮损区，凡出现苹果绿荧光或黄绿色荧光的为犬小孢子菌感染(图 5-53)，50%的犬小孢子菌株毛发显示苹果绿荧光。石膏样小孢子菌感染则少见到荧光，须癣毛癣菌感染则无荧光。此方法是早期检测方法之一，操作简便快速，但此方法不够准确，无法判定是否有其他真菌、螨虫、细菌等混合感染。

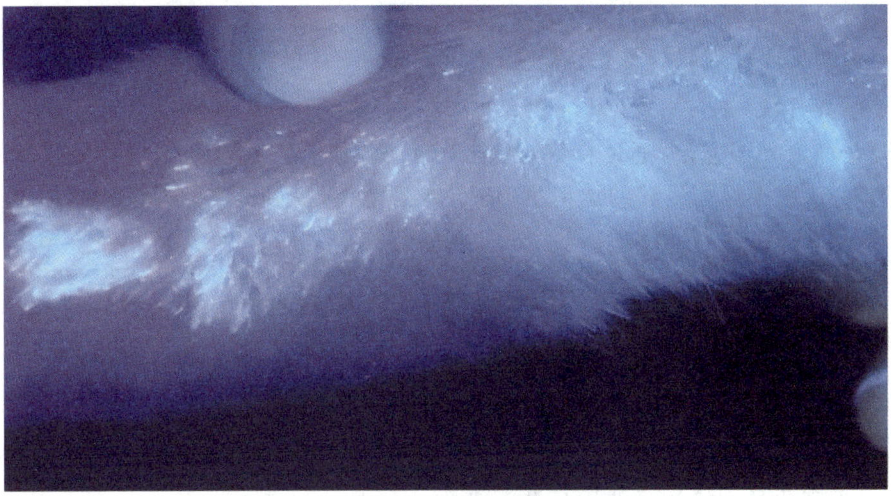

图 5-53　腿部猫癣

2. 显微镜检查

用钝刀片刮取新鲜病变部位皮屑，固定染色后，显微镜下查找真菌孢子(图 5-54、图 5-55)；拔取病变周围的被毛，显微镜下查找真菌感染造成的朽木样毛干。

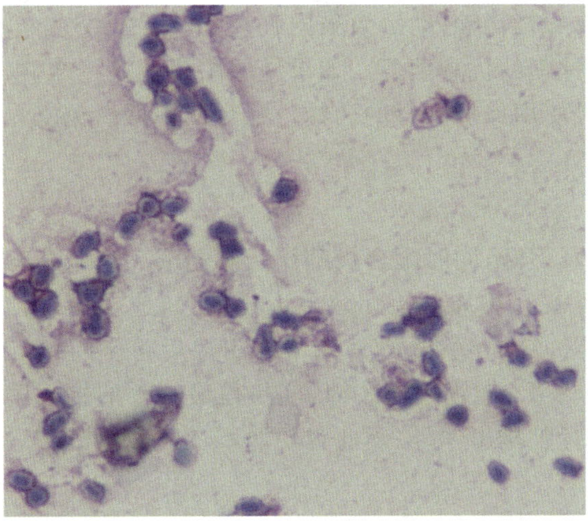

图 5-54　猫癣(一)

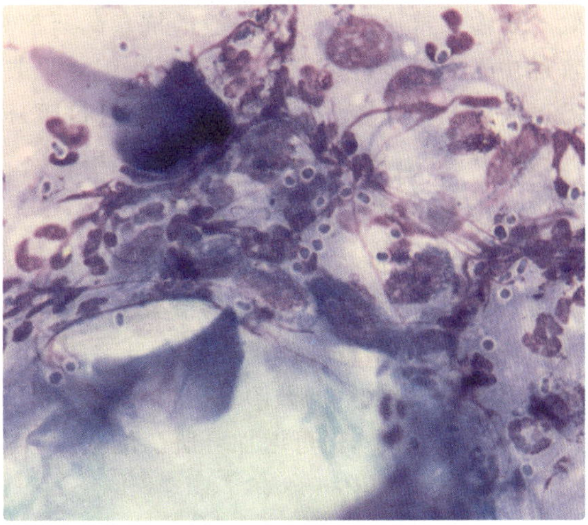

图 5-55　猫癣(二)

3. 组织病理学检查

能够见到不同程度的毛囊周围炎、毛囊炎、疖病、浅表性血管周围炎或者间质性皮炎。特殊染色后才能看到菌丝或者孢子。

4. 真菌培养

取病变部位的皮屑、被毛，用真菌培养基培养，可以鉴定真菌种类。

对于临床治疗耳炎，通过临床症状、病史、显微镜检查，便可确诊是不是真菌感染，从而能够正确用药，一般不需要确诊是哪一种病原。

（五）预防

控制宠物的真菌性皮肤病重在预防。

1. 改善饲养环境

保持饲养场地光照充足，通风良好，清洁干燥；饲喂清洁的食物，定期补充矿物质、B族维生素和维生素C；每天保证足够的运动量；切断传播途径，少到公共场所，切断人、宠物互相传播途径。

2. 做好宠物的皮肤清洁

（1）定期消毒。

（2）定期洗澡。

（3）定期驱虫。

（4）发现患有癣菌的宠物应及时隔离。

（5）及时无害化处理接触过的用品及污染物。

（六）治疗

1. 局部治疗

如果为局部病变或者是幼龄犬猫，应剪去病变周围的毛，使用抗真菌药，直到病变消失，有效的药物如特比萘芬等。一般的抗真菌药都具有肝肾毒性，幼龄犬猫内脏系统没有发育完全，解毒功能还不完善，所以尽量避免使用内服或者针剂的抗真菌药。如果局部用药疗效不佳，则需要选用肝肾毒性小的药物，尽量通过口服，同时使用保护肝肾的药物。配合使用提高免疫力的药物，可以缩短用药时间，提高治愈率。

2. 全身治疗

成年犬猫的多灶性或者全身感染，可口服抗真菌药，同时配合局部用药和药浴。口服药有伊曲康唑、特比萘芬等，癣菌药浴有专用的功能香波。对局部治疗效果不佳的犬，应在局部治疗的基础上，使用抗真菌药进行全身治疗4～6周，定期复查，待真菌培养阴性后再坚持治疗3～4周。伊曲康唑口服10 mg/kg体重，每24 h一次，连续用药3周，该药是最有效的抗真菌药物，且副作用小，但可增加肝脏酶的浓度，需从肾脏排出体外，因此肾功能不良的宠物禁用。

3. 环境控制

（1）全面清除所有被感染的毛发、鳞屑，并扔掉所有收集物。

（2）彻底消毒清洁用具。

(3)对于未发病的携带宠物，通过毛刷法在培养基上直接按压后，进行真菌培养，确定是否带菌。确诊后采取下述措施：①隔离患病宠物，直到痊愈；②彻底环境消毒；③对所有的宠物进行外用药治疗；④对被感染的宠物进行全身治疗；⑤清除感染宠物的鳞屑；⑥用毛刷培养法监控宠物。

癣菌总体来说预后良好，经过正确的诊断、合理用药，一般都可以痊愈。除非多只患病宠物长期生活在一起。患有免疫抑制病的宠物较难治愈且预后不良。皮肤癣菌病可以感染人。

皮肤外用喷剂常含有激素、佐剂等成分，使皮肤发红、瘙痒等症状得到控制，但实则很难彻底杀灭真菌。

口服抗真菌药物疗法，能够起到很好的治疗效果，但部分药物存在一定副作用，使用时请谨遵医嘱。

四、隐球菌

隐球菌病是由新型隐球菌感染引起的一种亚急性或慢性的全身性真菌病。隐球菌是一种腐生物寄生菌，广泛地存在于自然界的土壤、动物和人的皮肤、黏膜表面，但很少引起人和动物发病，只有在机体抵抗力明显下降时才会发病。

隐球菌在自然界中分布较广，常常存在于土壤、鸽粪中，宠物在接触这些被污染的传染源后就有可能被感染。感染后主要侵害肺、中枢神经系统和皮肤。本病是人兽共患病，最常见于犬和猫。世界各地均有发生。

(一)病因

隐球菌病一年四季均有发生，其中春秋季节多见，纯种动物发病率较高。宠物体表多呈圆形脱毛，皮肤呈现丘疹、剥去结痂后呈现蜂窝状；严重者还表现踱行、后躯麻痹；有的发生眼炎。病原菌主要经呼吸道感染，也可经皮肤、黏膜上的伤口感染。

隐球菌为圆形酵母菌，在显微镜下通常呈现出圆形或卵圆形，外周有较厚的荚膜，折光性强，一般染色法不着色，难以发现，故称为隐球菌(图 5-56)。菌体外包一层透明的荚膜，荚膜厚度与菌体相当，甚至比菌体大。隐球菌荚膜是它的一个重要特征，能帮助其抵御机体的免疫防御机制等，而且具有一定的致病性。非致病性隐球菌无荚膜。

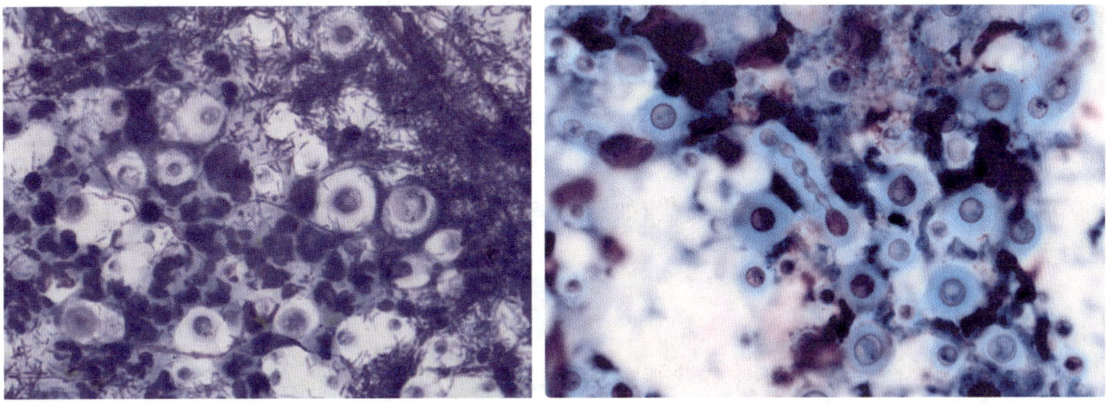

图 5-56　隐球菌

(二)发病机理

多数病原菌可能因个体较大不能进入肺脏内部,而停留于鼻腔或咽喉部,引起局部病理损伤或成为无症状携带者,但干燥小隐球菌可进入小支气管和肺泡中,引起肺脏疾病。菌体被吸入鼻腔、鼻旁窦和肺脏后刺激机体的细胞免疫反应,导致肉芽形成。病菌可直接或经血液途径扩散,通过筛骨板经鼻腔扩散到中枢神经系统、鼻窦的软组织及皮肤组织等。

(三)临床症状

本菌可通过呼吸道和皮肤感染。因病原菌主要侵害的器官不同,其临床表现差异较大。临床上猫的感染比犬多见,但无品种、性别和年龄差异。

受侵害器官常见于肺、中枢神经系统和面部,尤其是口腔和鼻黏膜。病犬经呼吸道吸入空气中的孢子可引起肺炎或副鼻窦炎等。肺部病灶由局限性小脓肿发展为多发性肉芽肿或弥漫性肺炎。

临床表现一般与上呼吸道、鼻咽部、皮肤、眼及中枢神经系统感染有关。

1.呼吸系统症状

病犬表现为咳嗽和喷嚏,鼻和眼分泌物增多,甚至出现高热和呼吸困难。50%～80%病例有与鼻腔感染有关的上呼吸道症状,可能出现咳嗽、打喷嚏、呼吸急促、鼻塞声、单侧或双侧鼻腔有黏液性或脓性分泌物,并可能带血。

鼻腔内或鼻梁上可见增生性软组织团块或溃疡,偶尔可见口腔溃疡或咽喉病变。40%～50%病例皮肤或皮下组织受侵害,表现为皮肤丘疹、结节,并可能出现溃疡或炎性渗出,局部淋巴结发炎。

从呼吸系统经血液传播也可能引起骨髓炎导致跛行,或肾脏感染引起肾衰竭,甚至全身性淋巴炎。

隐球菌病的病变通常表现为胶胨样团块或肉芽肿,这主要是由于荚膜菌在结缔组织中聚集引起的。炎性反应细胞主要为巨噬细胞、巨细胞及少量的浆细胞和淋巴细胞。

2.神经系统症状(尤其是脑部受侵时)

全身感染时,由于本菌的嗜神经性而导致中枢神经障碍,症状表现为精神萎靡、行为异常、共济失调(走路不稳、动作不协调)、癫痫发作、痉挛、跛行、运动神经机能障碍和失明等,病情严重程度不同,症状表现也有差异。

3.皮肤感染

皮肤感染时,可出现丘疹、脓疱、结节、溃疡、坏死和软组织水肿。

4.眼部感染

眼部感染时,可导致眼睛出现炎症,如结膜炎、角膜炎等,眼睛症状表现为红肿、有分泌物,视力也可能受到影响。

(四)诊断方法

一般需要通过对宠物的临床症状观察、采集相应的样本(如鼻腔分泌物、脑脊液等,具体根据怀疑受累部位而定)进行实验室检查,如真菌培养、墨汁染色(可观察到带有荚膜的隐球菌形态）等来确诊。

在患病部边缘采集被毛和皮屑，置于载玻片上，滴加 2 滴 100 g/L 的氢氧化钠溶液，在火焰上微微加热，待皮屑软化后加盖玻片，用高倍显微镜检查。或取皮肤损伤处的脓汁涂片，用亚甲蓝染色镜检，可见圆形、单个出芽、壁厚、直径 15～18 μm 的球菌（图 5-57）。将病料接种于沙氏葡萄糖琼脂培养基上，在室温或 37 ℃恒温箱培养，形成粉状淡红色菌落，并有厚壁孢子。

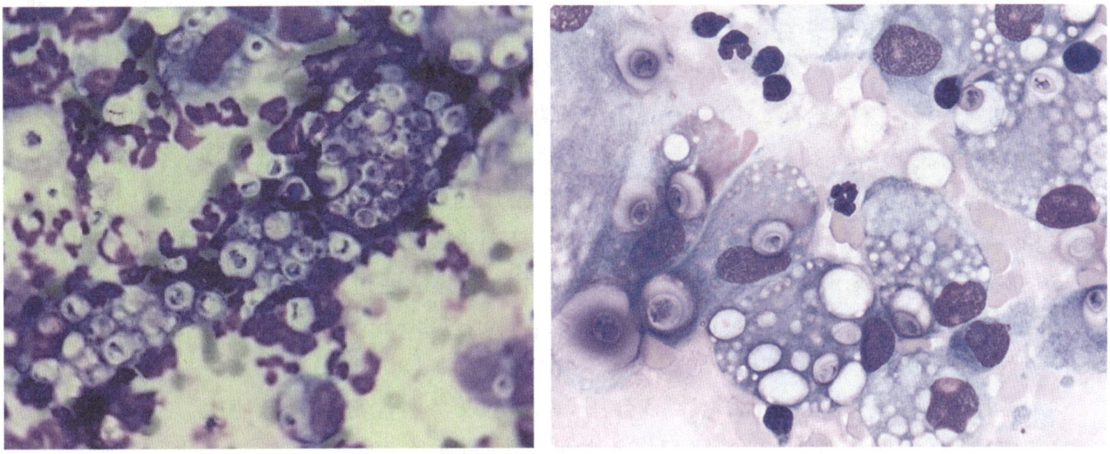

图 5-57　隐球菌的形态

一种较快速的诊断方法是取鼻腔或皮肤渗出液、脑脊髓液、皮肤或鼻部结节压片进行细胞学检查，印度墨汁（图 5-58）或苯胺黑染色可见特征性荚膜。

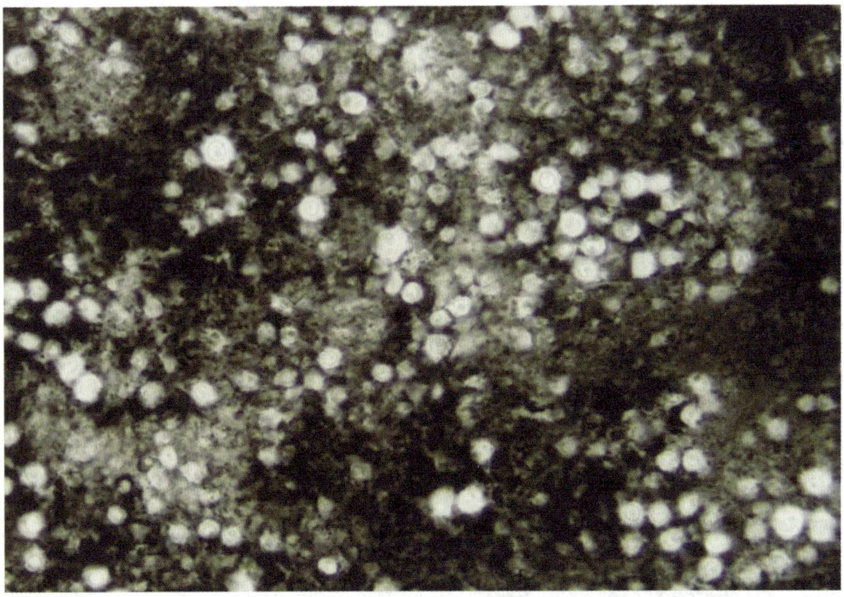

图 5-58　用印度墨汁负染后镜检，可见黑色的背景中有圆形或卵圆形透亮厚壁孢子，内有 1 个较大与数个较小的反光脂质颗粒，直径 2.5～20 μm，一般单芽，可多芽，芽可位于母体任何部位。

穿刺样本的组织切片进行 PAS-苏木精染色，菌体细胞着染，荚膜不被染色而在细胞周边呈环形空白带。

黏液卡红染色时，酵母细胞壁和荚膜呈红色，具有诊断意义。

(五)预防

饲养的一切用具要经常洗晒。饲料要新鲜,饲养环境及其周围经常用次氯酸消毒。

(六)治疗

常用抗真菌药物进行治疗,如两性霉素 B 等,不过要根据宠物的体重、病情等合理调整用药剂量和疗程,而且整个治疗过程中要密切关注药物的不良反应以及宠物的恢复情况。

(1)两性霉素 B:①犬、猫全身性霉菌病(静脉注射),0.25~1 mg/kg 体重 i. v. q 24~48 h。超过 4~6 h 缓慢给药。用 50 mL 5%葡萄糖将药物浓度稀释至 0.1 mg/mL 或 0.25~1 mg/kg 体重,将其溶解到 5~20mL 5%葡萄糖中,每周快速静脉注射 3 次。从低限开始使用,逐渐增量至宠物耐受的治疗剂量。通常需要数月的治疗时间。有的推荐累积剂量为 4~8 mg/kg 体重。②隐球菌病(静脉注射,也可以皮下注射),0.5~0.8 mg/kg 体重,加到 400~500 mL 0.45%盐水或 2.5%葡萄糖溶液中。然后将总剂量通过皮下注射,每周 2~3 次,直到累积剂量为 8~26 mg/kg 体重。注射剂量浓度不要超过 20 mg/L,否则会引起皮下脓肿。与伊曲康唑同时使用,进行病灶内注射(1 mg/kg 体重, q 7 d)。

(2)氟胞嘧啶:单用或与两性霉素 B 合用,一般建议与两性霉素联合使用。

(3)酮康唑、伊曲康唑或氟康唑:口服治疗猫隐球菌病比较普遍。

此外,可通过外科手术切除皮肤上的局部病变组织。

五、 脓癣

脓癣为皮肤癣菌沿毛囊口经毛干、深达毛囊及其周围的炎症,多由亲动物的犬小孢子菌或须癣毛癣菌感染,引起皮肤强烈的变态反应所致。在损害早期,糖皮质激素外用制剂的不当使用,是诱发脓癣和导致发病增多的重要因素。

(一)临床症状

脓癣的病变特征为边界清晰、红色和脱毛结节;直径 1~5 cm;挤压可从瘘管渗出(图 5-59);可能出现糜烂或溃疡;多数单生。

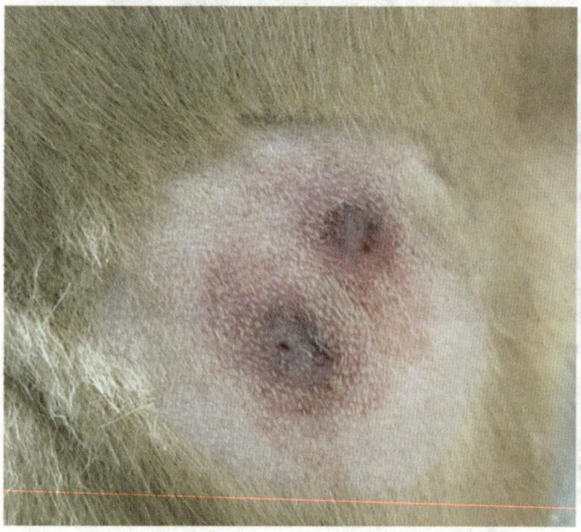

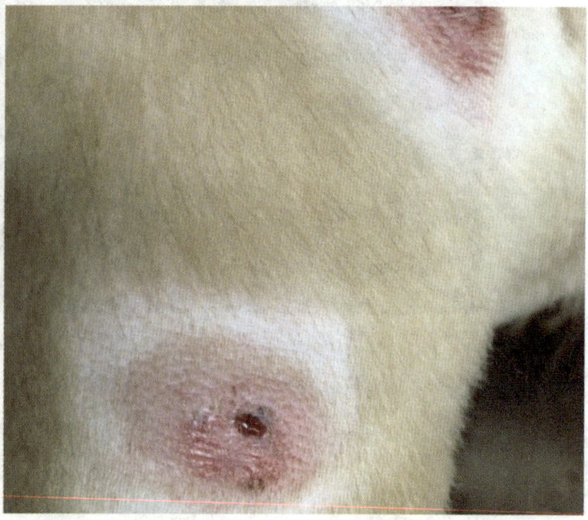

图 5-59　脓癣瘘管渗出

急性发作的脓癣为红色、脱毛、有渗出的圆顶形结节性斑块，斑块的定义是直径大于 1 cm 的炎性凸起。脓癣的典型表现形式是直径 1～5 cm 的斑块，也可以认为斑块的代表性皮肤病就是脓癣。放大镜下观察，可见折断的短毛稀疏分布于黏膜表面，表面还有瘘管。轻轻挤压可见浆液从瘘管挤出，呈珠状。斑块表面可能出现糜烂或溃疡。外周常有皮屑，如果犬无法清理病变，渗出物会形成结痂。通常，多数脓癣为单生，偶尔出现多病灶。多数脓癣发生在面部或前肢，但是也可能在任何部位出现。常见局部淋巴结增大，很少瘙痒或疼痛，但面积较大的病变可能引起瘙痒和疼痛。没有发现品种、年龄或性别的特定易感性。拳师犬可能高发单生病例，金毛犬可能易发泛发性或多灶性病变。相似的症状人也可能出现，通常认为是宠物癣菌或环境真菌传染的结果，人脓癣病变更加鲜红（由于适应性低）。

脓癣在猫中很罕见。尽管犬脓癣在临床经常发生，但是得到报道的较少。

（二）诊断方法

根据脓癣的流行病学特点及临床损害特征（图 5-60），即可做出初步诊断，必要时可结合真菌培养及伍德氏灯检查明确诊断。

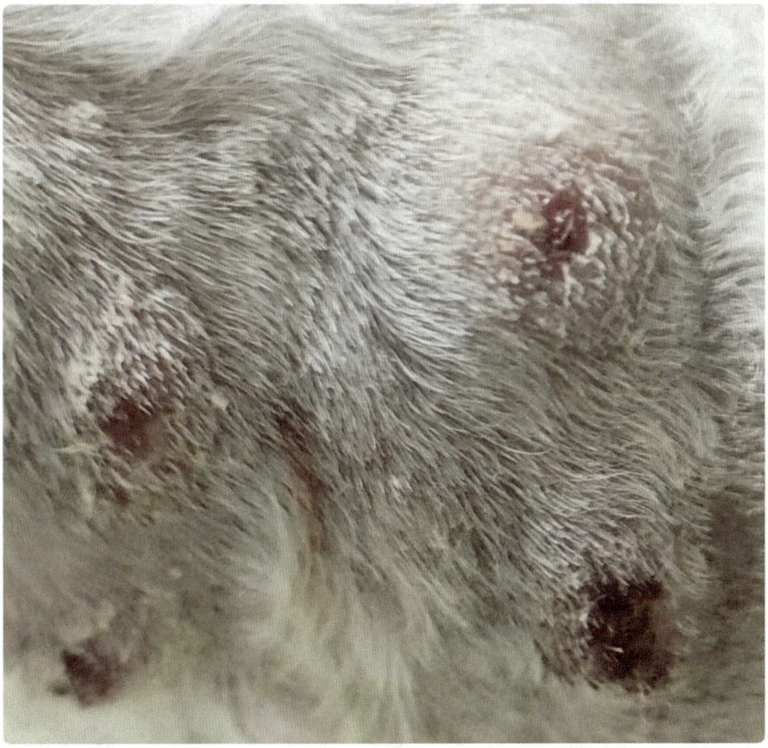

图 5-60　脓癣的临床症状

在深层真菌感染后，瘘管内采样的颗粒为坏死组织分泌物（图 5-61），成分为大量炎性细胞包裹菌丝、节孢子，坏死上皮细胞，退行性病变的炎性细胞与微生物等。

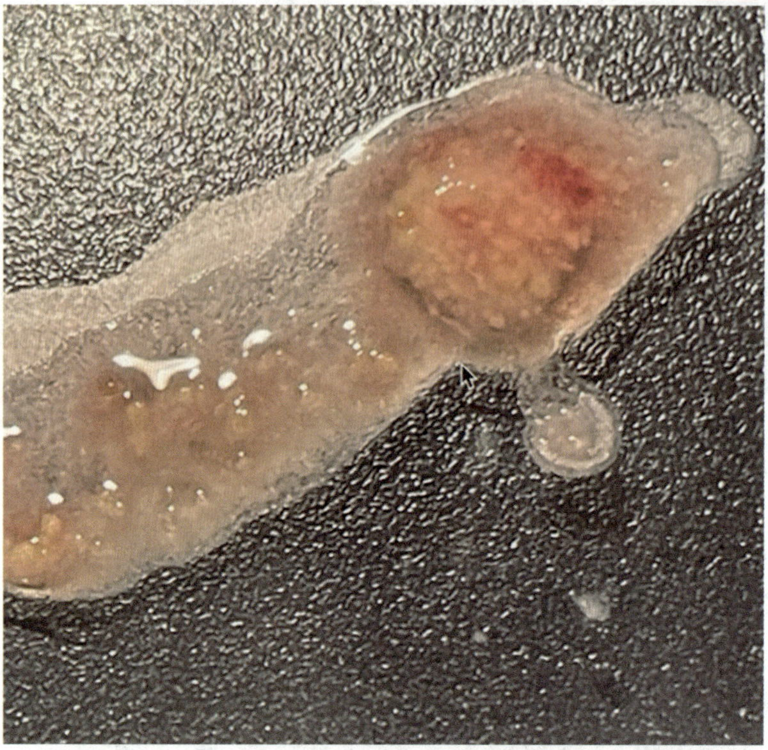

图 5-61　瘘管内采样的颗粒

鉴别诊断包括异物性肉芽肿、肢端自舔性皮炎、组织细胞瘤、肥大细胞瘤和淋巴瘤。细胞学特点:脓性肉芽肿性炎性反应,癣菌元素少量或者找不到(图 5-62)。

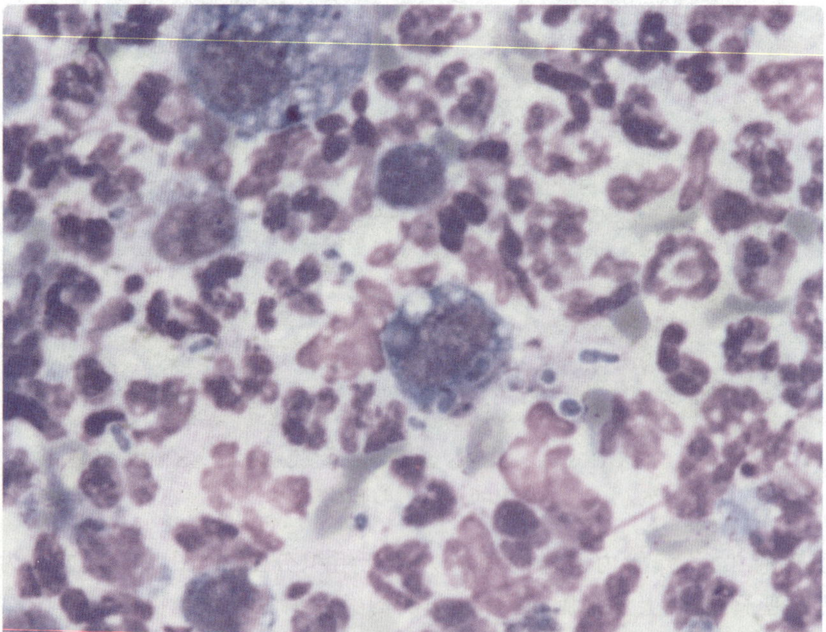

图 5-62　含癣菌的脓性肉芽肿性炎性反应

(三)治疗

脓癣的治疗方法与其他类型的癣基本相同。

第三节 病毒性皮肤病

病毒性皮肤病是由病毒感染引起的皮肤黏膜病变。由于病毒的性质和种类不同,引起犬猫皮肤疾病的临床表现也不相同。这里主要介绍犬猫常见的猫杯状病毒、犬瘟热病毒和犬乳头状瘤病毒。

一、猫杯状病毒

(一)病因

猫杯状病毒是杯状病毒科中少数能引起细胞病变的病毒,是诺如病毒的重要替代模型。猫杯状病毒感染是猫病毒性呼吸道传染病,是猫的一种重要病原,在猫群中感染率很高,常单独感染或与其他病原混合感染,猫杯状病毒呈世界性分布。猫杯状病毒可感染各年龄段的猫,幼猫更易感,发病率高,死亡率低。感染后猫常处于带毒状态,很多猫无任何症状,仍持续排毒多年,成为重要传染源,唾液和眼鼻分泌物是猫杯状病毒的主要载体。猫杯状病毒不仅感染猫,也可以感染所有猫科动物,如虎、狮子、豹等,对这些野生动物的健康也造成了一定的威胁。

(二)临床症状

猫杯状病毒感染主要表现为上呼吸道症状和口腔溃疡,即精神沉郁、浆液性和黏液性鼻漏、结膜炎、口腔炎、气管炎、支气管炎,伴有双相热(图 5-63、图 5-64)。也能引起猫的跛行、流产、慢性胃肠炎等其他疾病,严重威胁猫的健康。

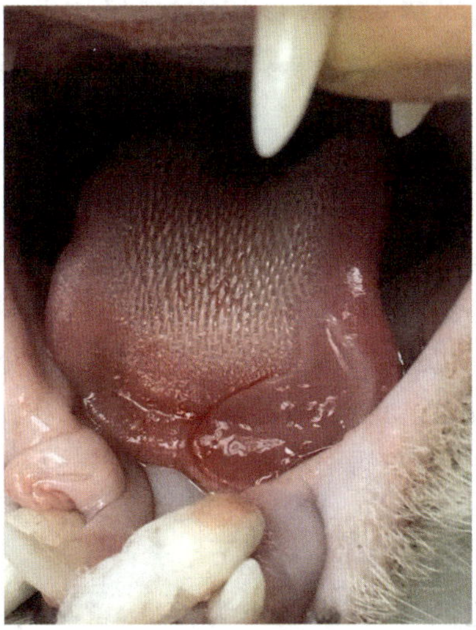

图 5-63 口腔溃疡

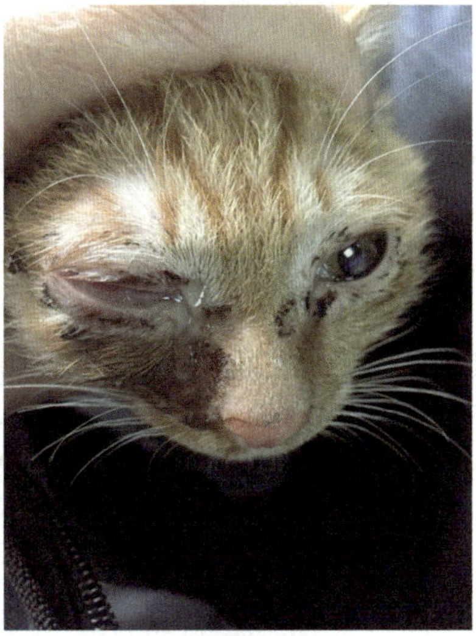

图 5-64 角膜结膜炎

(三)诊断方法

猫杯状病毒与猫疱疹病毒、猫细小病毒等感染引起的症状非常相似,也可引起很多复杂的非典型症状,单从临床症状难以鉴别诊断疾病。此外,虽然目前认为只有一种血清型,但极易发生抗原变异,这为临床检测造成了极大的困难。目前对猫杯状病毒感染的诊断主要依靠实验室方法,如病毒分离、核酸检测和血清学检测等。

(四)预防

猫杯状病毒主要依靠疫苗免疫预防。现有疫苗不能对所有毒株产生免疫保护。目前市场上使用最多的疫苗是加免疫佐剂的灭活或弱毒苗,需定期皮下注射或肌内注射。也有多种其他类型的疫苗在某些国家上市使用,如美国的鼻内免疫活疫苗和欧洲的无佐剂灭活疫苗。疫苗株应与多种毒株有较强血清学交叉反应才能产生良好保护力,故对疫苗株的选择十分重要。包括我国在内,目前世界范围内应用最广的仍是单价疫苗。猫杯状病毒疫苗不仅在宠物行业广泛应用,在保护猫科野生动物中也起重要作用。

(五)治疗

目前,治疗猫杯状病毒相关疾病没有特异性药物,主要是采用对症治疗和支持治疗。多种可能对猫杯状病毒有治疗效果的药物正在研发当中,如乳酸菌、甲氟喹、猫 ω-干扰素等。猫 ω-干扰素对改善临床症状效果不明显,但可能会干扰猫杯状病毒在猫体内的复制。

二、犬瘟热病毒

(一)病因

犬瘟热是由犬瘟热病毒感染引起的一种急性高度接触性传染病。犬瘟热病毒为单股负链有囊膜的 RNA 病毒,属于副黏病毒科、麻疹病毒属,同属病毒有麻疹病毒、牛瘟病毒、小反刍兽疫病毒、海豹瘟热病毒、海豚瘟热病毒和鼠海豚瘟热病毒。犬瘟热病毒可分为 11 个遗传分支。

犬瘟热病毒最初的感染和随后的继发感染主要由是否存在特定宿主细胞受体来决定。犬瘟热病毒首先感染免疫细胞,其中组织树突状细胞和巨噬细胞最先被感染,并转移至淋巴结,淋巴结中有大量活化的 T 细胞和 B 细胞。另外,淋巴细胞可通过淋巴系统传播病毒,临床症状也与病毒通过淋巴细胞传播到上皮细胞一致。感染犬瘟热病毒的淋巴细胞通过不同组织,如呼吸道、肺脏和膀胱的基底层上皮细胞进而扩散到上皮组织,病毒随后通过呼吸道分泌物、尿、粪等散布到周围的环境。反刍动物、食肉动物或灵长类动物通过接触气溶胶、尿和粪便,或吃被感染的被捕食者而感染。协同感染增加了一些宿主的发病率和死亡率。

(二)临床症状

犬瘟热病毒早期以双相热、结膜炎、支气管炎、卡他性肺炎、胃肠炎为特征,常见的症状包括脓疱性皮炎(图 5-65)、精神沉郁、厌食、发热、双眼浆液性至脓性分泌物、结膜炎、咳嗽、呼吸困难、腹泻，一些病犬的鼻部和足垫会出现轻度到严重的过度角质化（图 5-66）。后期出现明显的神经症状，部分病例足垫过度角质化（图 5-67）。

常引起犬、貂、狐等动物发病，病死率差异很大，为 30%～80%。临床上犬瘟热很少单独发生，大多有混合感染，继发细菌感染会导致死亡率增高，若并发肺炎，死亡率可高达 90%。

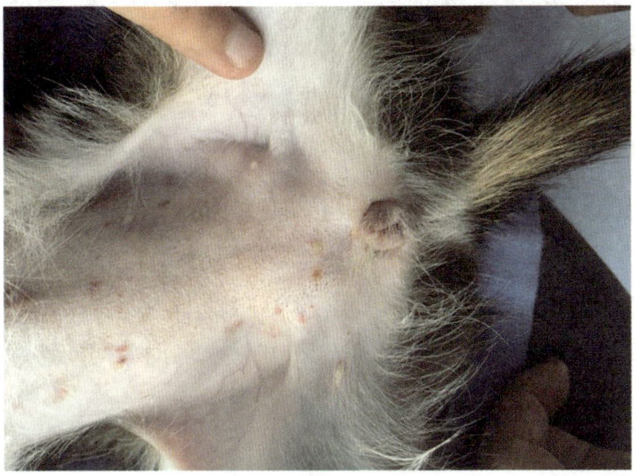

图 5-65 犬瘟热引起的脓疱

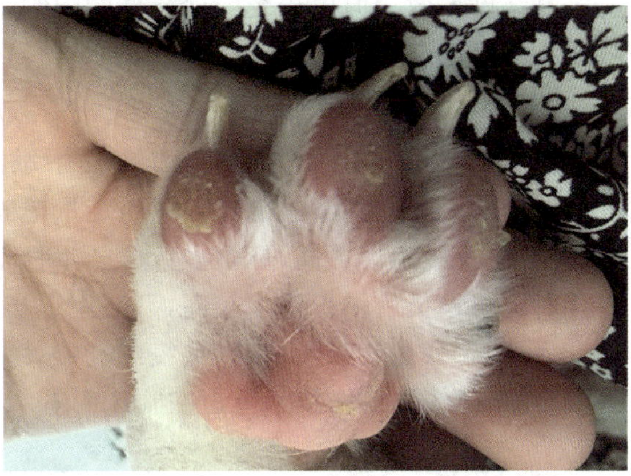

图 5-66 犬瘟热引起的脚垫增厚和脱皮

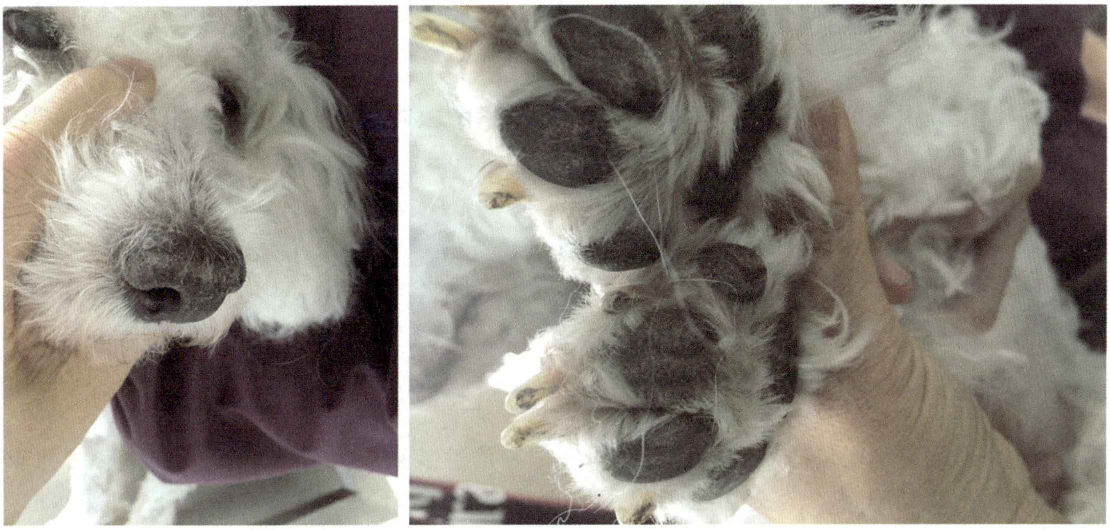

图 5-67 犬瘟热引起的鼻头干裂和足垫增厚

（三）诊断方法

根据病史调查结合流鼻涕、咳嗽、流眼泪、眼眵增多、鼻镜干裂、流脓鼻涕，体温升高、鼻镜干裂、眼结膜潮红、足垫增厚、四肢抽搐等临床症状，可初步诊断为犬瘟热。在疾病早期，临床症状与感冒、弓形虫及犬腺病毒 2 型等引起呼吸道疾病的病毒和细菌感染极为相似，再加上混合感染，需要借助相应检测方法才能确诊。

1. 犬瘟热抗原快速检测试纸条

目前，临床检测该病主要采用由免疫胶体金技术制作的犬瘟热抗原快速检测试纸条。抗原快速检测试纸条是应用免疫胶体金技术原理制作的检测方法，目前广泛应用于犬瘟热感染的临床诊断中，具有简便、快速、敏感性高等特点。方法是采集病犬眼眵、唾液、鼻涕及血清，与稀释液充分混合；把混合液滴到犬瘟热病毒抗原快速测试卡上，滴 3～5 滴；静置 10～15 min，判读结果；出现"T""C"线为阳性，仅出现"T"线为阴性，仅出现"C"线或者"T""C"均不出现表示检测结果无效。但由于受门诊条件的限制，样本不经过前处理直接进行检测，存在一定的假阳性和假阴性。

2. PCR 方法

PCR 方法是现在所使用的诊断方法中敏感性和特异性较高的方法之一，具有特异性高、可早期诊断、检测时间快、可定量或半定量等特点。尽管 PCR 方法跟抗原快速检测试纸条相比，特异性及敏感性更高，但是多数分子生物学检测方法需要特殊的仪器，受门诊条件的限制，并且对检测人员的知识要求较高，只适用于实验室研究，未能在临床确诊中广泛使用。

另外，酶联免疫吸附试验、免疫组化技术、核酸杂交技术、双重 PCR 方法、实时荧光定量 PCR、环介导等温扩增技术等也在临床中有一定的应用。

（四）预防

1. 预防

隔离、消毒，疫苗接种。

2. 紧急预防

对疫期或新引进的犬只应做隔离观察，或采取紧急预防措施，或选用注射犬瘟热单克隆抗体。

（五）治疗

对症治疗，防止继发感染。止咳平喘、促食欲、预防神经症状，增强免疫，隔离及环境消毒等。

三、犬乳头状瘤病毒

犬乳头状瘤是由犬乳头状瘤病毒引起的一种肿瘤性疾病。犬乳头状瘤是一种良性肿瘤，起源于鳞状上皮细胞，其发生经常会引起宠物的不适与躁动不安。大多数情况下，乳头状瘤生长在幼犬的口腔里面和周围。在眼睑上，随着犬免疫系统的成熟，乳头状瘤通常会在 2～3 个月消失。犬乳头状瘤病毒是已知的可以引起小范围的似疣的皮肤肿瘤。这些皮肤赘生物被准确地定义为乳头状皮肤瘤。

（一）病因

犬乳头状瘤病毒为乳头状瘤病毒的小型双链 DNA 病毒，主要感染青年、幼年犬猫；成年犬由于有较强免疫力，一般不会发生病毒性乳头状瘤，而发生的多是非病毒性乳头状肿瘤，与自身肿瘤免疫机制有关。该病以接触为主要传播方式，也可通过污染物和昆虫间接传播。乳头状瘤病毒，在环境中相当稳定，可在 4～8 ℃存活长达 63 d，在 37 ℃存活 6 h。潜伏期 1～2 个月。

(二)临床症状

犬乳头状瘤有口腔乳头状瘤和皮肤乳头状瘤两种类型。犬的口腔乳头状瘤,可在犬口腔内和头部皮肤产生多个病灶(图5-68)。一般情况下,患犬体温、脉搏正常,精神良好。口腔乳头状瘤病变发生在唇、舌、颊、腭及咽黏膜,也可能遍布于面部和口腔。发病初期是光滑的白色丘疹或斑块,随后发展为灰白色过度角化的病变或灰白色的光滑病变,表面高低不平,直径大小为数毫米至数厘米不等。后期发展为表面粗糙的疣状隆起,经3~4周长出非常紧密的小叶,形状如树枝或菜花样。肿瘤基部有蒂或无蒂与正常组织相连。面积增大时可导致瘤体损伤出血,有时可以看到有淡红色血样唾液从嘴角淌下。继发感染时,口内恶臭,咀嚼困难,流涎,严重时甚至不能进食。消退期肿瘤皱缩,颜色变暗灰色。皮肤乳头状瘤主要发生在眼睑、面颊、四肢等部位。临床症状类似于口腔乳头状瘤。

乳头状瘤也可能发生在猫的舌头上。

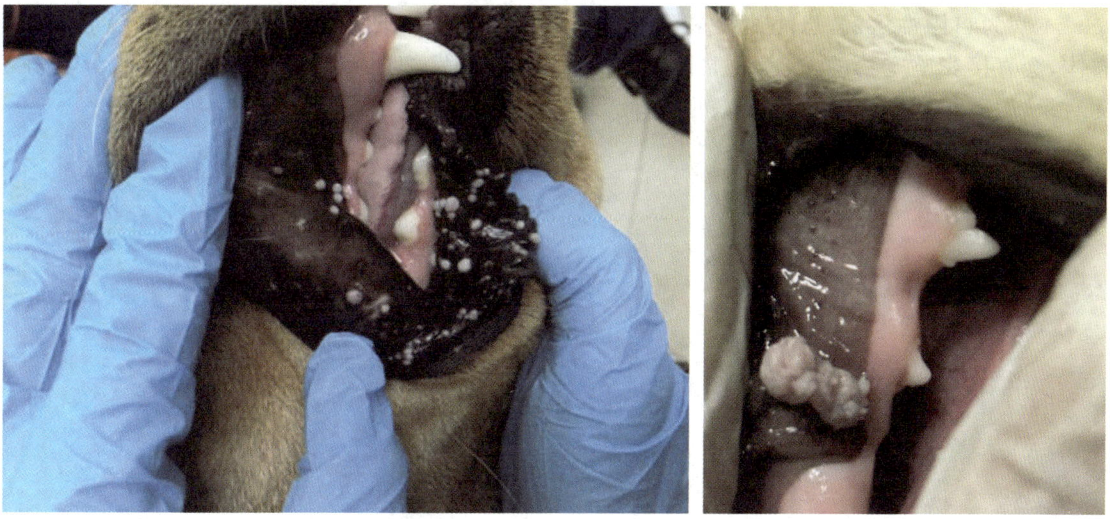

图5-68 犬的口腔乳头状瘤

(三)诊断方法

进行组织病理学检查,增生组织呈小叶状,大小不等,周围有完整的结缔组织包膜,表皮角化,每个小叶同样拥有完整的角化包膜,小叶中央可看到部分坏死细胞,小叶中央空洞管腔为具有血管的纤维结缔组织轴。细胞体积较大,胞浆丰富,核圆形或椭圆形,染色质较丰富。复层扁平上皮细胞围绕管腔呈圆周样整齐排列,层次分明,在颗粒层和棘细胞层出现大量中空细胞。

鉴别诊断:组织病理学检查可用于鉴别乳头状瘤和其他的上皮样肉瘤。

(四)预防

(1)发现患病宠物应及时隔离,否则非常容易传染其他健康宠物。病犬用过的用具应彻底消毒。

(2)提高宠物自身的免疫能力。使用疫苗和免疫调节剂,但不能快速地消除病变。尽管报道有保护性的皮肤肿瘤活菌苗，但市场上还没有用于犬的疫苗。

(五)治疗

1. 药物治疗

口服或注射抗病毒药物，如阿昔洛韦、泛昔洛韦等，但疗效一般。注射抗病毒干扰素有一定效果，同时加强全身的免疫力。若不治疗，病变通常数月后自行消退。

2. 手术治疗

如果肿瘤影响进食或卫生，可以考虑手术切除或刮除。全身麻醉，切除肿瘤，烧烙创口止血，是最常用的治疗措施。也可以使用激光或液氮冷冻方法。手术时期最好选择在乳头状瘤成熟后，或者发生溃疡和出血时进行手术，否则可能会刺激其生长和复发。为了防止术后感染，可以注射或口服抗生素如速诺(克拉维酸-阿莫西林)，并持续 5～7 d。使用抗病毒干扰素，连续注射 5 d，或口服抗病毒类药物。

本病为自限性疾病，患病宠物多于数周乃至数月内自然康复，但由于在口腔黏膜形成大量瘤体，会直接影响宠物的采食，而瘤体表面的破损，可继发细菌感染，导致口腔炎症、异臭等不良后果，因此早期手术治疗是较好的选择。

第六章 犬猫耳道疾病

知识目标

1. 犬猫耳道结构及耳道检查方法。
2. 犬猫外耳炎、中耳炎、内耳炎的临床症状、诊断及防治方法。
3. 耵聍腺疾病及其他耳道疾病的诊疗。

能力目标

1. 掌握犬猫耳部解剖结构及功能，明确外耳、中耳、内耳的组成及差异，理解其与耳道疾病发生的关联性。
2. 掌握宠物耳道疾病的临床诊断方法，包括病史采集、体格检查、耳镜检查、实验室检验的应用。
3. 熟悉宠物耳道疾病的常见分类（如外耳炎、中耳炎、内耳炎等），掌握不同类型疾病的病因、主要症状。
4. 熟悉耳道疾病的治疗原则及预防措施。

素质目标

1. 培养职业道德与责任感，强化关爱动物、尊重生命的意识，在诊疗中注重减少宠物应激，体现兽医人文关怀。
2. 培养严谨的科学态度，严格遵守诊疗规范，避免因疏忽导致误诊或延误治疗。
3. 培养职业素养与终身学习意识。保持对耳道疾病研究新进展的关注，主动更新知识储备。面对复杂或罕见病例，能运用创新思维结合临床经验，探索个性化解决方案。
4. 重视耳道疾病的预防科普，提升公众对宠物耳部健康的认知；在多学科协作诊疗中，积极与团队成员沟通配合，保障诊疗质量。

第一节 概述

一、耳道结构

犬猫耳道结构主要包括外耳、中耳和内耳三部分，见图 6-1。

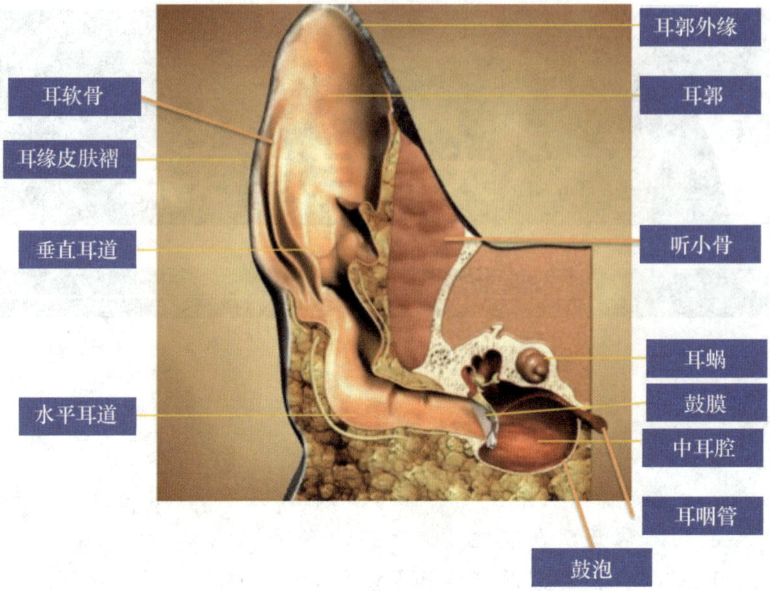

图 6-1　耳道结构

1. 外耳

外耳包括耳郭、水平耳道和垂直耳道以及鼓膜外壁。

(1)耳郭。耳郭由软骨构成并被毛发覆盖，形状和大小因品种而异，能独立移动以捕捉声波，通过十几个分开的肌肉控制耳朵运动，整个区域布满血管和神经。

(2)外耳道。外耳道是从耳郭延伸到鼓膜的管道，呈“L”形，分为垂直耳道和水平耳道，比人的耳道长且深，内衬有耵聍腺和皮脂腺，会产生耳垢，负责将耳郭收集的声音传送到鼓膜。

2. 中耳

中耳包括鼓膜内壁、鼓泡(鼓室腔)、听小骨和耳咽管。

(1)鼓膜。鼓膜位于外耳和中耳之间，是一层薄而坚韧的膜，能将外耳传来的振动集中和放大，传导至中耳。

(2)中耳腔。中耳腔是一个含气的不规则腔隙，主要包括鼓室、咽鼓管、鼓窦和乳突气房。其中鼓室是中耳腔最重要的部分，位于鼓膜和内耳外侧壁之间，鼓膜内侧是充满空气的腔体，内有锤骨、砧骨和镫骨三块听小骨，它们通过杠杆系统相互连接，将鼓膜的振动传递和放大后传导至内耳。就像是一个小小的“乐器室”，在声音传导过程中发挥关键作用。

(3)耳咽管。耳咽管是连接中耳和鼻腔的小管，可调节中耳内的气压，保持鼓膜内外压力平衡。

3. 内耳

内耳包括耳蜗、半规管和相关神经(第 7、8 对脑神经)。

(1)耳蜗。耳蜗是听觉感受器，形状像蜗牛壳，内部有许多小管道，管道内充满液体和特殊的毛细胞，能接收听觉振动并将其转化为神经信号，传送至听觉神经。

(2)前庭及半规管。前庭及半规管是平衡感受器，由电脉冲控制，电脉冲作用于三个半圆形管道中的毛细胞上，毛细胞负责感知头部的运动和位置，维持身体平衡。

二、宠物耳道检查

1. 检耳镜

检耳镜可用于检查宠物是否患有外耳炎、中耳炎、耳螨感染、鼓膜破裂等耳部疾病。能帮助发现宠物耳道内是否存在异物，如灰尘、毛发、小虫子等。

通常配有放大镜头，如50倍光学放大倍率和150倍数字放大倍率，可更清晰地观察耳道内的情况。一些先进的耳镜配备内窥镜功能，可连接显示屏实时显示影像，并进行拍照和录像。

兽医师一般会先观察犬耳部外观，查看有无红肿、脱毛等情况，然后借助检耳镜（图6-2）深入观察耳道内部，查看耳道黏膜状态、有无异物及寄生虫等情况。

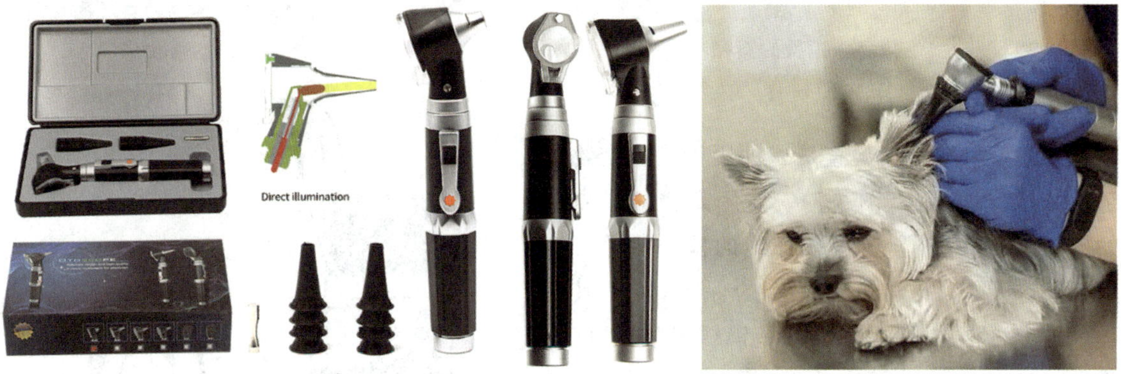

图6-2　检耳镜及耳部检查

2. 分泌物镜检

采集耳道分泌物（图6-3）进行实验室显微镜检查，确定是否有细菌（图6-4）、真菌（图6-5）、寄生虫（图6-6）等病原体感染以及具体的种类，以便精准用药。

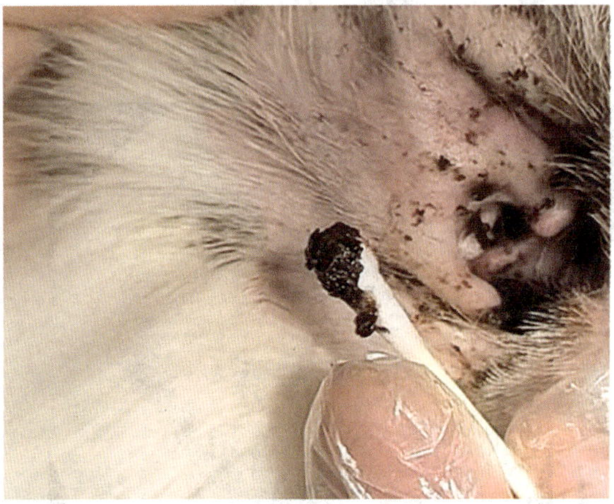

图6-3　采集耳道分泌物

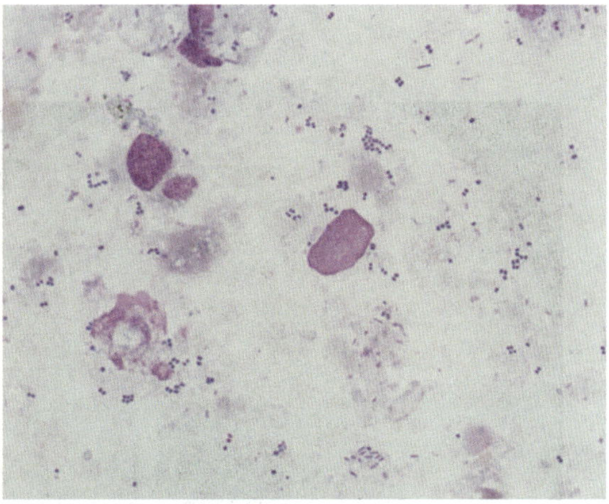

图6-4　分泌物镜检的细菌及中性粒细胞

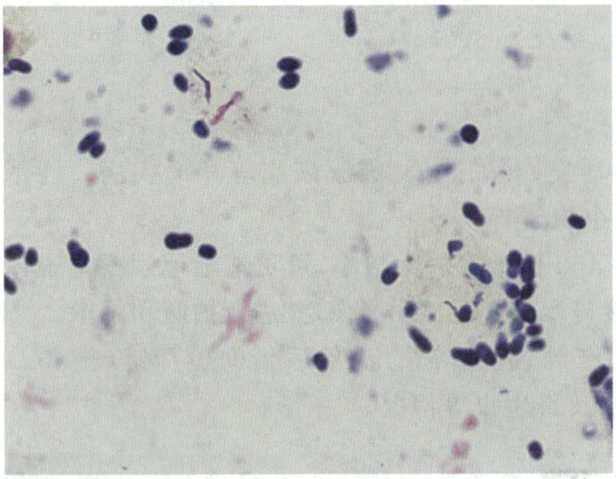

图 6-5　分泌物镜检的真菌

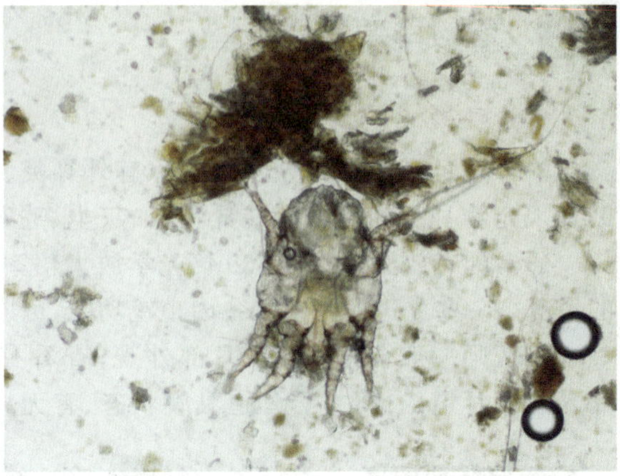

图 6-6　分泌物镜检的寄生虫

3. 内窥镜检查

宠物耳道内窥镜检查是一种用于检查宠物耳道内部情况的方法(图 6-7)。使用宠物耳道专门的内窥镜,深入外耳道进行详细的检查。通常在检查前,需要对宠物进行适当的保定,避免其乱动。检查过程中,兽医师将内窥镜缓慢放入耳道,借助其自带的光源,清晰地看到耳道内部结构,如耳壁情况、鼓膜状态等细节(图 6-8),从而可以准确诊断耳道炎症、耳螨感染、异物(图 6-9)、增生(图 6-10)、肿瘤等多种耳道疾病。

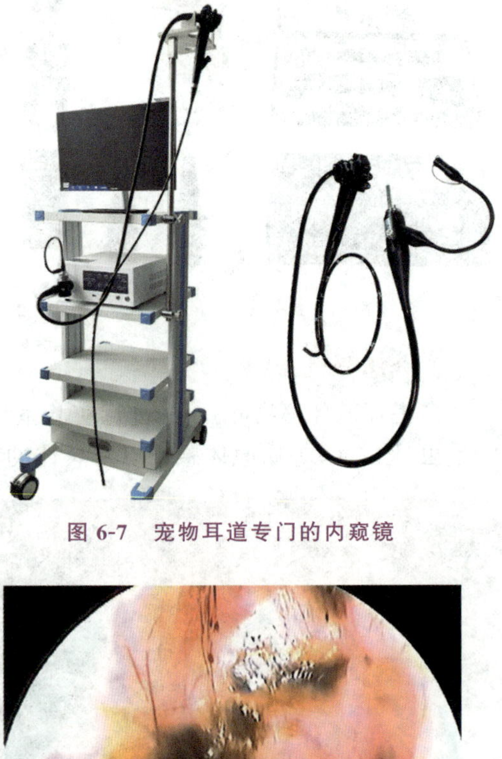

图 6-7　宠物耳道专门的内窥镜

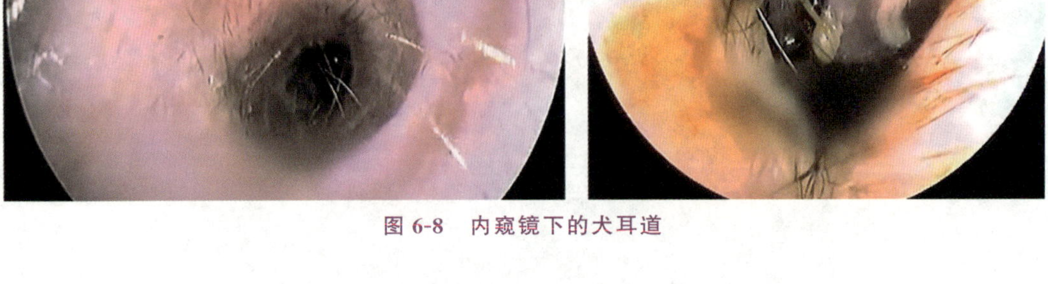

图 6-8　内窥镜下的犬耳道

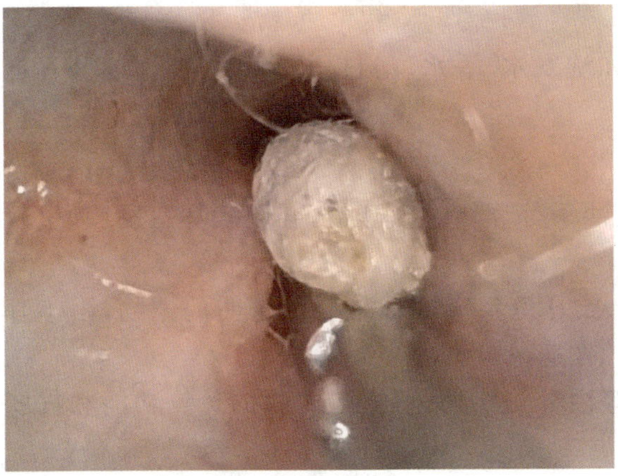

图 6-9　内窥镜下的耳道异物

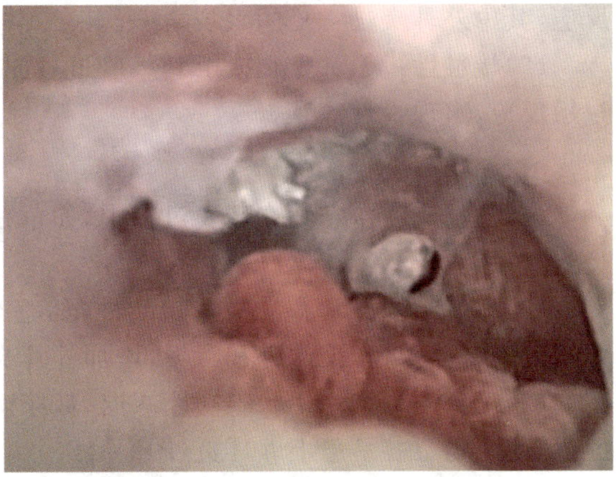

图 6-10　内窥镜下的耳道增生

三、犬猫耳道常见疾病

(1)外耳炎。

(2)中耳炎。

(3)内耳炎。

(4)耵聍腺疾病。

(5)其他耳道疾病:肿瘤、外耳道息肉、耳垢栓塞、鼓膜穿孔、耳血肿、先天性耳道畸形。

第二节　外　耳　炎

宠物外耳炎是指外耳的炎症,包括耳郭、水平耳道和垂直耳道以及鼓膜外壁等部位发生炎症。可分为感染性外耳炎和非感染性外耳炎,是宠物常见的耳部疾病之一,犬、猫较为多发,垂耳、耳道多毛的品种更易患病。

一、病因

1. 感染

(1)细菌感染。葡萄球菌、链球菌等细菌可在外耳道内大量繁殖,引发炎症。通常是由于耳道潮湿、清洁不当等,破坏了耳道的正常菌群平衡所致。

(2)真菌感染。马拉色菌是常见的引起宠物外耳炎的真菌,当宠物免疫力下降、长期使用抗生素或处于潮湿环境时,容易发生真菌感染。

(3)寄生虫感染。耳痒螨是导致宠物外耳炎的重要原因之一,耳痒螨寄生在耳道内,会刺激耳道皮肤,引起炎症反应,导致宠物出现瘙痒、红肿等症状。

2. 过敏反应

(1)食物过敏。宠物对某些食物成分过敏,如牛肉、鸡肉、小麦等,可能会引发全身性过敏反应，其中外耳炎是常见的表现之一。

（2）接触性过敏。宠物接触到某些过敏原，如洗发水、香水、塑料耳罩等，可能引起外耳道过敏反应，出现炎性症状。

3. 其他因素

（1）异物刺激。宠物在玩耍过程中，如草籽、沙子等异物进入耳道，会刺激耳道黏膜，引发炎症。

（2）耳道结构异常。一些宠物品种，如垂耳犬、耳道狭窄（图 6-11）或弯曲的宠物，由于耳道通风不良，容易积聚水分和污垢，增加外耳炎的发病风险。

（3）内分泌失调。甲状腺功能减退、糖尿病等内分泌疾病，可影响宠物的免疫功能和皮肤健康，使宠物更容易患上外耳炎（图 6-12）。

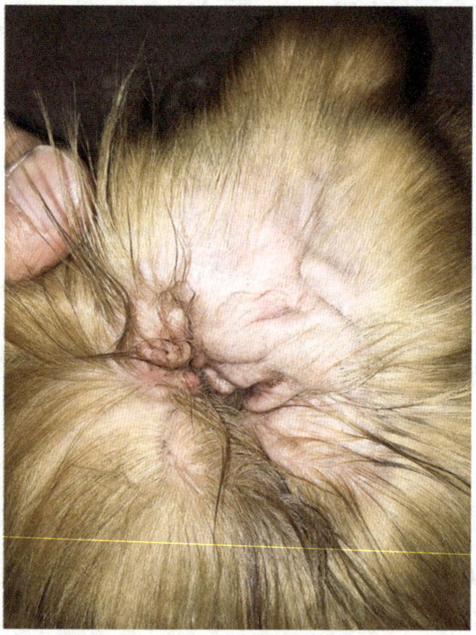

图 6-11　耳道增生狭窄

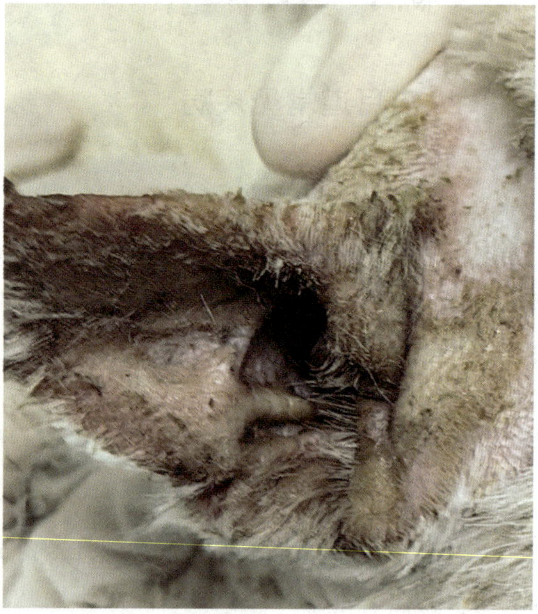

图 6-12　甲状腺功能减退引起的外耳炎

（4）洗澡方式不当。给宠物洗澡时，如果让水大量进入耳朵，未及时清理，会使耳道处于潮湿状态，利于细菌、真菌等微生物生长。

二、临床症状

二维码 6-1　犬频繁摇头

1. 耳部瘙痒

耳部瘙痒时，宠物会频繁地摇头、甩头，抓挠耳朵，或在家具、地面等物体上摩擦耳部，试图缓解耳部的不适。

2. 分泌物增多

耳道可能出现脓性、血性或蜡样分泌物，有时分泌物会结成痂皮。耳道内的分泌物可见有脓性、油性、干性等不同性状，有黄色、黑色、褐色等不同颜色（图 6-13）。

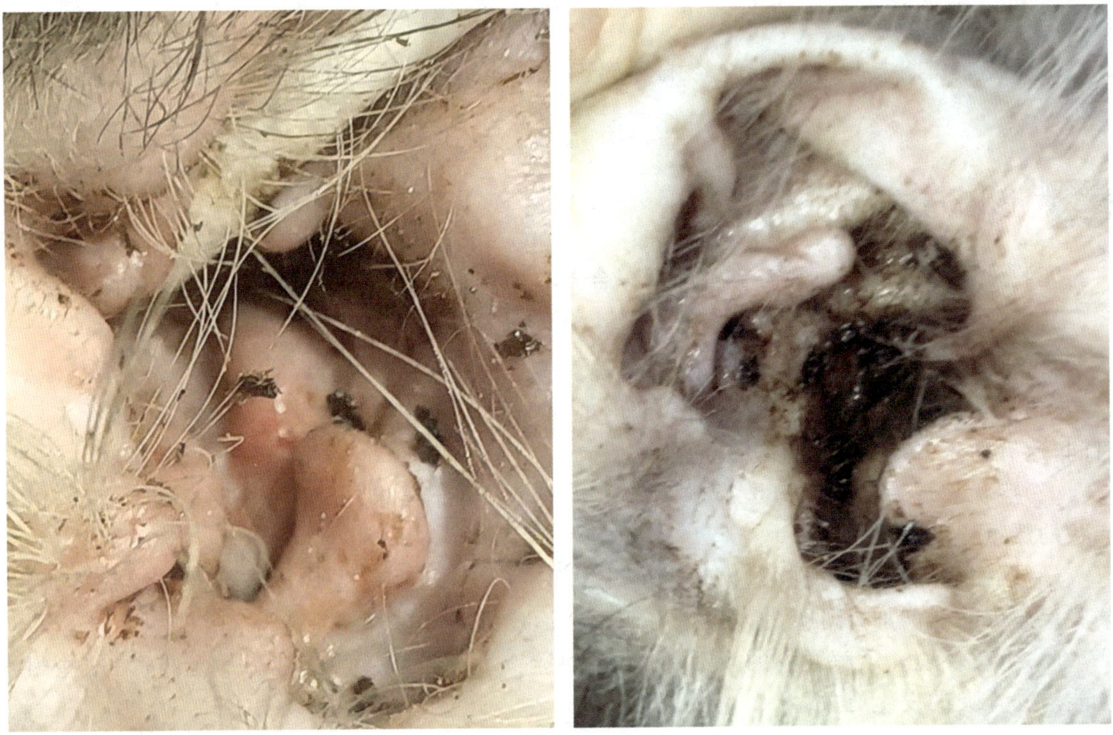

图 6-13 耳道分泌物

3. 耳道红肿、疼痛

触碰耳部时宠物可能会躲闪、表现出疼痛反应，外耳道可见明显的红肿(图 6-14)，严重的可能有破溃、耳道狭窄。

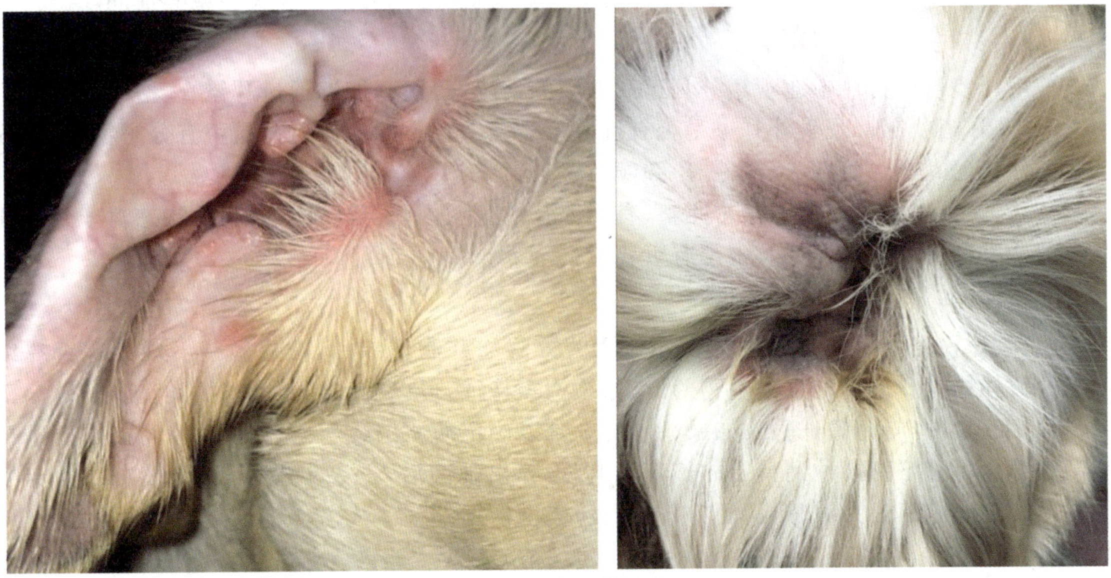

图 6-14 犬耳道红肿

4. 异味

炎症产生的分泌物等会导致耳部出现难闻气味。

5. 听力下降

如果炎症长期未得到控制，会影响耳部正常功能，导致宠物听力下降，对声音的反应变得迟钝。

三、诊断方法

宠物外耳炎的诊断通常需要兽医师综合多方面因素进行判断，具体诊断方法如下。

1. 病史

兽医师向宠物主人询问宠物的相关情况。

(1)症状出现的时间。了解宠物耳部出现异常症状是近期突然发生，还是已经持续了一段时间，这有助于判断病情的急缓。

(2)症状表现。询问宠物是否有频繁抓耳、摇头、耳部异味、分泌物增多等具体症状，以及症状的严重程度。

(3)既往病史。了解宠物过去是否有过耳部疾病史，是否有过敏史、其他慢性疾病等，因为某些疾病可能会增加外耳炎的发病风险或影响治疗方案。

(4)生活环境。了解宠物的生活环境是否潮湿、是否经常接触其他患病宠物等，这些因素可能与外耳炎的发生有关。

2. 体格检查

(1)耳部外观检查。兽医师用肉眼观察宠物耳朵的外部情况，包括耳郭是否有红肿、破损、脱毛等现象，耳道开口处是否有分泌物、异味，是否有异物附着等。

(2)耳部触诊。轻轻触摸宠物的耳朵，检查耳部是否有疼痛反应，耳根是否有肿胀、发热等情况。如果宠物在触诊时表现出明显的抗拒、疼痛，说明耳部可能存在炎症或其他问题。

3. 耳镜检查

使用耳镜可以更清晰地观察外耳道和鼓膜的情况，兽医师能够通过耳镜查看。

(1)外耳道状况。观察外耳道是否有红肿、狭窄、溃疡、增生等病变，是否有分泌物堵塞，分泌物的性状(如脓性、血性、浆液性等)和颜色。

(2)鼓膜情况。检查鼓膜是否完整、有无穿孔、充血、内陷等异常。鼓膜的状态对于判断外耳炎的严重程度以及是否累及中耳有重要意义。

4. 微生物学检查

(1)涂片检查。用棉签采集宠物外耳道的分泌物并制作涂片，在显微镜下观察是否有细菌、真菌、耳螨等。通过观察微生物的形态、结构等特征，可以初步判断感染的类型。

(2)细菌培养与药敏试验。如果涂片检查难以确定病原菌或病情较为复杂，可能需要进行细菌培养。将分泌物接种到特定的培养基上，培养出细菌后，进一步进行药敏试验，以确定哪种抗生素对病原菌最为敏感，从而为精准用药提供依据。

5. 其他检查

(1)血常规检查。通过检测血液中的白细胞计数、中性粒细胞比例、淋巴细胞比例等指标，判断宠物是否存在感染、炎症反应的程度以及机体的免疫状态。一般来说，外耳炎时白细胞计数可能会升高，提示存在炎症。

(2)过敏原检测。如果怀疑外耳炎是由过敏引起的,可能需要进行过敏原检测。常见的检测方法有皮肤点刺试验、血清过敏原检测等,以确定宠物对哪些物质过敏,从而采取相应的预防措施。

四、治疗

1.清洁耳道

使用宠物专用的耳道清洁液,按照正确方法清理耳道内的分泌物、异物等,轻轻清洗外耳道,注意不要深入耳道内部,以免损伤耳道。

2.针对病因用药

如果是寄生虫感染,使用驱虫药;如果是细菌感染,使用抗生素类药物;如果是真菌感染使用抗真菌药物等。需严格谨遵医嘱用药,按疗程治疗。

(1)抗生素。如果是细菌感染引起的,需要使用抗生素类药物,如阿莫西林、头孢菌素等,可以口服或外用抗生素滴耳液。

(2)抗真菌药物。针对真菌感染,可使用抗真菌药物,一般以滴耳液的形式使用。

(3)驱虫药。由耳痒螨引起的外耳炎,需要使用专门的驱虫药,如伊维菌素、多拉菌素等,可通过滴耳或口服的方式给药。

(4)糖皮质激素。在炎症较为严重,伴有明显红肿、瘙痒时,可适当使用糖皮质激素等,但要注意其副作用,使用时间和剂量应严格遵循医嘱。

3.缓解症状

瘙痒严重时可使用止痒药,疼痛明显时用止痛药来缓解犬的不适,提高其生活质量,帮助病情恢复。

4.手术治疗

对于病情严重、药物治疗无效,或存在耳道结构异常等情况的宠物,可能需要进行手术治疗,如外耳道切除术等。

五、预防

1.定期检查耳部

每周至少检查 1 次宠物的耳朵,观察是否有红肿、分泌物、异味等异常情况,以便尽早发现问题并及时处理。

2.保持耳部清洁

定期使用宠物专用洗耳液为宠物清洁耳朵,一般 1～2 周清洗 1 次,但注意不要过度清洁,以免破坏耳道内的正常菌群平衡。

3.防止异物进入

宠物户外活动后,检查耳朵是否有异物进入,及时清理。

4.增强免疫力

提供营养均衡的食物,让宠物保持适当运动,保证充足的睡眠,增强宠物的免疫力,降低患病风险。

5. 定期驱虫

按照合理的驱虫计划做好体内外驱虫，预防耳痒螨等寄生虫感染。

第三节　中　耳　炎

宠物中耳炎是指宠物中耳腔(包含鼓室、咽鼓管、乳突气房等)黏膜发生的炎性疾病，通常是由外耳炎蔓延而来，也可因血源性感染等因素引发，若未得到及时有效的治疗，可能进一步发展影响内耳，导致更严重的耳部问题。

一、病因

1. 外耳道炎症蔓延

外耳道炎长期未得到有效控制，细菌、真菌等病原体可通过鼓膜穿孔处或者经咽鼓管逆行向上蔓延，侵入中耳腔，从而引发中耳炎。如犬患外耳道炎后，细菌、真菌等病原体不断滋生繁殖，进而侵入中耳部位。

2. 血源性感染

当宠物身体其他部位存在感染病灶，像全身性的细菌感染(如败血症)、病毒感染(如猫疱疹病毒引发的疾病)，病原体可随着血液循环到达中耳腔，引起炎症。这种情况下，中耳炎可能作为全身性感染在耳部的一种表现。

3. 咽鼓管功能异常

咽鼓管起到平衡中耳腔与外界气压以及引流中耳分泌物的作用。如果咽鼓管阻塞(如炎症、肿物等)、狭窄或者功能失调，中耳腔内的分泌物不能正常排出，空气无法正常流通，就容易滋生细菌等病原体，进而引发中耳炎。

二、临床症状

1. 耳部疼痛

患病宠物会表现出甩头、挠耳等行为，触碰耳部或按压耳周时可能有疼痛反应，有时会因为疼痛而抗拒宠物主人触碰耳朵，表现出攻击性。

2. 听力下降

炎症会影响声音在中耳的传导，导致听力出现不同程度的减退，对一些声音指令、宠物主人的呼唤、周围的声音等反应变得迟钝。

3. 耳道分泌物增多

从中耳腔经鼓膜穿孔处可能会有分泌物渗出到外耳道，分泌物性状多样，有脓性、黏液性等，颜色也各不相同，常伴有异味(图 6-15)。宠物主人可以观察到宠物外耳道有异常分泌物出现。

4. 耳部肿胀、发热

中耳腔的炎症可导致耳部周围组织出现肿胀，用手触摸耳部能感觉到温度比正常时略高，耳部外观看起来可能会比平时肿大一些。

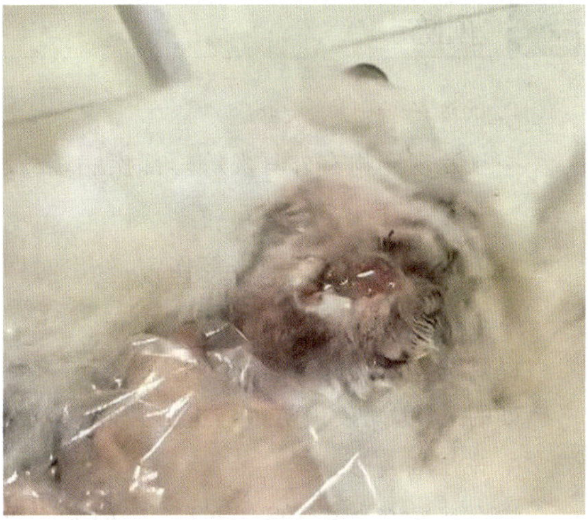

图 6-15　双氧水伤害引发中耳炎，并产生大量脓性分泌物

三、诊断方法

1. 耳部检查

兽医师先观察耳部外观有无红肿、破溃等情况，再借助耳镜查看外耳道、鼓膜的状态，若鼓膜穿孔、有分泌物从中耳渗出等情况则提示可能存在中耳炎。

2. 影像学检查

借助 X 线、CT、MRI 等影像学手段，能清晰看到中耳、内耳的结构变化，如积液、骨质破坏、组织增生等，有助于准确诊断病情及确定炎症的范围。

3. 实验室检查

采集耳部分泌物、血液等进行检测，明确是否有细菌、真菌等病原体感染以及感染的具体种类，同时可排查一些全身性疾病因素，辅助诊断(图 6-16)。

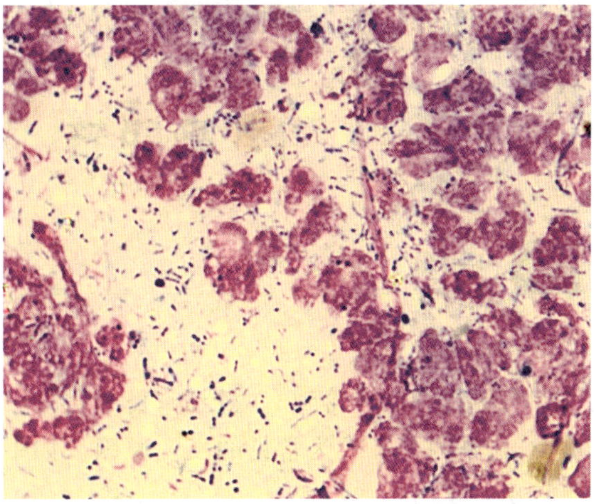

图 6-16　犬中耳炎的细胞学涂片

四、治疗

1. 清洁耳道及中耳腔

使用宠物专用的耳道清洁液清理外耳道的分泌物，对于中耳腔有积液等情况，可能需要通过鼓膜穿刺等方法抽出积液，改善中耳腔的环境。

2. 药物治疗

根据病原体类型选择相应药物，如细菌感染用抗生素，真菌感染用抗真菌药物，按疗程规范使用，同时可配合使用一些能减轻耳部炎症、促进黏膜修复的药物。

3. 改善咽鼓管功能

如果存在咽鼓管阻塞等情况，可通过药物或其他方法(如适当按摩等)来促进咽鼓管通畅，利于中耳腔的恢复。

五、 预防

1. 积极治疗耳部疾病

一旦发现宠物有外耳炎等耳部疾病，要及时、彻底治疗，防止炎症蔓延至中耳、内耳。

2. 预防外伤

避免宠物头部受到撞击等伤害，外出时做好防护，如使用牵引绳，防止犬乱跑发生意外。

3. 增强宠物的抵抗力

提供营养均衡的饮食，定期进行疫苗接种、驱虫等保健措施，减少全身性感染疾病以及病毒感染的风险，间接预防中耳炎、内耳炎的发生。

4. 关注咽鼓管健康

注意观察宠物有无呼吸、耳部等相关的异常表现，若怀疑咽鼓管功能异常，应及时就医检查、处理，避免因咽鼓管问题引发中耳炎。

5. 定期耳部检查

定期带宠物进行耳部健康检查，可尽早发现潜在问题并及时采取措施进行干预。

第四节 内 耳 炎

一、 病因

1. 中耳炎继发

当中耳炎没有得到有效控制，炎症会突破中耳与内耳间的屏障，进而蔓延至内耳，导致内耳炎，这是内耳炎较为常见的发病原因。如中耳腔长期存在细菌感染引发的炎症，持续发展后就容易波及内耳。

2. 外伤因素

宠物头部受到剧烈撞击、耳部遭受外力伤害等，可能损伤内耳结构，破坏内耳的正常防御机制，使细菌、病毒等病原体容易侵入，从而引发内耳炎。另外从高处坠落、被尖锐物体刺伤等，也可能引发内耳的炎症。

3. 病毒感染

某些病毒，如犬瘟热、猫瘟、猫疱疹病毒等，除引起全身性症状外，也可能侵入内耳，造成内耳炎，影响耳部正常功能，致使宠物出现相应的耳部问题。

4. 内耳血液循环障碍

一些全身性疾病或者血管病变等因素，会导致内耳血液循环不畅，局部组织营养供应不足、代谢废物堆积，引发炎症反应，进而产生内耳炎，但这种情况相对少见。

二、临床症状

1. 平衡失调

由于内耳的前庭结构与平衡感密切相关，内耳炎会使犬出现平衡失调的情况，如走路摇晃、容易摔倒、歪头，严重时会不停地转圈，行动变得极为困难，日常活动受到极大影响。

2. 听力严重受损

内耳在声音传导及感知过程中起着关键作用，内耳炎会使宠物听力出现显著下降甚至近乎失聪，对宠物主人的呼唤、周围环境声音等基本没有反应，即便是较大声响也很难引起它的注意。

3. 眼球震颤

部分患病宠物会出现眼球震颤现象，眼球会不自觉地左右或上下摆动，这是内耳病变影响相关神经反射的一种表现，仔细观察宠物的眼睛就能发现这一异常现象。

二维码 6-2　猫眼球震颤

4. 呕吐、厌食

内耳炎引发的前庭功能紊乱还可能刺激胃肠道，导致患病宠物出现呕吐、食欲减退等消化系统症状，长期不愈可能造成宠物体重下降、营养不良等问题。

三、诊断方法

1. 耳部检查

兽医师先观察耳部外观有无红肿、破溃等情况，再借助检耳镜查看外耳道、鼓膜的状态，若鼓膜穿孔、有分泌物从中耳渗出等情况提示可能存在中耳炎；对于内耳炎，耳部检查结果结合患犬的典型症状（如平衡失调、眼球震颤等）来综合判断。

2. 影像学检查

借助 X 线、CT、MRI 等影像学手段，能清晰看到中耳、内耳的结构变化，如积液、骨质破坏、组织增生等情况，有助于准确诊断病情及确定炎症的范围。

3. 实验室检查

采集耳部分泌物、血液等进行检测，明确是否有细菌、真菌等病原体感染以及感染的具体种类，同时可排查一些全身性疾病因素，辅助诊断。

四、治疗

1. 针对病因治疗

若是中耳炎继发的内耳炎，要先控制好中耳炎的病情，按照中耳炎的治疗方法进行处理；若是外伤、病毒感染等原因引起的，则要进行相应的处理，如外伤后的抗感染、抗病毒治疗等，从根源上消除引发内耳炎的因素。

2.缓解症状

使用药物来缓解平衡失调、眼球震颤等症状，如应用一些调节前庭功能的药物；对于呕吐、厌食等消化系统症状，给予止吐、促进食欲的药物，提高患病宠物的舒适度，帮助其在病情恢复过程中能维持较好的身体状态。

3.后续护理

要为患病宠物提供安静、舒适、安全的生活环境，避免其因平衡失调等问题再次受伤，密切观察病情变化，按照兽医师的嘱咐继续用药以及定期复查。

五、预防

1.积极治疗耳部疾病

一旦发现宠物有外耳炎等耳部疾病，要及时、彻底治疗，防止炎症蔓延至中耳、内耳。

2.预防外伤

做好宠物生活环境的安全防护，避免其头部受到撞击等伤害，外出时做好防护，减少因外伤引发内耳炎的可能性。如使用牵引绳，防止犬乱跑发生意外；猫咪避免其爬到高处。

3.增强宠物的抵抗力

提供营养均衡的饮食，定期进行疫苗接种、驱虫等保健措施，减少全身性感染疾病以及病毒感染的风险，间接预防中耳炎、内耳炎的发生。

4.定期耳部检查

定期带宠物进行耳部健康检查，可早期发现潜在问题并及时处理，预防内耳炎等严重耳部疾病的发生。

第五节　耵聍腺疾病

耵聍腺是宠物外耳道皮肤中的一种特殊腺体，主要位于外耳道的软骨部。以犬猫为例，它们的外耳道呈“L”形，耵聍腺就分布在耳道的这些区域，分泌的耵聍对耳道起到一定的保护作用。

一、耵聍的主要作用

1.保护作用

耵聍腺分泌的耵聍可以对外耳道起到保护作用，就像一道屏障，能够阻止灰尘、沙粒、水以及一些微生物等异物进入耳道深部，减少这些物质对耳道和鼓膜的损伤及感染风险。

2.润滑作用

耵聍可以保持外耳道的湿润，防止耳道皮肤过于干燥而出现瘙痒、脱屑等问题，使耳道内环境保持相对稳定。

3. 抗菌作用

耵聍中含有一些特殊的成分，如溶菌酶等，具有一定的抗菌、杀菌能力，能够抑制外耳道内细菌、真菌等微生物的生长和繁殖，维持耳道内的微生态平衡。

二、耵聍腺的日常护理与检查

1. 定期检查

宠物主人应定期检查宠物的耳部，一般每周检查 1～2 次。观察耳道内是否有过多的耵聍堆积、颜色是否正常（正常的耵聍一般为淡黄色、干燥且量较少）、是否有异味、耳部皮肤是否有红肿等异常情况。如果发现宠物经常挠耳、摇头，或者耳部有明显的异味、分泌物增多等现象，要及时进行检查。

2. 正确清洁

根据宠物的耳部情况，定期进行耳部清洁，一般每 2～3 周清洁一次即可。清洁时，要使用宠物专用的耳部清洁液，将适量的清洁液滴入耳道内，轻轻按摩耳根，然后让宠物自行甩出耳道内的污垢和多余的清洁液，最后用棉球轻轻擦拭外耳道，但不要深入耳道内部，以免损伤耳道皮肤或鼓膜。

宠物的耵聍腺对其耳部健康至关重要，宠物主人需要了解相关知识并做好日常护理，以保障宠物的耳部健康。

在临床中，耵聍腺疾病主要是涉及宠物外耳道耵聍腺出现异常的一类病症，耵聍腺能分泌耵聍（俗称耳屎），当其功能失调或受到外界不良因素影响时就会引发相关疾病。常见的问题主要包括：耵聍过多、耵聍腺炎、耵聍腺囊肿、耵聍腺息肉、耵聍腺肿瘤等。

三、耵聍过多

宠物的耵聍腺如果分泌过于旺盛，或者由于外耳道狭窄、弯曲等解剖结构特点，导致耵聍排出不畅，就会出现耵聍过多的情况。

宠物耵聍过多是一种常见的耳部问题。

1. 病因

（1）品种因素。某些品种的宠物更容易出现耵聍过多的情况。例如，可卡犬、贵宾犬等耳朵下垂、耳道狭窄且弯曲的犬种，由于耳道通风不畅，耵聍排出困难，容易导致耵聍积聚。

（2）耳部感染。细菌、真菌或寄生虫感染可刺激耵聍腺，使其分泌更多的耵聍。如马拉色菌感染，常发生于猫和犬，尤其是长期处于潮湿环境或免疫力较低的宠物，感染后会引起耳道炎症，导致耵聍分泌异常增多。

（3）过敏反应。宠物对食物、花粉、尘螨等过敏原产生过敏反应时，可能会波及耳部，引起外耳道炎症，进而促使耵聍腺分泌过多耵聍。例如，有些宠物在春天花粉季，可能会出现耳部瘙痒、耵聍增多的症状。

（4）异物刺激。当宠物的耳道内进入灰尘、沙子、毛发等异物时，这些异物会刺激耳道黏膜和耵聍腺，导致耵聍分泌增加，试图将异物排出。

2. 临床症状

如瘙痒、频繁摇头、抓耳等症状，可能会引起宠物耳部不适。长期积累还可能堵塞耳道，影响听力，甚至引发感染。

(1)耳部瘙痒。过多的耵聍会刺激耳道皮肤，引起瘙痒感，宠物会频繁用爪子抓挠耳部，或在家具、墙壁等物体上摩擦耳朵。

(2)耳道异味。耵聍积聚过多，加上可能存在的细菌滋生，会导致耳道产生异味，通常为一种酸臭味或腐臭味。

(3)听力下降。大量耵聍堵塞耳道，会影响声音的传导，导致宠物听力下降，对声音的反应变得不灵敏。

3. 治疗

(1)定期清洁。按照前文提到的正确清洁方法，定期使用宠物专用耳部清洁液对宠物耳部进行清洁，帮助清除过多的耵聍，保持耳道清洁。

(2)治疗潜在疾病。如果耵聍过多是由耳部感染、过敏等疾病引起的，需要带宠物去宠物医院进行诊断和治疗。如感染引起的，可能需要使用抗生素、抗真菌药物等进行治疗；如过敏引起的，则需要找出过敏原，采取脱敏治疗或避免接触过敏原，并配合使用抗过敏药物和耳部抗炎药物。

(3)改善生活环境。保持宠物生活环境的清洁和干燥，定期清理宠物居住的场所，减少灰尘、过敏原等的存在。避免宠物长时间处于潮湿的环境中，如不要让宠物在潮湿的草地上长时间玩耍，洗澡后要及时擦干耳部。

四、耵聍腺炎

外耳道的细菌、真菌感染，过敏反应，异物刺激等因素都可能导致耵聍腺发生炎症。耵聍腺炎是宠物常见的耳部疾病。

1. 病因

(1)微生物感染。细菌(如葡萄球菌、链球菌)、真菌(如马拉色菌)或寄生虫(如耳痒螨)感染是引发耵聍腺炎的常见原因。这些微生物在耳道内大量繁殖，刺激耵聍腺，引发炎症。

(2)过敏反应。宠物对食物中的某些成分和环境中的花粉、尘螨、化学物质等过敏，可导致耳部发生过敏性炎症，波及耵聍腺。

(3)外伤。宠物在玩耍时耳部受到撞击，或者宠物主人在给宠物清洁耳朵时操作不当，如使用尖锐工具、用力过猛等，造成耳道黏膜损伤，使耵聍腺容易受到细菌等病原体的侵袭而发炎。

(4)耳部结构异常。一些宠物天生耳道狭窄、弯曲，或耳部毛发过多，导致耳道通风不良、耵聍排出不畅，容易滋生细菌，引发耵聍腺炎。

2. 临床症状

(1)耳部疼痛。宠物会表现出明显的疼痛反应，如触碰耳部时会躲避、挣扎，甚至发出叫声，摇头次数增多且动作剧烈。

(2)耳道红肿。耳道内皮肤呈现红肿状态，严重时可能会导致耳道狭窄，甚至堵塞。

(3)分泌物增多。耳道内有大量异常分泌物，可能是脓性、黏液性或豆腐渣样，颜色可为黄色、褐色或黑色，还伴有难闻的异味。

(4)听力障碍。炎症可能影响声音传导,导致宠物听力下降,对声音的反应变得迟钝。

(5)精神不振。由于耳部疼痛和不适,宠物可能会出现精神萎靡、食欲减退等全身性症状。

3.治疗

(1)清洁耳道。使用宠物专用的耳部清洁液,在麻醉或镇静状态下,由兽医师彻底清洗耳道内的分泌物、耵聍和炎性产物,以减少微生物滋生的环境。

(2)药物治疗。

①抗生素:如果是细菌感染引起的,根据病原菌类型选择合适的抗生素,如阿莫西林、头孢菌素等,以口服或耳部局部用药的方式进行治疗。

②抗真菌药物:针对真菌感染,可使用克霉唑、特比萘芬等抗真菌药物,以耳药水或药膏的形式涂抹于耳道内。

③糖皮质激素:对于过敏或炎症反应较严重的情况,可适当使用糖皮质激素,如地塞米松等,以减轻炎症和过敏症状,但使用剂量和疗程需严格遵循医嘱。

④驱虫药:若为耳痒螨感染,需使用伊维菌素、多拉菌素等驱虫药进行治疗,同时对宠物生活环境进行彻底清洁和消毒,防止再次感染。

(3)手术治疗。在耵聍腺炎反复发作、形成囊肿或肿瘤,或者耳道严重狭窄、闭锁等药物治疗无效的情况下,可能需要进行手术治疗,如外耳道切除术等。

4.预防

(1)定期检查耳部。每周至少检查1次宠物的耳部,观察是否有红肿、分泌物、异味等异常情况,以便早期发现问题并及时处理。

(2)保持耳部清洁。根据宠物的耳部状况,每2～3周使用宠物专用耳部清洁液进行1次耳部清洁,保持耳道清洁干燥。

(3)防止外伤。避免宠物耳部受到外力撞击,给宠物清洁耳朵时动作要轻柔,使用柔软的棉球和合适的工具。

(4)控制过敏因素。尽量避免宠物接触已知的过敏原,如在花粉季节减少外出,保持室内清洁,定期清洗宠物的生活用品等。对于食物过敏的宠物,要选择合适的低敏食物。

(5)增强免疫力。提供营养均衡的食物,保证宠物有充足的运动和良好的休息,以增强宠物的免疫力,降低感染疾病的风险。

五、耵聍腺囊肿

耵聍腺囊肿是宠物耳部较为常见的一种疾病。

1.病因

(1)腺管堵塞。宠物耵聍腺的腺管可能因各种原因发生堵塞,如耵聍分泌过多且排出不畅、耳道内的炎症导致腺管周围组织肿胀压迫腺管等,使得耵聍无法正常排出,腺管内的分泌物不断积聚,从而形成囊肿。

(2)感染因素。耳部的细菌、病毒或真菌感染可引起耵聍腺的炎症反应,炎症刺激会导致腺管上皮细胞增生,腺管狭窄或堵塞,进而促使囊肿形成。例如,长期感染耳痒螨的宠物,耳部炎症持续存在,容易引发耵聍腺囊肿。

(3)外伤影响。耳部遭受外力撞击、抓伤或在耳部操作(如耳道清洁不当)时造成损伤,使耵聍腺及其腺管受损,在愈合过程中可能形成瘢痕组织,导致腺管堵塞,引发囊肿。

2.临床症状

(1)耳部肿块。在宠物的耳部可以触摸到明显的肿块,通常位于耳道周围或耳郭附近,肿块大小不一,小的可能如米粒般,大的可能会占据整个耳部的一部分,质地一般较软,有弹性,边界相对清晰。

(2)耳部不适。宠物可能会频繁地抓挠耳朵、摇头,试图缓解耳部的不适感。这是因为囊肿会对周围组织产生压迫,引起疼痛和瘙痒感。

(3)耳道分泌物异常。囊肿可能会导致耳道内分泌物增多,分泌物的性质可能因是否合并感染而有所不同。未感染时,分泌物可能为淡黄色、透明的黏液;若发生感染,则可能出现脓性、有异味的分泌物。

(4)听力变化。当囊肿较大,堵塞耳道时,可能会影响声音的传导,导致宠物听力下降,对声音的反应变得不灵敏。

3.治疗

(1)药物治疗。对于较小且无明显感染的耵聍腺囊肿,可先尝试药物治疗。如使用含有糖皮质激素的耳部药物,以减轻炎症反应,促进囊肿的吸收;若存在感染,则根据感染的病原体类型,选择相应的抗生素或抗真菌药物进行治疗,如阿莫西林、伊曲康唑等。

(2)手术治疗。

①囊肿切除术:对于较大、药物治疗无效或反复发作的耵聍腺囊肿,通常采用手术切除的方法。手术时,兽医师在囊肿周围做切口,将囊肿完整地切除,以防止复发。

②外耳道成形术:如果囊肿已经导致外耳道严重变形或狭窄,可能需要进行外耳道成形术,以恢复外耳道的正常形态和功能,保证耳部的正常生理功能。

③穿刺抽吸:在一些情况下,可在局部麻醉下,使用注射器对囊肿进行穿刺抽吸,将囊肿内的液体抽出,以缓解囊肿对周围组织的压迫。但这种方法可能复发率较高,一般需要结合药物治疗或后续观察。

4.预防

(1)术后护理。手术后要保持宠物耳部的清洁和干燥,防止伤口感染。按照兽医师的建议定期给宠物更换耳部的敷料,按时服用消炎药和止痛药。限制宠物的活动,避免其抓挠耳部,防止伤口裂开。

(2)日常预防。定期使用宠物专用的耳部清洁液为宠物清洁耳朵,保持耳道的清洁和通畅,防止耵聍积聚。避免让宠物的耳部受到外伤,给宠物洗澡时要注意防止水进入耳朵。对于有耳部疾病史或易患耳部疾病的宠物品种,要定期带它去宠物医院进行耳部检查,以便早期发现并及时处理问题。

六、耵聍腺息肉

耵聍腺息肉是耵聍腺过度增生形成的一种良性肿物,是一种在宠物耳部较为常见的疾病。主要由耵聍腺受到持续刺激引发,如长期的外耳道感染、耳道内异物刺激、频繁不当地清理耳道等，导致耵聍腺细胞过度增殖形成息肉。

1.病因

(1)感染因素。宠物外耳道感染细菌、真菌或寄生虫，如耳痒螨，长期的炎症刺激可使耵聍腺组织发生异常增生，进而形成息肉。

(2)过敏反应。宠物对食物、花粉、尘螨等物质过敏，引发外耳道的过敏反应，反复的过敏炎症会促使耵聍腺过度生长，形成息肉。

(3)外伤因素。宠物耳部受到外伤，如抓伤、咬伤或异物刺入等，损伤外耳道皮肤和耵聍腺，在愈合过程中，耵聍腺可能出现异常增生，导致息肉形成。

2.临床症状

(1)耳部肿物。在宠物的耳部出现单个或多个，大小不等的肿物，大的肿物可能会占据整个耳部(图 6-17)。

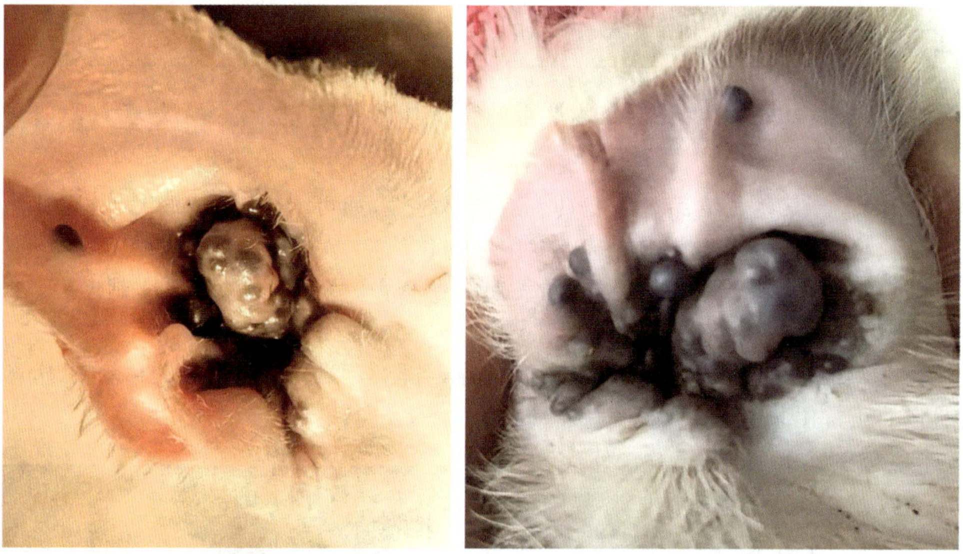

图 6-17　耳道耵聍腺息肉

(2)耳部瘙痒、红肿、躲避触碰。宠物会频繁地用爪子挠耳朵，或在家具、墙壁等物体上蹭耳朵，试图缓解耳部的不适。当宠物主人试图触碰宠物的耳朵时，它们会表现出明显的抗拒，可能会躲开或者发出叫声，这是因为耳部的疼痛使它们不愿意让耳朵被触碰。

(3)分泌物异常、耳部异味。息肉可能导致耳部分泌物增多，且容易滋生细菌，使宠物耳朵散发出难闻的气味。

(4)听力下降、平衡失调。随着息肉的增大，可能会堵塞耳道，影响声音的传导，导致宠物对声音的反应变得迟钝。严重时，宠物可能会出现平衡失调的症状，表现为走路不稳、摇头晃脑等。

3.诊断方法

(1)临床检查。兽医师对宠物的耳部进行肉眼观察，查看外耳道是否有红肿、分泌物增多、肿物等情况，同时触诊耳部，检查是否有疼痛反应。

(2)耳镜检查。使用耳镜可以更清晰地观察外耳道和鼓膜的情况，确定息肉的位置、大小和形态，还能判断是否存在其他耳部疾病。

(3)实验室检查。采集耳部分泌物进行显微镜检查,可判断是否存在感染以及感染的类型,如细菌、真菌或耳螨等病原体。有时还需要进行血液检查,以便了解宠物的整体健康状况,判断是否存在潜在的全身性疾病导致免疫力下降,从而引发耳部问题。

4.治疗

(1)药物辅助治疗。如果息肉较小且症状不严重,可以尝试用抗生素和抗炎药物来控制感染和炎症。避免对宠物使用有刺激性的药物。

(2)手术治疗。对于较大的息肉或药物无效的情况,手术切除是治疗宠物耵聍腺息肉的主要方法。在全身麻醉情况下,兽医师通过手术将息肉完整切除。对于一些根部较深或与周围组织粘连较紧密的息肉,可能需要采用耳道成形术等更复杂的手术方式,以确保息肉被彻底清除,降低复发的风险。如果术前耳部存在感染,需要使用抗生素或抗真菌药物进行局部治疗,以减少手术感染的风险。术后防止感染和促进伤口愈合。

七、耵聍腺肿瘤

耵聍腺肿瘤是一种相对少见但较为严重的宠物耳部疾病。

1.病因

(1)遗传因素。某些宠物品种可能具有遗传易感性,如可卡犬、雪纳瑞犬等,比其他品种更容易发生耵聍腺肿瘤,可能与特定的基因缺陷或遗传突变有关。

(2)长期炎症刺激。慢性耳部炎症,如长期的中耳炎、外耳道炎等,持续刺激耵聍腺细胞,可能导致细胞异常增生,进而引发肿瘤。

(3)病毒感染。某些病毒,如乳头状瘤病毒等,可能与耵聍腺肿瘤的发生有关,病毒感染可能影响细胞的正常生长和分裂,促使肿瘤形成。

(4)环境因素。长期暴露于紫外线、化学物质等环境致癌物中,可能增加耵聍腺肿瘤的发病风险。例如,宠物长期在阳光下曝晒,耳部皮肤和耵聍腺受到紫外线辐射,可能导致细胞损伤和突变。

2.临床症状

(1)耳部肿块。宠物耳部出现肿块是最主要的症状,肿块可能位于外耳道、耳郭或耳周皮肤下,质地较硬,边界可能不清晰,有时可呈结节状或菜花状(图6-18)。

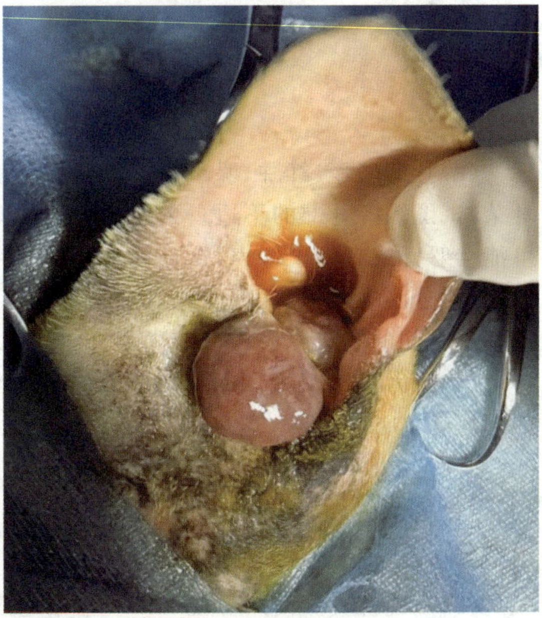

图6-18 耵聍腺肿瘤

(2)耳部出血。肿瘤生长过程中,可能会侵犯耳部的血管,导致耳部出现出血现象,表现为耳道内有血性分泌物,或在耳部周围可见血迹。

(3)听力障碍。随着肿瘤的增大,可能会堵塞耳道,影响声音的传导,导致宠物听力逐渐下降,对声音的反应变得迟钝。

(4)面神经麻痹。如果肿瘤侵犯到面神经,可能会引起面神经麻痹,表现为宠物一侧面部肌肉松弛、眼睑不能闭合、嘴角歪斜、流口水等症状。

(5)全身性症状。当肿瘤发生转移时,可能会出现全身性症状,如食欲不振、体重下降、精神萎靡、淋巴结肿大等。

3.诊断方法

(1)临床检查。兽医师对宠物进行全面的临床检查,包括观察耳部肿块的形态、大小、位置、质地等,检查耳部是否有出血、分泌物,以及评估宠物的听力、面神经功能等。

(2)影像学检查。常用的影像学检查方法包括 X 线、B 超、CT 或 MRI 等,可以帮助兽医师了解肿瘤的范围、是否侵犯周围组织和骨骼,以及是否有患处转移等情况。

(3)病理检查。病理检查是确诊耵聍腺肿瘤的金标准。一般通过手术切除部分或全部肿瘤组织,进行病理切片检查,观察细胞形态、结构等,以确定肿瘤的性质(良性或恶性)、类型和分级。

4.治疗

(1)手术治疗。手术切除是治疗耵聍腺肿瘤的主要方法,对于早期、局限性的肿瘤,完整切除肿瘤组织可以达到较好的治疗效果。根据肿瘤的位置和范围,可能需要进行外耳道切除术、耳郭切除术等。

(2)放射治疗。对于无法完全切除或术后有残留的肿瘤,放射治疗可以作为辅助治疗手段,通过高能射线杀死肿瘤细胞,抑制肿瘤的生长和复发。

(3)化学治疗。对于恶性程度较高、已经发生转移或手术后复发的肿瘤,化学治疗可以使用抗肿瘤药物,通过血液循环到达全身,杀死肿瘤细胞。常用的化疗药物有多柔比星等。

5.预后

耵聍腺肿瘤的预后取决于肿瘤的性质、大小、位置,是否转移,以及治疗方法等多种因素。一般来说,良性肿瘤手术切除后预后较好,复发率较低。

恶性肿瘤如果发现较早,在未发生转移前进行了彻底的手术切除,并结合术后的放疗等综合治疗,部分宠物也可以获得较好的治疗效果,延长生存期。但如果发现肿瘤较晚,已经发生转移,预后通常较差,宠物的生存期可能较短。

第六节　其他耳部疾病

宠物的耳道疾病除前面提到的外耳炎、中耳炎、内耳炎外,还有以下几种。

一、鼓膜穿孔

1.病因

(1)外伤。如头部受到撞击、耳部被尖锐物体刺伤,或者在给犬清理耳朵时操作不当,都可能导致鼓膜穿孔。

(2)感染。严重的中耳炎、内耳炎,炎症侵蚀鼓膜,可使其穿孔,为细菌等病原体进一步入侵提供了通道。

2. 临床症状

宠物可能出现耳部疼痛、听力下降，有时可见耳道内有血液或脓性分泌物，头部可能会不由自主地向患侧倾斜。

二、外耳道息肉

耳道炎症性息肉是一种发生在耳道内的增生物，通常是在长期的耳道炎症刺激下，耳道黏膜等组织出现异常增生而形成的息肉样病变，在犬类中较为常见，也可能出现在其他动物中。

1. 病因

(1)慢性炎症刺激。长期的外耳炎、中耳炎等耳部炎症未得到有效控制，炎症因子持续作用于耳道内的黏膜、结缔组织等，促使细胞异常增殖，进而逐渐形成息肉。

(2)过敏反应。宠物对某些食物、环境中的过敏原(如花粉、尘螨等)过敏，当过敏反应累及耳部时，耳道内会处于一种长期的炎症状态，这种炎症环境也有可能诱发息肉产生。

2. 临床症状

通常，息肉呈红色或粉红色，有些是灰白色，大小形状各异，表面光滑或呈桑葚状(图 6-19)。息肉较小时可能无明显症状，随着息肉的增大，可能出现耳部瘙痒、疼痛、听力减退，严重时可能影响宠物平衡，有分泌物增多、异味等表现。

兽医师一般通过耳部视诊可看到外耳道内的息肉样肿物，结合检耳镜检查能更清晰地观察其形态、大小、位置及与周围组织的关系，还可能进行血常规、C 反应蛋白等检查判断炎症情况。

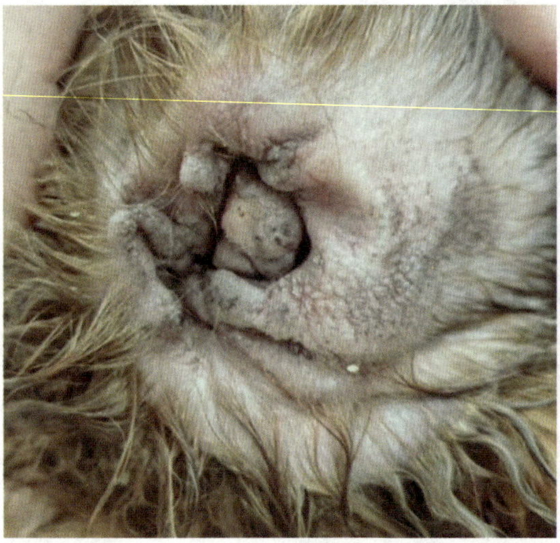

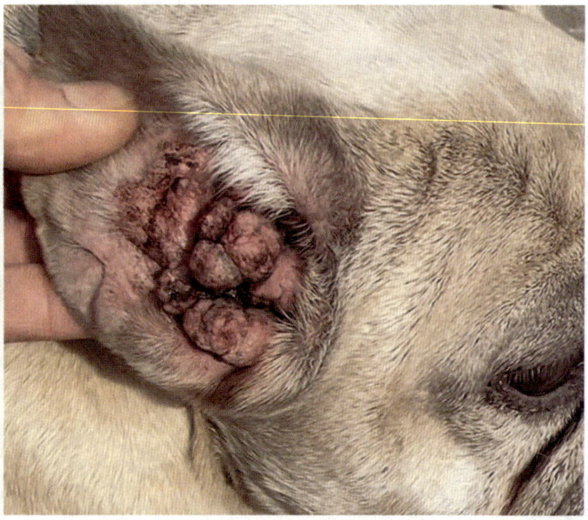

图 6-19　宠物外耳道息肉

三、先天性耳道畸形

1. 病因

先天性耳道畸形主要是遗传因素导致，某些犬种如杜宾犬、雪纳瑞犬等可能具有较高的发病风险，在胚胎发育过程中，耳道的形成出现异常，导致耳道闭锁、狭窄或形态异常。

2. 临床症状

先天性耳道畸形可能表现为耳道完全闭锁，无明显的外耳道口，或者耳道明显狭窄，容易导致耳垢积聚、感染，引起耳部疼痛、瘙痒、听力障碍等症状，且往往双侧耳朵同时受累。

四、耳垢栓塞

1. 病因

（1）耳垢分泌过多。某些犬猫品种如贵宾犬、比熊犬等，耳垢分泌相对旺盛，如果不及时清理，容易形成栓塞。

（2）耳道狭窄或畸形。先天性的耳道狭窄或畸形，使得耳垢排出不畅，容易积聚形成栓塞。

（3）长期不清理。宠物主人不重视犬猫耳部卫生，长期不清理耳道，耳垢会逐渐堆积，最终形成栓塞。

2. 临床症状

耳道内有大量黑色或棕色的耳垢堆积，可部分或完全堵塞耳道，导致犬猫听力下降，耳部有闷胀感，可能伴有轻度瘙痒和异味。

五、耳道肿瘤

1. 病因

（1）长期炎症刺激。慢性外耳炎、中耳炎等长期反复发作，可能导致耳道黏膜细胞异常增生，引发肿瘤（图 6-20）。

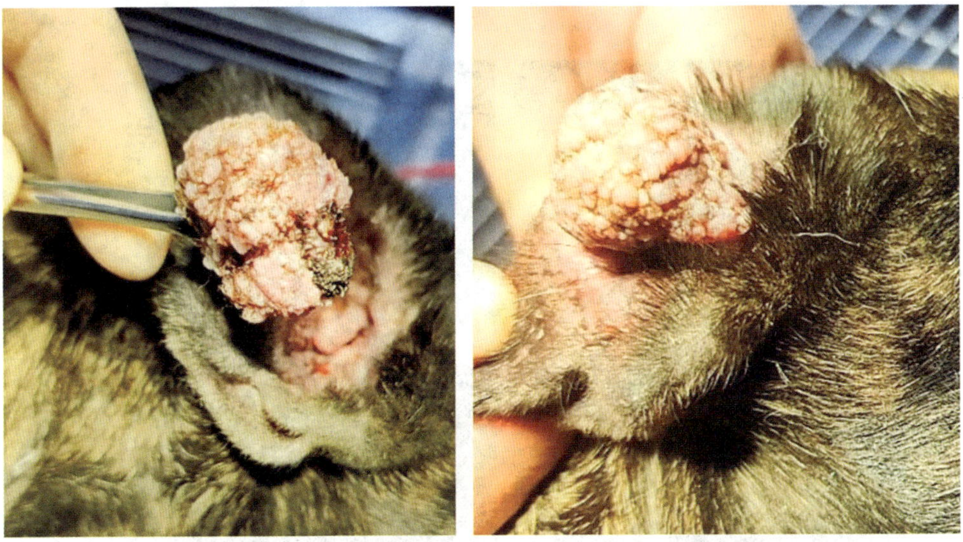

图 6-20　宠物外耳道肿瘤

（2）病毒感染。某些病毒如乳头状瘤病毒，可能与耳道肿瘤的发生有关。

(3)遗传因素。部分犬猫品种可能存在遗传易感性,如可卡犬等,患耳道肿瘤的风险相对较高。

2. 临床症状

耳道内或周围可见新生物,初期可能无症状,随着肿瘤增大,出现耳部出血、分泌物增多、听力下降、疼痛等症状,严重时还会影响面部神经功能,导致面部肌肉麻痹。

六、耳血肿

1. 病因

(1)剧烈摇头或抓挠。宠物因耳部瘙痒、疼痛等,频繁剧烈地摇头或用爪子抓挠耳朵,导致耳部的血管破裂,血液积聚在耳郭的软骨与皮肤之间,形成血肿。常见于患有耳痒螨、外耳炎等耳部疾病的猫。

(2)凝血功能异常。猫的凝血机制出现问题,如血小板减少、凝血因子缺乏等,即使是轻微的耳部损伤,也可能导致出血不止,进而形成血肿。

2. 临床症状

耳郭明显肿胀,触之有波动感,初期可能呈紫红色,随着时间推移,血肿会逐渐变硬(图 6-21、图 6-22)。猫可能会因耳部不适而表现出烦躁不安、摇头、抓耳等行为。

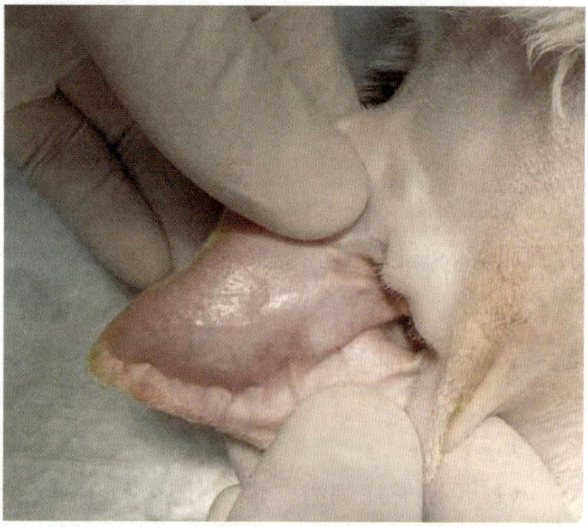

图 6-21 犬耳血肿

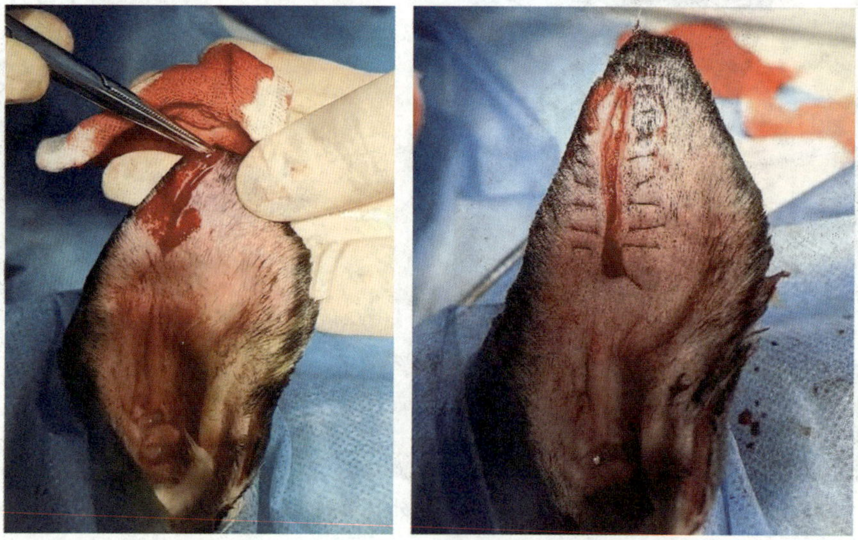

图 6-22 犬耳血肿处理前后

第七章 过敏性与超敏性皮肤病

知识目标
1. 犬特异性皮炎。
2. 猫常见的过敏性皮肤病。

能力目标
1. 掌握犬特异性皮炎的病因、临床症状、鉴别诊断、防治措施等。
2. 掌握猫常见的过敏性皮肤病的临床症状及防治措施。

素质目标
1. 培养职业道德与责任感，强化关爱动物、尊重生命的意识，在诊疗中注重减少宠物应激，体现兽医人文关怀。
2. 保持对宠物皮肤病领域新知识、新技术的学习热情，关注国内外相关研究进展和临床实践经验，不断更新自己的知识体系，提升专业技能水平。
3. 具备团队协作精神，在诊疗过程中与同事密切配合，共同探讨疑难病例，分享经验和见解，提高团队整体的诊疗水平。
4. 在面对宠物因皮肤病引发的突发情况(如过敏性休克等)时，能够保持冷静，迅速做出判断并采取有效的急救措施。

第一节 犬特异性皮炎

犬特异性皮炎是兽医临床中一种常见的皮肤病，有遗传性素质的炎性、瘙痒性和过敏性皮肤病，临床特征明显。发病时会涉及皮肤结构、免疫系统和生活环境等多个方面因素相互作用。犬特异性皮炎存在表皮屏障缺陷，因而更易致使抗原、刺激物和微生物入侵。治疗方案应该着重于控制能确诊的因素。

一、病因

犬特异性皮炎的发病机制很复杂，尚不清楚，遗传和环境因素决定着临床疾病的易感性。环境过敏原和(或)食物过敏原，微生物或昆虫来源的致敏作用，能导致皮肤被炎性细胞、激活的自体细胞和局部产生的炎性介质所浸润。诱因包括表皮屏障功能缺陷，皮肤的细菌(通常为假中间型葡萄球菌)和酵母菌(通常为马拉色菌)感染,精神性因素和并发的皮肤病。这些因素是相互关联的,且大多数情况下不清楚它们是否代表原发病因还是继发现象。有多个因素会引发皮肤炎症反应和瘙痒。

二、临床症状

犬特异性皮炎(AD)最常见于抗环境过敏原的 IgE 抗体,是犬最常见的皮肤病之一,发病犬占犬总数的 3%~15%,在兽医临床上,犬皮肤病病例占总病例数的 3%~58%。犬特异性皮炎诊断基于典型临床特征,能够排除其他症状相似的疾病。因此,临床诊断没必要采取更多的诊断试验,如皮内试验或血清 IgE 试验,这些试验可以用于定向治疗(如脱敏治疗)。应该对犬特异性皮炎进行合理的临床管理,因为特异性皮炎通常是终生疾病,可以被控制但是很少治愈。

犬特异性皮炎的典型发病年龄是 6 月龄至 3 岁,最重要的临床表现是瘙痒,皮肤病变主要分布于嘴,眼(特别是表现为结膜炎),耳,肘部、腕关节和跗关节的屈曲面,趾和趾间皮肤,腹部,会阴和尾根腹侧皮肤。临床症状表现为季节性发病,或是全年发病(更常见),或是全年发病而季节性加重。病例症状表现不尽相同,甚至差异很大,但是基本的症状都会包括瘙痒、慢性复发性皮炎、过敏病史和皮肤经典症候群症(图 7-1)。

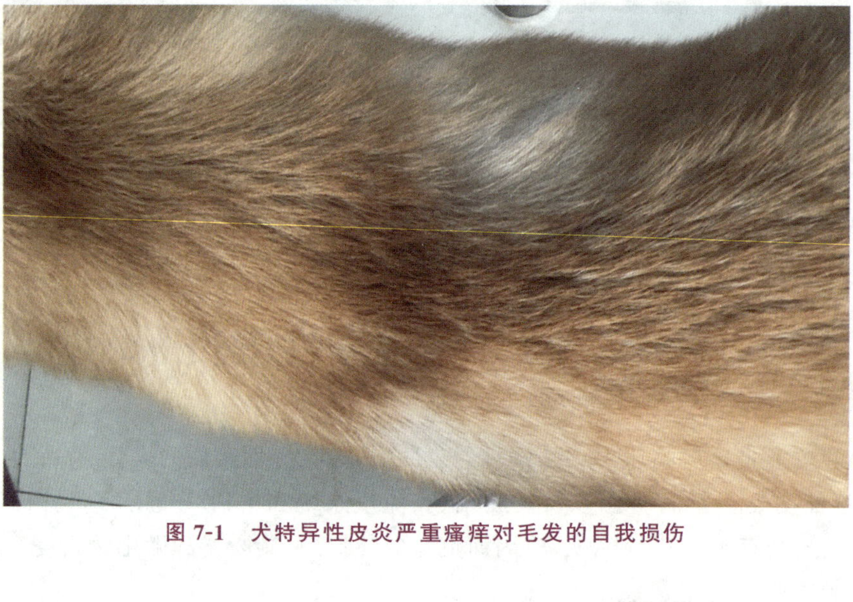

图 7-1　犬特异性皮炎严重瘙痒对毛发的自我损伤

三、诊断方法

细菌和酵母菌感染常继发于犬特异性皮炎,应该先考虑对其进行全身(或)外部治疗,随后定期进行外部治疗以防止感染复发。并发食物过敏时,应该通过食物排除、激发试验得到确诊,随后应当饲喂合理的低过敏性食物。

四、预防

细菌感染、真菌感染、食物过敏等均可引起犬特异性皮炎。体外寄生虫，特别是跳蚤，不是特异性皮炎的病因，而是一种混合因素，会使瘙痒加重，因此需要进行预防。

五、治疗

根据犬特异性皮炎临床症状的严重程度，以及宠物主人的意愿和期望值，进行对症治疗和(或)环境过敏的特异性干预治疗(回避过敏原，脱敏治疗)。对症治疗包括使用糖皮质激素(全身或外部)、环孢素和奥拉替尼。其他治疗方式经证实疗效较低或少有疗效，包括抗组胺药、右美沙芬、脂肪酸、猫欧米伽干扰素、米索前列醇、已酮可可碱、特异性 5-羟色胺重吸收抑制剂和三环类抗抑郁药。治疗方法应该进行定期评估，并且根据个体需求而适当调整。通过多种治疗方法相结合，达到优点最大化、缺点最小化，通常可以实现有效的长期控制。

第二节　猫过敏性皮肤病

目前，对于猫过敏性皮肤病了解甚少，大多数的数据是由少数皮肤科医生的临床观察得来的。高度怀疑免疫球蛋白(IgE)在这些疾病中有确切的作用。特异性皮炎一词通常是指 IgE 介导的疾病，而本文中所用的术语是猫过敏性皮炎。这个术语中包含了所有慢性和复发性的瘙痒性皮肤病和对糖皮质激素治疗有反应的皮肤病，并排除了那些由跳蚤或潜在的由跳蚤或其他外寄生虫或皮肤癣菌引起的皮肤病、精神性皮肤病、细菌性皮肤病和病毒性皮肤病。可能有些品种具有易感性(如阿比西尼亚猫)。

跳蚤叮咬过敏是猫过敏性皮炎最重要的鉴别诊断，跳蚤过敏的患猫可能会表现四种模式：粟粒性皮炎、头颈部表皮糜烂或溃疡、嗜酸性皮炎和对称性脱毛。

一、临床症状

普遍认为过敏的患猫至少呈现下列皮肤反应模式之一。

(1)粟粒性皮炎。

(2)头颈部表皮糜烂或溃疡(图 7-2、图 7-3)。

(3)嗜酸性斑块或肉芽肿，包括惰性溃疡和下巴油腻，见图 7-4 至图 7-6。

(4)自我损伤导致的对称性脱毛(图 7-7)。

而这些模式中没有哪个是能用于确诊的特别因素。过敏性皮炎患猫常出现多个表现模式，还可能涉及身体多个部位。但病变的类型和严重程度，或皮炎的程度都不能用于预测疾病是由食物还是环境过敏原引起的。

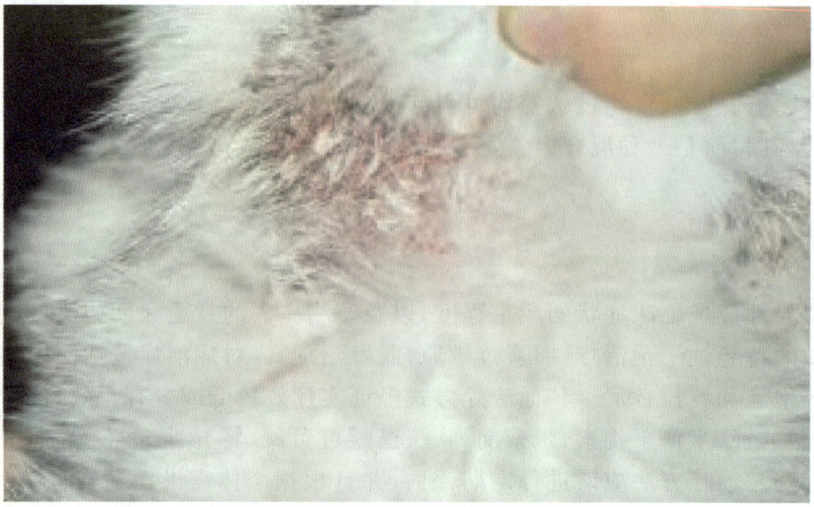

图 7-2　患猫颈部至口周的糜烂、溃疡

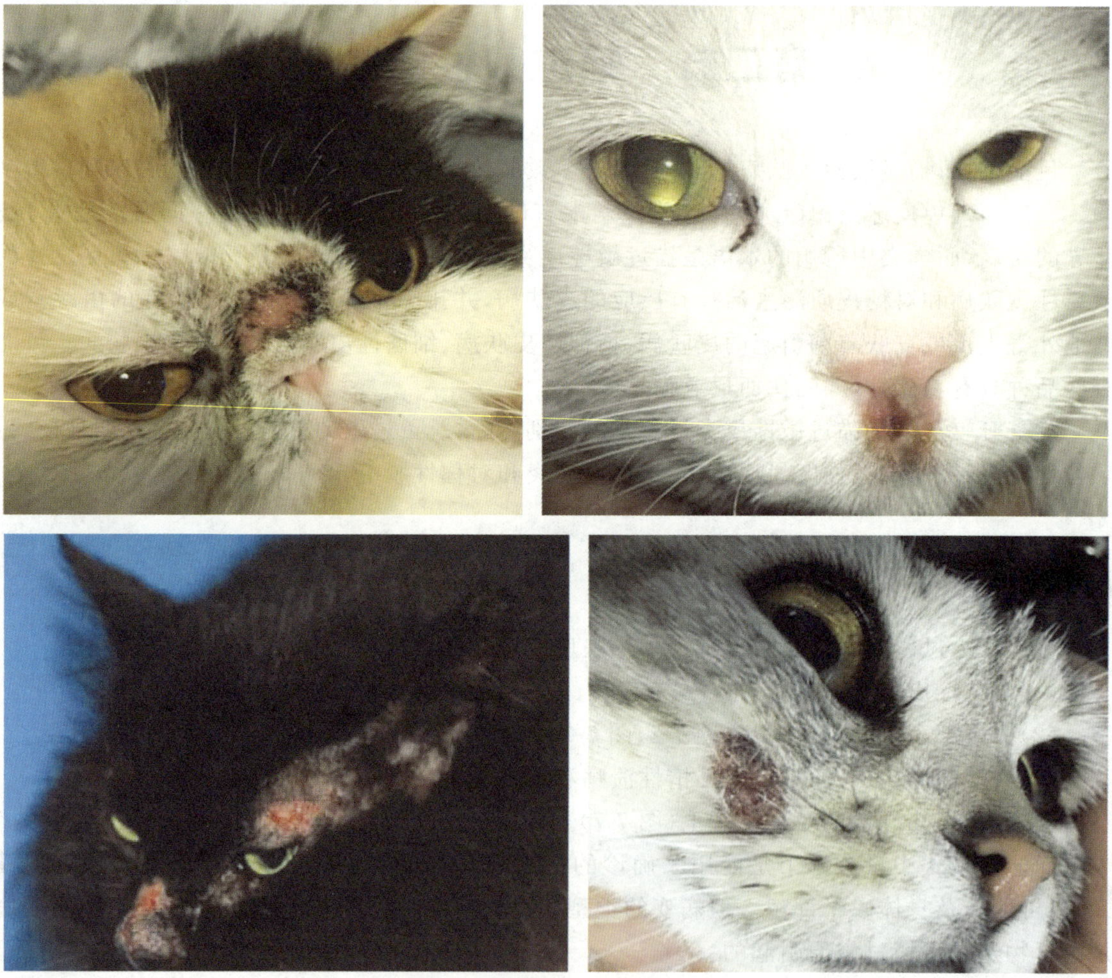

图 7-3　患猫头面部的糜烂、溃疡

图 7-4　过敏性皮炎患猫上唇的惰性溃疡

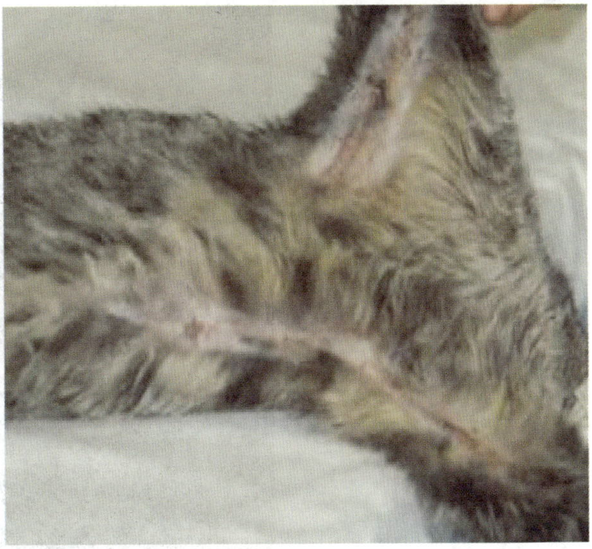

图 7-5　过敏性皮炎患猫大腿内侧的线性肉芽肿

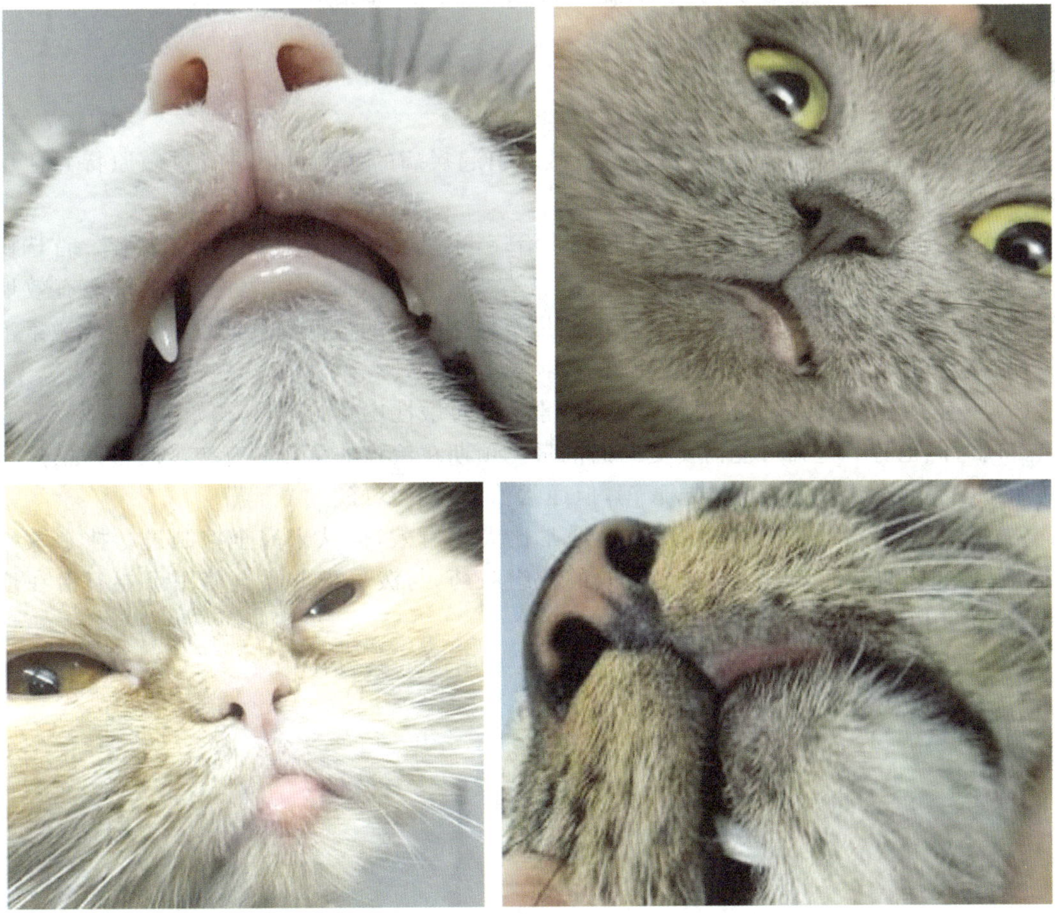

图 7-6　嗜酸性肉芽肿

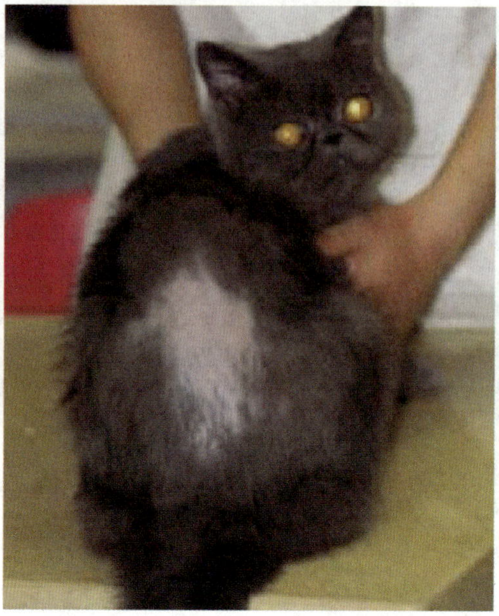

图 7-7　过敏性皮炎患猫，瘙痒引起自我损伤导致背后部的对称性脱毛

二、治疗

(1)过敏原特异性免疫治疗。由环境过敏原引起疾病的病例可以进行过敏原特异性免疫治疗，这似乎是一种安全的长期治疗。

(2)糖皮质激素。一种过敏性皮炎的有效治疗，也是目前临床中最常见的治疗。首选口服治疗，剂量为 1～2 mg/kg 体重的泼尼松龙通常有效。应避免使用泼尼松，因猫不能有效地将泼尼松代谢为泼尼松龙。应尽快逐渐减少剂量至控制瘙痒的最低隔日剂量。糖皮质激素治疗的长期风险包括肥胖、糖尿病和继发感染等。

(3)环孢素。是一种适当的替代糖皮质激素治疗过敏性皮炎的药物，初始剂量应为 5 mg/kg 体重，口服，但也有一些猫可能需要更高的剂量。预期在治疗的第 2 周有初步改善。虽然在治疗初始阶段有时会出现呕吐和(或)腹泻，但通常治疗耐受良好。

(4)抗组胺药。治疗猫过敏性皮肤病通常比犬更有效，但从未完全控制过。扑尔敏(2～4 mg/kg 体重，口服 q 12 h)是对猫最有效的抗组胺药，与泼尼松龙联合使用可能有潜在地降低类固醇使用的作用。

第八章 内分泌性皮肤病

知识目标

1. 犬肾上腺皮质功能亢进症。
2. 甲状腺功能减退。
3. 糖尿病。

能力目标

1. 熟知宠物内分泌系统的组成，包括甲状腺、肾上腺、性腺等内分泌器官的解剖位置、生理功能及其分泌的各类激素，理解内分泌系统对宠物整体生理平衡的调节机制。
2. 掌握常见内分泌性皮肤病的典型临床症状，如对称性脱毛、皮肤色素沉着、皮肤变薄或增厚，以及可能伴随的全身性症状(如多饮、多尿等)。
3. 掌握常用的诊断方法，包括详细的病史询问、与内分泌相关的体格检查及实验室检验、内分泌器官的影像学检查、皮肤组织病理学检查等。

素质目标

1. 培养职业道德与责任感，强化关爱动物、尊重生命的意识，在诊疗中注重减少宠物应激，严谨对待每一个诊断和治疗环节，确保医疗质量。
2. 保持对宠物皮肤病领域新知识、新技术的学习热情，关注国内外相关研究进展和临床实践经验，不断更新自己的知识体系，提升专业技能水平。
3. 具备团队协作精神，在诊疗过程中与同事密切配合，共同探讨疑难病例，分享经验和见解，提高团队整体的诊疗水平。
4. 在面对宠物内分泌性皮肤病诊疗过程中的突发情况时，能够保持冷静，迅速分析原因并采取有效的应对措施。具备良好的心理调适能力，应对工作中的压力和挑战，保持积极的工作态度。

内分泌是分泌细胞所产生的激素直接进入体液中，以体液为媒介对靶细胞产生效应的一种分泌形式。内分泌系统参与调节宠物机体的生长发育、新陈代谢、生殖衰老等许多生理活动和生命现象，协同各种生化酶维持机体内环境的相对稳定，使机体能够适应复杂多变的外界环境。在各种因素的作用下，内分泌系统出现失调时，机体就会随之表现出各种体征。皮肤是多种激素的靶器官，许多内分泌疾病都会表现皮肤病变。

皮肤是宠物机体最大的器官，覆盖于宠物的全身体表，由表皮、真皮和皮下组织构成，并含有毛囊、皮脂腺、汗腺、趾爪等附属器官以及丰富的血管、淋巴管和神经。皮肤起着稳定机体内环境的重要作用，一方面防止体内水分、电解质和其他物质丢失，另一方面阻止外界有害物质侵入，使体内各种组织和器官免受机械性、物理性、化学性因素的伤害和病原微生物的侵袭。此外，皮肤还参与机体的代谢过程。皮肤上述正常结构和功能的保持，受到多种激素的调节，许多内分泌疾病引起机体内分泌失调时，都会使皮肤在激素过多或缺乏的影响下受到损害，导致皮肤病的出现。甲状腺功能减退可引起脱毛、脂溢性皮炎和皮肤反复感染。肾上腺皮质功能亢进可引起双侧对称性脱毛、脓皮病和皮肤钙质沉着。雌激素过多可引起双侧对称性脱毛、黑头粉刺、脂溢性皮炎、色素沉着，在雄犬，可引起阴茎腹侧发生线状包皮炎。雄激素过多可引起皮脂腺和肛周腺增生、分泌过度和油性脂溢性皮炎。

常见的内分泌性疾病有肾上腺皮质功能亢进(库欣综合征)、甲状腺功能减退、雄激素分泌过剩、卵巢囊肿和子宫内膜增厚 、X 脱毛(如肾上腺激素失衡、生长激素过少)、犬再发性肋腹部脱毛(季节性、周期性)、垂体性侏儒症等。

第一节　犬肾上腺皮质功能亢进症

肾上腺皮质功能亢进症，又称为库欣综合征，属于内分泌性疾病，是由肾上腺皮质长期过量分泌糖皮质激素引起的一种综合征。犬比猫发生率高，与犬的品种纯度有关，是犬最常见的内分泌疾病之一。健康犬脑垂体分泌一种激素 ACTH，该激素可以刺激肾上腺产生激素，参与机体各个系统功能调节。如果脑垂体或肾上腺发生问题，会引起一种或数种肾上腺皮质激素分泌过多，这主要是由糖皮质激素中的皮质醇分泌过多引起的，继而发生包括皮肤问题在内的一系列临床症状。

一、　肾上腺的解剖生理学

肾上腺是非常重要的内分泌器官，分为皮质和髓质两部分。

1. 皮质

肾上腺皮质较厚，位于表层，约占肾上腺的 80%，从外往里可分为三部分：球状带、束状带、网状带。

(1)球状带分泌盐皮质激素，主要是醛固酮。盐皮质激素的主要生理作用是促进肾小管重吸收钠而保留水，并排泄钾。它与下丘脑分泌的抗利尿激素相互协调，共同维持体内水、电解质的平衡。

(2)束状带分泌糖皮质激素，主要是皮质醇。糖皮质激素具有调节糖、脂肪和蛋白质的生物合成与代谢的作用，还具有抑制免疫应答、抗炎、抗毒、抗休克作用。它对骨骼肌、红细胞的产生、免疫系统以及肾脏都有重要影响。称其为“糖皮质激素”是因为其调节糖类代谢的活性最早为人们所认识。

(3)网状带主要分泌性激素，如脱氢表雄酮和雌二醇，也能分泌少量的糖皮质激素。由于分泌量很少，所以对健康宠物没有太大影响。

2. 髓质

肾上腺髓质，位于肾上腺的中央。肾上腺髓质分泌肾上腺素和去甲肾上腺素。前者的主要功能是作用于心肌，使心跳加快、加强；后者的主要作用是使小动脉平滑肌收缩，从而使血压升高。

二、临床症状

肾上腺皮质功能亢进有两种类型，一种是垂体依赖性肾上腺皮质功能亢进（PDH 型），多由脑垂体的肿瘤引起，大约占到肾上腺皮质功能亢进病例的 80%，小型犬患此型偏多，平均年龄 10～11 岁；另一种是肾上腺肿瘤性肾上腺皮质功能亢进（AT 型），通常由肾上腺肿瘤引起，体重在 20 kg 以上的大型犬患此型偏多，平均年龄 11～12 岁；临床上还经常可以看到医源性的库欣综合征，是由于长期给予犬大剂量糖皮质激素引起的，停药后可好转。

临床症状主要表现为多饮多尿、食欲增加、腹围增大、皮肤变薄、对称性脱毛（图 8-1）、皮肤钙质沉着，类固醇性肝病、高脂血症、高血糖等。中老年犬多发，2～16 岁犬都有发生，无明显的性别和品种差异。在猫中也可能发生该病，发病率比较低，而且 80%的猫并发糖尿病。

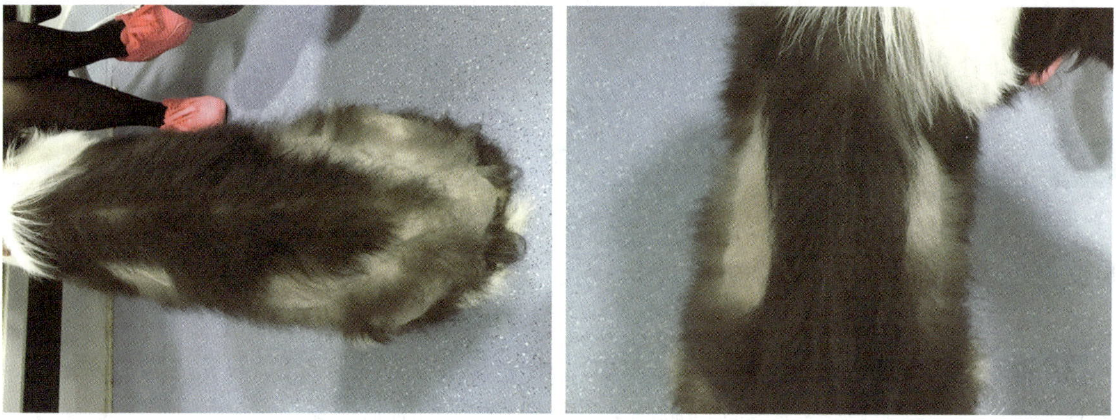

图 8-1　内分泌引起的对称性脱毛

随着糖皮质激素（皮质醇）的缓慢升高，患犬会发生皮质醇升高的典型临床症状和机体损伤。由于病程进展十分缓慢，宠物主人常常会认为宠物的变化是因为年老的缘故，大多数犬在发生临床症状 1～6 年才被诊断出该病。宠物主人带犬就诊往往是因为皮肤的问题。

1. 皮质醇增多症

血液中高浓度皮质醇可能会阻碍抗利尿激素的生成或释放，导致患犬出现多尿和多饮。糖皮质激素直接作用于食欲中枢，约 80%的病犬食欲增强；肝脏肿大，腹肌无力，腹部膨大下垂。病犬表皮和真皮萎缩，皮肤菲薄，形成皱襞，血管显露（图 8-2），腹部可见很多粉刺，鳞屑增加，皮肤呈纤细的砂纸样。皮肤容易受损伤并且不易愈合。

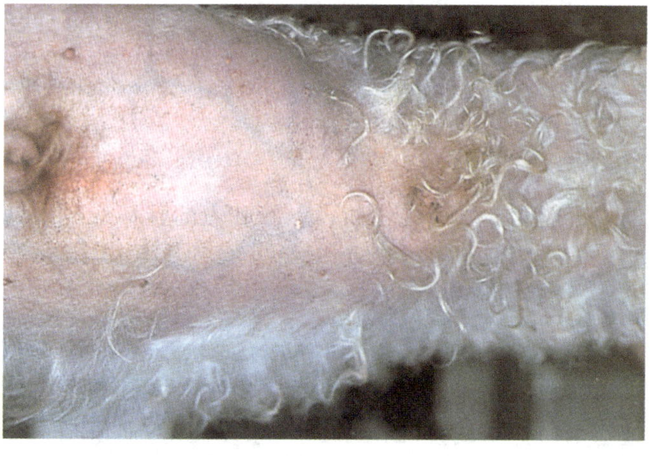

图 8-2　腹部脱毛，皮肤变薄，腹部血管突出

广泛性躯干脱毛，70%病犬出现无瘙痒的两侧对称性脱毛。因毛囊萎缩，易摩擦的部位（如肷部、下腹部、股部、戴项圈犬的颈部）先脱毛，逐渐发展到躯干，严重时只剩下头部

和四肢有毛。由于钙盐沉着，脊柱部、腹部或腹股沟部形成皮肤结石，伴有皮肤内斑点或出血的表层溃疡，真皮、表皮或角质层大量沉着黑色素。皮肤上出现黑头粉刺。

蛋白质代谢的异化作用带来骨骼肌的消耗，出现明显的肌肉萎缩、震颤。脊柱弯曲，飞节和肘头部易产生褥疮。

本病也可逆行性压迫大脑或脑干部而引起视力丧失，盲目运动。其他症状可能还表现为气喘(肺脏沉着无机物)，易发生尿路感染，生育能力下降，骨质疏松易骨折。有些犬可能只表现一种症状，有些犬可能很多症状都有。

2. 醛固酮增多症

水盐代谢紊乱，水钠潴留，钾、氯排出增多，后期表现低血钾低血氯性碱中毒，如肌肉无力，烦渴，多饮，多尿，抽搐，持续高血压。

3. 肾上腺性激素分泌过多症

母犬雄性化或假性阴阳犬。

三、诊断方法

怀疑患肾上腺皮质功能亢进的犬应进行血常规、生化、尿分析、脑垂体和肾上腺功能测定。根据病史、临床症状结合实验室数据确诊该病。

1. 血象

红细胞增多(PCV 45%～55%)；血象中典型的“应激性白细胞现象”与糖皮质激素过量分泌有关。即淋巴细胞减少、嗜酸性细胞减少、(成熟)中性粒细胞增多。

2. 生化检查

生化结果异常包括肝酶升高和高脂血症。ALP(碱性磷酸酶)显著升高，ALT(丙氨酸氨基转移酶)显著升高，胆固醇、甘油三酯均升高，空腹血糖升高，5%～10%的病例患有糖尿病。

3. 甲状腺功能测定

一般 T3、T4 降低，TSH 的反应正常，不需要补充甲状腺素。

4. 血压

血压可能升高，原因未知。

5. 尿液分析

尿比重降低和蛋白尿。

6. X 线检查和腹部超声

可能有支气管钙化和肾上腺肿瘤的转移灶；肝肿大，骨密度降低，50%的肾上腺肿瘤有钙化，皮下钙化。

腹部超声可能看到肾上腺肿瘤或增生。

7. 肾上腺功能检测

在兽医临床上常用的 3 种犬肾上腺皮质机能亢进筛查试验有：ACTH 刺激试验、低剂量地塞米松抑制试验(LDDST)和尿皮质醇/肌酐值(UCCR)。但是，没有一种试验对于诊断肾上腺皮质功能亢进是完全可靠的。

(1)ACTH 刺激试验。该试验可用于鉴别诊断医源性和非医源性肾上腺皮质功能亢进和检测患犬对治疗的反应。85%的 PDH 型和 69%的 AT 型肾上腺皮质功能亢进患犬呈阳性反应，准确率为 80%～85%。ACTH 刺激试验的优点是特异性高，简单快捷(2～3 h)，并能监测米托坦或曲洛斯坦的治疗效果；不足之处是敏感性较低，而且无法鉴别 PDH 型和 AT 型。

(2)低剂量地塞米松抑制试验(LDDST)。在正常犬，低剂量地塞米松会抑制脑垂体释放 ACTH，因而作为一种负反馈可降低血清中皮质醇浓度，而肾上腺皮质功能亢进患犬不会产生抑制反应。该方法可以检测出 95%的 PDH 型，100%的 AT 型。敏感性约 95%，特异性约 70%。LDDST 的优点是敏感性高、成本低廉，并能鉴别部分 PDH 型；其缺点是特异性相对较低，而且比较耗时(8～9 h)。

(3)尿皮质醇/肌酐值(UCCR)。评估皮质醇的产生和排除比率。实验比较简单，敏感性比 LDDST 高，但特异性只有 20%，仅用于筛查实验。阳性者应进行 LDDST，用于鉴别诊断 PDH 型和 AT 型。

确诊为肾上腺皮质功能亢进时。大部分兽医师首选 ACTH 刺激试验，鉴别诊断 PDH 型和 AT 型需要采用其他内分泌试验，如高剂量地塞米松抑制试验和测定内源性血浆 ACTH 浓度。

(4)高剂量地塞米松抑制试验(HDDST)。PDH 型患犬，高剂量地塞米松会抑制脑垂体释放 ACTH，降低血清中皮质醇浓度。70%的 PDH 型患犬注射高剂量地塞米松后其血清皮质醇浓度低于注射前的 50%，100%AT 型患犬不会降低。

(5)测定内源性血浆 ACTH 浓度。PDH 型表现为 ACTH 浓度正常或偏高；AT 型表现为 ACTH 浓度降低或检测不出来。该方法是鉴别 PDH 型和 AT 型的很好方法，但只有少数实验室可进行该项检测，样本的采集和运送可能有特殊的要求，如使用抑肽酶(特斯乐)预处理的 EDTA 采血管。

四、防治方法

(1)防止继发感染。

(2)手术摘除。可摘除双侧肾上腺，术后需终生服用糖皮质激素，因此较少使用手术方法。

(3)药物治疗。不能手术摘除时，采用口服药物的办法也有一定效果，如氯苯二氯乙烷(米托坦、曲洛斯坦)、盐酸司来吉兰、酮康唑。

①米托坦(O'P-DDD，氯苯二氯乙烷)治疗垂体依赖性肾上腺皮质功能亢进及肾上腺肿瘤性肾上腺皮质功能亢进均为首选。该药可选择性破坏肾上腺束状带和网状带，有效减少皮质醇的分泌。糖尿病患犬应同时减少该药和胰岛素的使用剂量，应随食物给药以增加吸收。应先从低剂量用起，经 7～10 d 再根据用药反应及 ACTH 检测结果调整剂量。长期用药后，宠物有时会出现医源性肾上腺皮质机能不足，可能需要停药并补充泼尼松，这种转变有时是终生的。因此，用药期间需密切监测患犬，每 3～6 个月做一次 ACTH 刺激实验。

②盐酸司来吉兰(L-Deprenyl)治疗垂体依赖性肾上腺皮质功能亢进已经获得一些成功，它为一种单胺氧化酶 B 型抑制剂，能使脑内多巴胺水平恢复正常，由此降低 ACTH 的产生。缺点是费用高，且对肾上腺肿瘤性肾上腺皮质功能亢进无效。一般用量为 1 mg/kg 体重，早上喂服，1 次/d。2 个月后复查，可能需要逐步加大剂量。用药时间根据宠物对药物的反应而

定。即使好转也需要继续用药，以防复发和恶化。后期可能出现耐药性，药物可能的副作用有：呕吐、腹泻、烦躁、倦怠。也有报道说用药后宠物出现兴奋的表现。

③酮康唑治疗垂体依赖性肾上腺皮质功能亢进，主要是可逆性地抑制肾上腺类固醇的产生。缺点是需终生每天用药 2 次，成本较高，可能出现肝损伤，疗效不确切。

(4)放射疗法。放射疗法对因垂体巨瘤引起的病例可能有用。

由于肾上腺皮质功能亢进患犬多发生在中老年犬，很可能患犬同时患有其他疾病，治疗不一定能使犬更长寿，治疗的主要目的是提高患犬的生活质量。如犬同时患有甲状腺功能减退、肾脏疾病、糖尿病、皮肤或尿道感染等其他疾病，要同时给予治疗。患脑垂体肿瘤的患犬可能一开始对治疗药物有效，随着肿瘤的增大，症状可能又会复发。病程后期，常发生很多的并发症，如血栓栓塞、感染、高血压、淤血性心力衰竭等。

第二节　甲状腺功能减退

犬甲状腺功能减退(以下简称甲减)是犬内分泌紊乱的重要疾病之一，是由于甲状腺激素合成、分泌不足或组织利用率低所致的以全身新陈代谢率降低为特征的疾病。患犬在临床上常表现为昏睡、体重增加、运动不耐受和皮肤异常等症状，偶见眼、心血管、胃肠道、神经系统和凝血系统异常等症状。由于甲减很难表现出典型的临床症状，所以需要综合鉴别很多症状，再结合实验室血清学方法来诊断该病。甲状腺功能减退是犬最常见的内分泌疾病之一。由于临床症状的多样性和缺乏完美的诊断试验，甲减也是最容易被过度诊断的内分泌病。

一、发病机理

下丘脑-垂体-甲状腺轴的任何部分功能障碍都会引起甲状腺功能减退。多数甲减属于获得性病变，先天性功能障碍罕见。

犬的甲状腺分成明显的两叶，位于颈部甲状软骨下方、气管两旁。甲状腺分泌四碘甲腺原氨酸(T4)和三碘甲腺原氨酸(T3)两种甲状腺激素。甲状腺激素的分泌受到来自垂体的促甲状腺激素(TSH)调节，促甲状腺激素受到来自下丘脑的促甲状腺激素释放激素(TRH)调节。甲状腺功能减退是由于 T4 和 T3 的分泌减少所致，而 T4 和 T3 的分泌减少可由下丘脑-垂体-甲状腺轴的任何一部分缺陷所致。

犬的甲状腺功能减退一般为自发性，是由于甲状腺组织的不可逆损失所致。根据发病机理的不同，自发性甲状腺功能减退可分为原发性和继发性。原发性甲状腺功能减退的主要原因是淋巴细胞性甲状腺炎和特发性甲状腺萎缩，绝大多数犬的甲状腺功能减退属于原发性。只有很少比例的病例是由于垂体或下丘脑的疾病所致，称为继发性甲状腺功能减退，也称为中枢性甲状腺功能减退。

目前，淋巴细胞性甲状腺炎被认为是一种自身免疫性疾病，约 50% 的成年犬甲状腺功能减退的病因是淋巴细胞性甲状腺炎。发病时，患犬的甲状腺组织发生淋巴细胞、巨噬细胞和浆细胞的多病灶浸润或弥漫性浸润，甲状腺滤泡受到不可逆的破坏，正常的腺体组织逐渐被纤维结缔组织取代。特发性甲状腺萎缩是大部分非炎性甲状腺机能减退病例的病因，主要特征是：

滤泡细胞退化、滤泡变小、腺体实质组织被脂肪结缔组织取代，但没有炎性浸润。特发性甲状腺萎缩发生的原因现在尚不清楚，但从组织病理学上来看，与淋巴细胞性甲状腺炎有着明显的差别。原发性甲状腺功能减退的其他病因还有：肿瘤性破坏、抗甲状腺药物（如增效磺胺）、放射治疗、先天性缺陷等，但这些病因在犬是比较少见的。

继发性甲状腺功能减退主要是由于垂体促甲状腺细胞分泌的TSH不足所致。TSH的缺乏会导致甲状腺发生萎缩性退化，特征是：滤泡扩张、滤泡上皮变得扁平，很容易与特发性甲状腺萎缩区别。继发性甲状腺功能减退约占自发性甲状腺功能减退病例的5%。继发性甲状腺功能减退最常见的原因是外源性糖皮质激素或自发性。肾上腺皮质功能亢进所导致的对垂体TSH分泌的抑制。先天性TSH缺乏或垂体肿瘤也可引起继发性甲状腺功能减退。下丘脑分泌的TRH缺乏导致继发性甲状腺功能减退极为罕见。

先天性甲状腺功能减退较为罕见，但也有不少报道，有单个病例，也有家族性病例。由于许多患病幼犬在生命的早期就死亡了，可能被误认为是幼犬猝死综合征，所以先天性甲状腺功能减退的实际发病率可能比报道的要高。多数先天性甲状腺功能减退病例是原发性的，如甲状腺发育不良、发育障碍或甲状腺激素合成障碍等，只有极少数犬存在先天性继发性甲状腺功能减退。

1. 甲状腺功能减退与皮屑增多性皮肤病

甲状腺激素的缺乏，导致机体新陈代谢减弱。皮肤代谢减弱的表现之一是皮肤角质的过度堆积，即角化过度。角化过度会使皮肤出现皮屑和毛发质量变差。在发病早期，常见皮屑增多或毛发干枯。由于耳道是皮肤的延续，许多患犬还患有外耳炎，症状表现为外耳道干燥和出现皮屑。

2. 甲状腺功能减退与脱毛性皮肤病

甲状腺激素对于毛发生长周期的启动是必不可少的。缺乏甲状腺激素会使毛发一直处于休止期，很容易脱落，形成脱毛。如果在此期间给患犬剪毛，还会出现剪毛后毛发不再生长或生长缓慢的情况。脱毛一般先发生在躯体上容易遭受摩擦的部位，如佩戴项圈的颈部和摇动频繁的尾部。尾部的脱毛会使犬的尾巴在外观上像“鼠尾”，这是犬甲状腺功能减退的一个具有代表性的症状。随着病情的持续，脱毛区域通常会逐渐呈左右对称，并沿胁腹部和躯干渐进性发展，一般不波及头部和四肢。但是，并非所有患犬都表现为全身性脱毛和对称性脱毛，也有不少病例表现为局部脱毛和非对称性脱毛；大型犬还可出现四肢脱毛明显而躯干脱毛不明显的情况，可能是由于大型犬的四肢部位更容易遭受摩擦所致。另外，曾认为鼻背侧脱毛是寻回猎犬患甲状腺功能减退时的特征症状，但后来发现其他品种的犬也会出现此症状，并且甲状腺功能减退以外的其他内分泌疾病也可导致鼻背侧脱毛。

3. 甲状腺机能减退与黏液性水肿性皮肤病

甲状腺激素控制着黏多糖和透明质酸的生成与代谢平衡。缺乏甲状腺激素，会导致这两种物质在皮肤中堆积，使皮肤出现非凹陷性黏液性水肿。这种水肿在头部表现得较为明显，额头皮肤和嘴唇的水肿性增厚以及眼睑下垂，会使犬的面部呈现出一种“悲伤”的表情。

4. 甲状腺功能减退与继发感染性皮肤病、瘙痒性皮肤病

甲状腺激素有促进体液免疫应答和细胞免疫应答的作用，甲状腺激素缺乏会导致机体对感染的抵抗能力降低。10%～20%的甲状腺功能减退患犬存在继发性皮肤细菌感染和马拉色

菌感染，有的还会感染蠕形螨，这些疾病迁延难愈或反复发作。用常规方法治疗这种继发感染效果很差，需要同时控制和改善甲状腺功能减退。皮肤发生感染后可出现瘙痒，导致皮肤病灶遭受患犬抓伤和擦伤，从而使得皮肤病的临床表现和组织病理学表现更加复杂。

5. 甲状腺功能减退与其他皮肤症状

患犬脱毛部位以外残存的毛发通常会变得干枯、脆弱，并且会在各种脱色因素的作用下颜色变浅。患犬的皮肤一般会出现色素沉着，脱毛部位尤其明显。皮肤上往往还会产生黑头粉刺，主要集中在腹部。此外，约 40%的患犬会伴发干性或油性脂溢性皮炎。某些品种犬的毛发周期和毛发类型与其他犬有差异，它们在发生甲状腺功能减退时皮肤病的临床表现较为独特。严寒地区的犬种发病脱毛时，主要是脱落较短的绒毛，使未脱落的长毛呈粗糙的羊毛样外观。而拳狮犬和爱尔兰赛特犬患病时被毛增多，与其他犬被毛脱落不同。多毛症的原因并非被毛生长旺盛，而是死毛保留过多。

6. 皮肤组织病理学表现

犬甲状腺功能减退的皮肤组织病理学表现主要有休止期毛囊（萎缩或过度角化）增多、皮肤增厚、黏液性水肿和立毛肌空泡形成，这些表现不具有特异性，与其他内分泌疾病的皮肤组织病理学表现难以区分。犬发生甲状腺功能减退时，皮肤可出现炎性损伤和继发感染，如果还存在脂溢性皮炎，则会进一步促进炎症和感染的发展。在进行皮肤组织病理学检查时，炎症通常表现为中性粒细胞、巨噬细胞、淋巴细胞、浆细胞在皮肤和皮肤附件处积聚；感染一般表现为毛囊炎。如果炎症很严重，可能会掩盖与甲状腺功能减退更为相关的组织病理学变化，在这种情况下，皮肤活检样本应从炎症或感染不明显的部位采集。

二、临床症状

常与淋巴细胞性甲状腺炎或自发性甲状腺萎缩引起的原发性甲状腺功能障碍有关。

甲状腺素影响许多器官的功能，使甲减引发的问题非常多样，容易与其他疾病相似。甲减的许多症状是非特异性的，而且发病早期没有症状，使其鉴别诊断异常广泛。因此，甲减反而是一种经常被过度诊断的疾病。最常见的甲减症状是代谢率降低和皮肤问题，较少发生但是被较多报道的症状包括神经异常、对心血管系统和母犬的生殖系统的影响，以及先天性甲减的症候群症。行为改变、公犬不育、眼睛疾病、凝血异常和胃肠障碍等一类症状在患甲减期间可能发生，但与甲减没有必然的因果关系。

犬常见，中老年犬发病率高。早期症状表现为：鼻梁脱毛，四肢和头一般不掉毛；可能双侧性对称性脱毛，被毛易脱落（图 8-3）；可能伴有皮肤黏蛋白沉积、慢性干性或油性皮炎，常有异味。

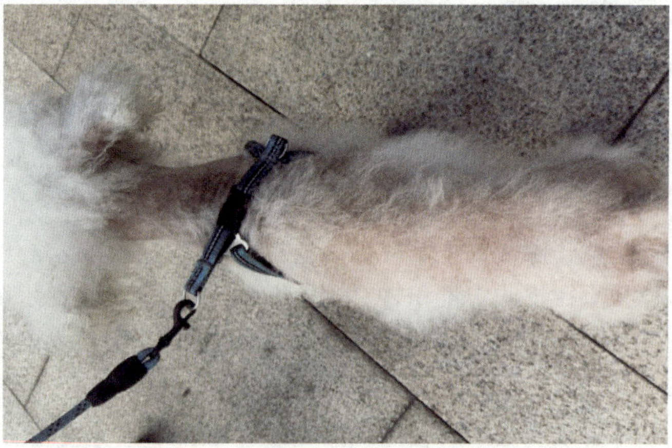

图 8-3　甲减——躯干泛发性脱毛

三、诊断方法

犬甲状腺功能减退的血清学诊断，一般通过平衡透析法和内源性促甲状腺激素（TSH）分析法，检测血清总甲状腺素（TT4）、游离甲状腺素（FT4）含量，再结合临床症状，做出诊断。TT4 和 FT4 都降低，提示甲状腺功能减退；TT4 降低和（或）FT4 降低，同时 TSH 升高，提示原发性甲状腺功能减退；TT4 降低和（或）FT4 降低，同时 TSH 降低，提示继发性甲状腺功能减退。如有必要，还可进行抗甲状腺球蛋白抗体检测和甲状腺闪烁扫描来进一步诊断。

总 T4：敏感性较高，是最好的筛选试验。<2%的假阴性，特异性低，其他疾病和药物可诱发总 T4 降低。试验方法有犬的放射免疫法、化学发光法、临床中的 ELISA 法。

甲状腺功能正常的病态综合征包括：肺炎、免疫介导性溶血性贫血、全身性红斑狼疮、椎间盘病、全身性蠕形螨病、深层脓皮病、深层真菌感染、肾上腺皮质功能亢进、糖尿病、肾衰、肝衰、心衰、胃肠疾病、淋巴肉瘤。

能使总 T4 下降的药物有：糖皮质激素、磺胺类药物、安定、雄激素、阿司匹林、保泰松、苯巴比妥和扑癫酮（去氧巴比妥）。

在临床上，若发现患犬皮肤存在皮屑增多、毛发质量差、脱毛、感染、色素沉着或黏液性水肿等可由甲状腺功能减退引起的皮肤症状时，要考虑甲状腺功能减退的可能，尤其是当这些皮肤症状迁延难愈或反复发作时。甲状腺功能减退可引起的不仅仅是皮肤的症状，要仔细问诊，不要忽视可能存在的皮肤以外的症状，如嗜睡、体重增加、运动不耐受、不耐寒、神经异常、心动过缓、心肌收缩力下降、溢乳、母犬生殖能力下降、角膜脂质沉积、泪液生产减少、小肠细菌过度增殖等。常规的实验室检查也很有必要，可以显示甲状腺功能减退可能引起的机体内部的一些变化，如贫血、血胆固醇升高、肌酸激酶活性升高等。除此以外，还需结合内分泌学试验进行综合判断。

四、治疗

犬甲状腺功能减退性皮肤病的治疗，除针对皮肤症状进行抗炎、抗感染、抗皮脂溢、止痒等对症治疗外，最根本的还是要补充甲状腺激素。目前，有一种左甲状腺素的液体制剂，其生物利用度比片剂要高，尤其是空腹服用时；该药的药代动力学特征显示，其剂量为 20 μg/kg 体重，1 次/d。美国生产的 Thyromed 左旋甲状腺素钠咀嚼片推荐初始剂量为 22 μg/kg 体重，2 次/d；然后，每隔 4 周监测血液中的 T4 水平，根据监测结果调整剂量，直至调整至合适的维持剂量。对继发的脂溢性皮炎、脓皮病、马拉色菌等，口服左旋甲状腺素，直到症状消失（8～16 周），以后维持量治疗，重建皮肤脂质层。

不建议使用合成 T3 治疗甲减，因为会提高医源性甲亢的风险，而且 T3 的半衰期较短，一天需要给药 3 次。如果患病宠物胃肠对 T4 的吸收出现障碍，可以使用 T3 代替治疗。T3 在胃肠道时吸收几乎是 100%，而 T4 的口服生物药效率只有 10%～50%。与人不同，犬并不缺乏 T4 向 T3 转化的能力。正常甲状腺分泌的 T4∶T3是 20∶1，而市场提供产品的 T4/T3 值是 4∶1，很容易产生医源性甲亢。

口服左甲状腺素治疗犬甲状腺功能减退效果是比较好的，只要治疗方法得当，通常所有与甲状腺功能减退相关的异常改变都是可逆的，长期预后极好。值得注意的是，左甲状腺素的治疗作用是缓慢的，过量使用可引起甲状腺毒症的体征和症状，包括多饮多尿、食欲增强、耐热力降低、活动过度、性格改变等。对于患有临床症状明显的心脏病、高血压的犬，用药需谨慎。对于存在肾上腺皮质功能不全且未经治疗的犬，不得使用左甲状腺素。

肾上腺皮质功能不全主要见于患有中枢性甲状腺功能减退的犬。垂体激素的缺乏不仅会造成甲状腺功能减退，也会造成其他内分泌腺的功能减退。在临床上，主要是促肾上腺皮质激素（ACTH）的缺乏，而 ACTH 的缺乏最终会导致肾上腺皮质机能不全。在补充 T4 治疗甲状腺功能减退之前，必须先评估垂体-肾上腺轴的功能，如存在肾上腺皮质功能减退，可通过补充皮质醇进行治疗，以避免由于糖皮质激素缺乏引起患犬死亡的风险。

第三节　宠物糖尿病

宠物糖尿病是一种由于胰岛素分泌不足或胰岛素作用缺陷，导致体内糖、脂肪和蛋白质代谢紊乱的慢性疾病，常见于犬、猫等，会给宠物的健康带来诸多不良影响，若控制不佳可引发一系列严重并发症。

一、病因

1. 遗传因素

某些品种的宠物有较高的糖尿病遗传易感性，如贵宾犬、雪纳瑞犬，以及缅因猫等，它们患糖尿病的概率相对更高，遗传基因可能影响了胰岛素的分泌及作用机制。

2. 肥胖

宠物长期摄入过多高热量、高脂肪的食物，且运动量不足，易导致身体肥胖。肥胖会使机体细胞对胰岛素的敏感性降低，即产生胰岛素抵抗，增加了糖尿病发生的风险，这是宠物糖尿病常见的诱发因素之一。

3. 内分泌紊乱

如甲状腺功能减退、肾上腺皮质激素分泌异常等内分泌失调，会干扰体内正常的代谢调节机制，影响胰岛素的分泌和作用，进而有可能引发糖尿病。

4. 胰腺疾病或损伤

胰腺炎、胰腺肿瘤等影响胰腺功能的疾病，或者宠物腹部受到外伤累及胰腺，都可能破坏胰岛细胞，使胰岛素分泌减少，最终导致糖尿病的发生。

二、临床症状

1. 多饮、多尿

患病宠物会频繁饮水，排尿次数也明显增多，这是因为体内血糖升高，导致渗透压改变，肾脏需要排出多余的糖分，从而带走大量水分，引起多尿，进而宠物又会因缺水而不断饮水。

2. 多食

虽然吃得多，但宠物体重却呈现下降趋势。这是因为机体不能有效利用摄入的营养物质，身体处于能量缺乏状态，所以会通过增加进食来试图补充能量，不过仍难以阻止体重减轻。

3. 体重减轻

即便食欲正常甚至旺盛，由于身体无法正常代谢糖分转化为能量，转而消耗脂肪和蛋白质来供能，宠物的体重还是会逐渐下降，变得消瘦，肌肉量也可能减少。

4. 精神萎靡

患病宠物常显得无精打采、嗜睡，对平时感兴趣的事物缺乏热情，活动量减少，这是因为身体代谢紊乱，能量供应不足，整体状态变差。

三、诊断方法

1. 病史与症状询问

兽医师向宠物主人了解宠物日常的饮食、饮水、排尿、体重变化以及精神状态等情况，结合观察到的症状初步判断是否可能患有糖尿病。

2. 血液检测

检测血糖水平是关键，空腹血糖升高(犬空腹血糖高于 120 mg/dL，猫高于 140 mg/dL 通常提示异常)、餐后血糖持续处于较高值等情况都有助于诊断。同时还会检测糖化血红蛋白等指标，它能反映过去一段时间内的平均血糖水平，辅助确诊。

3. 尿液检测

查看尿液中是否有葡萄糖，正常宠物尿液中一般不含葡萄糖，若检测出葡萄糖阳性，结合其他表现可辅助判断糖尿病，此外也能了解有无酮体等异常成分，排查并发症。

四、治疗

1. 饮食管理

给宠物提供专门的糖尿病处方粮，这类日粮一般富含膳食纤维，能延缓碳水化合物的吸收，有助于稳定血糖，同时控制食物的热量摄入，避免肥胖加重病情，还需遵循定时定量喂食原则。

2. 胰岛素治疗

对于胰岛素分泌不足的宠物，需要遵循医嘱定期注射胰岛素，剂量要根据宠物的体重、血糖水平等因素精准调整，并且宠物主人要掌握正确的注射方法，严格按照规定时间和操作规范进行注射。

3. 运动调节

适当增加宠物的运动量，如带犬外出散步，让猫进行适量的室内活动等，但要注意避免剧烈运动，防止因运动量过大导致血糖波动过大。运动时间可选择在餐后一段时间进行，利于血糖的控制。

4. 定期监测与调整

要定期带宠物复查血糖、尿糖等指标，根据监测结果，兽医师适时调整治疗方案，包括胰岛素剂量、饮食计划等，确保病情得到有效控制。

五、预防

1. 控制体重

合理安排宠物的饮食，避免过度喂养，提供均衡营养的食物，同时保证宠物有适量地运动，防止肥胖，降低糖尿病发病风险。

2. 定期体检

定期带宠物进行全面体检，检测血糖、甲状腺功能等相关指标，早期发现潜在的健康问题并及时处理，如发现内分泌紊乱应及时干预。

3. 预防胰腺疾病

注意宠物的饮食卫生，避免其食用易引发胰腺炎的食物，如高脂肪食物过量摄入等，减少胰腺受损的可能性，间接预防糖尿病。

第九章 免疫与自身免疫性皮肤病

知识目标
1. 落叶型天疱疮。
2. 猫嗜酸性肉芽肿。
3. 系统性红斑狼疮。

能力目标
1. 熟练进行全面且细致的体格检查，准确采集详尽的病史信息，从中筛选出与自身免疫性皮肤病相关的关键线索，精准识别皮肤病变的形态、分布部位和发展阶段，并能初步判断病变的严重程度。
2. 合理选择并运用实验室检验技术，正确解读检验结果，综合病史、体格检查和实验室数据，做出准确的疾病诊断，同时具备鉴别诊断能力，能区分自身免疫性皮肤病与其他感染性、过敏性或内分泌性皮肤病。

素质目标
1. 树立关爱动物、尊重生命的职业价值观，在诊断和治疗过程中保持高度的责任心和敬业精神；严格遵守兽医职业道德规范，对工作认真负责。
2. 具备团队协作精神，共同探讨疑难病例，分享经验和见解，提高团队整体的诊疗水平。
3. 对兽医领域知识和技术的不断发展和更新保持强烈的学习热情，主动关注国内外宠物自身免疫性皮肤病领域的最新研究成果和临床实践进展；不断学习新的诊断技术、治疗方法和药物知识，持续提升自己的专业素养和业务能力。

第一节 落叶型天疱疮

落叶型天疱疮是一种少见的自身免疫性皮肤病，表面形成脓胞和水疱，可导致不同程度的糜烂、溃疡和结痂。

一、病因

结合组织的自身抗体针对表皮间细胞抗原，乙酰胆碱受体沉积在细胞间隔区，与钙黏蛋白反应，导致上皮细胞分离和细胞变圆（皮肤棘层松解）。

落叶型天疱疮通常是特发的，病因不明，目前认为与遗传、感染、某些药物刺激等有关，甚至是某些慢性炎性皮肤病的后遗症。

二、临床症状

任何年龄、性别、品种的犬猫都可能发生落叶型天疱疮，秋田犬、长须柯利犬、松狮犬、腊肠犬等更易感。

患病宠物表现为黏膜感染，表皮下形成水疱或脓疱，然而完整的水疱和脓疱通常很难找到，病变部位被毛发覆盖时容易破裂，进而引发浅层糜烂、红斑、表皮环形脱屑、结痂、鳞屑、病变部位脱毛、足垫角质化裂缝等症状。典型部位常位于鼻面（图 9-1）、眼周、耳郭、爪垫，有的扩散至全身（图 9-2）。皮肤病变处表现不同程度的疼痛和痒感，与体外寄生虫感染相比较，痒感程度普遍较轻微甚至无痒感。犬只黏膜病变通常是最轻的，患全身皮肤病时，并发淋巴结肿大、肢体水肿、发热、厌食和沉郁。猫爪褶和乳头周围的病变是天疱疮的常见特征。

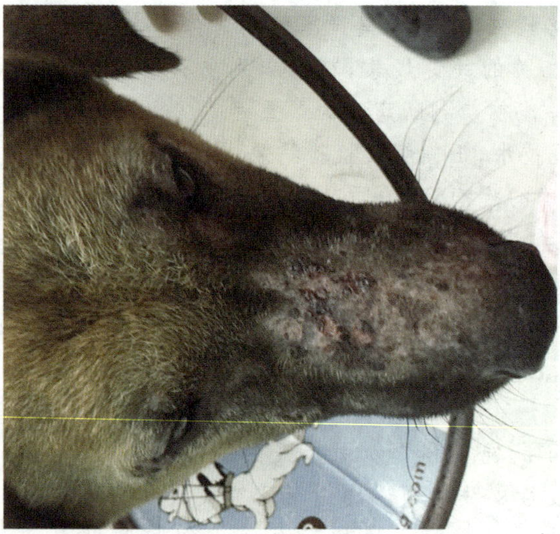

图 9-1　落叶型天疱疮，鼻面溃疡、结痂

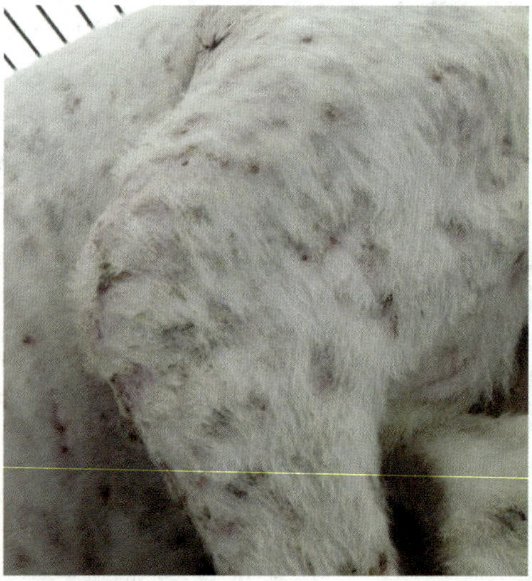

图 9-2　落叶型天疱疮，全身结痂

三、诊断方法

一般根据临床症状做出初步判断，典型病例的脓疱一般发生于颜面部（鼻梁、眼周围）及耳郭，并逐渐扩散到全身，有不同程度的瘙痒，但有很多病例表现无痒感。另外，爪垫过度角化，也有面部未见明显临床表现的病例。

对病变严重的痂皮、渗出液进行采样，染色后镜检，细胞学可见大量中性粒细胞和棘层松解细胞，棘层松解细胞的胞体大，呈圆形至多边形，胞核大而深染，胞浆均匀，呈煎蛋状，嗜碱性（图 9-3）。为进一步确诊，可选择受损皮肤或病变周围的皮肤，进行活检。

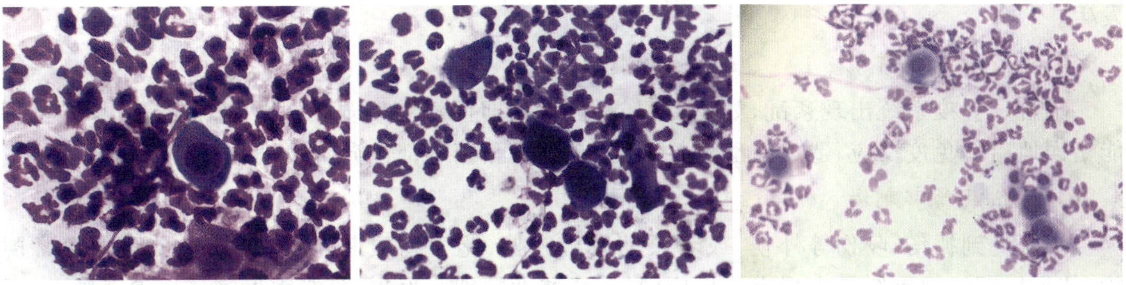

图 9-3 落叶型天疱疮，渗出液中有完整的中性粒细胞和煎蛋状棘层松解细胞

四、治疗

治疗落叶型天疱疮主要采用免疫抑制剂，临床效果确实而且副作用小，但起效较慢。根据临床需要，为了尽快改善临床症状，减少环孢素用量，可联合糖皮质激素长期应用，常评估临床症状，及时调整治疗方案，对严重病例，初期可采取住院治疗。

(1)免疫抑制剂可选用环孢素 5 mg/kg 体重，2 次/d。

(2)泼尼松开始控制剂量为 1～2 mg/kg 体重，口服，2 次/d，最小维持量 0.5 mg/kg 体重，每隔 48～72 h 一次。泼尼松剂量可逐渐减少。

(3)口服头孢氨苄等抗生素，防止继发感染。

(4)其他。可口服不饱和脂肪酸，以及采取恢复皮肤平衡的功能香波药浴。

大多数病例预后良好，有些病例可能需要终生治疗，维持疗效以方便及时发现潜在的并发症。

第二节 猫嗜酸性肉芽肿

猫嗜酸性肉芽肿是一种猫特有的皮肤炎症反应性疾病，以嗜酸性粒细胞浸润皮肤及黏膜组织为主要特征，可呈现出不同的临床表现形式，通常是机体对多种刺激因素产生的一种异常免疫反应。

一、病因

1. 过敏

食物过敏(对猫粮中的某些蛋白质成分过敏，如牛肉、鱼类蛋白)、环境过敏(如接触花粉、尘螨、霉菌等过敏原)较为常见。当猫接触这些过敏原后，免疫系统启动异常反应，可能诱发嗜酸性肉芽肿。

2. 感染

细菌、病毒、真菌和寄生虫等感染也可能引发嗜酸性肉芽肿。

如跳蚤、蜱虫等体外寄生虫和蛔虫、绦虫等体内寄生虫感染，它们以代谢产物或虫体本身作为抗原，刺激猫的身体，引发免疫应答，使得嗜酸性粒细胞聚集到相应部位，进而导致疾病发生。

3. 免疫功能异常

猫自身免疫系统出现紊乱，如免疫调节失衡等，即便没有明显的外界刺激因素，身体也可能错误地启动免疫反应，造成嗜酸性粒细胞在皮肤、黏膜等部位异常浸润，形成肉芽肿。

4. 外伤及局部刺激

皮肤受到抓伤、咬伤等外伤，或者长期受到摩擦、化学物质刺激等，破坏了皮肤的正常屏障，使得局部组织更容易出现炎症反应，吸引嗜酸性粒细胞聚集，最终引发嗜酸性肉芽肿。

5. 遗传

某些猫可能由于遗传原因更容易患上这种疾病。

二、临床症状

1. 皮肤型

常出现在猫的口唇部、下巴、腿部、腹部等部位，表现为单个或多个的丘疹、结节（图 9-4）。质地偏硬，有时会融合成片，表面的皮肤可能发红、破溃，有渗出液，看起来类似溃疡面，猫会因瘙痒、疼痛而频繁舔舐、抓挠相应部位。

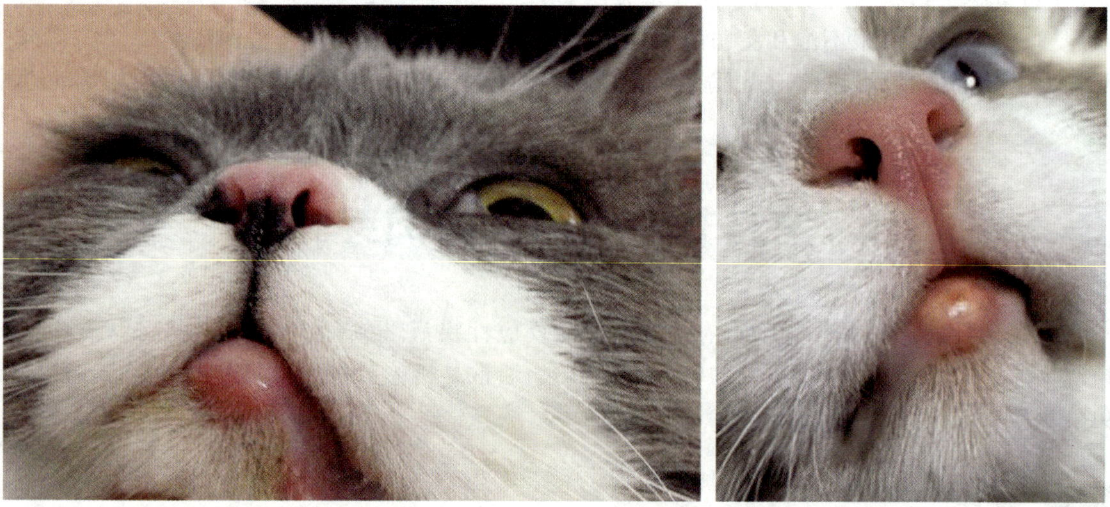

图 9-4 猫下巴的嗜酸性肉芽肿

2. 黏膜型

多发生于口腔黏膜，如牙龈、舌、上腭等部位，可见到黏膜上有红色、隆起的病变区域，大小不一，严重时会影响猫的采食、咀嚼，导致进食困难，猫可能会出现流口水、口臭等情况。

3. 嗜酸性溃疡（一种特殊表现）

通常出现在猫的上唇边缘，呈现出一种边界清晰、形状不规则的溃疡（图 9-5），溃疡面一般比较平滑，周边组织可能有轻度红肿，这种溃疡愈合相对缓慢，且容易反复出现。

图 9-5　猫上唇边缘的嗜酸性肉芽肿

三、诊断方法

1. 病史及临床检查

兽医师详细询问猫的生活环境、饮食情况、既往病史等，结合观察到的皮肤或黏膜上的典型病变特征进行初步判断。对病变皮肤及黏膜部位的形态、大小、颜色、质地等情况进行仔细检查。

2. 细胞学检查

若病灶呈现溃疡或有渗出物时，用生理盐水清洗病灶后，将载玻片直接加压于病灶上，风干后进行染色，查看嗜酸性粒细胞的特征（图 9-6）。

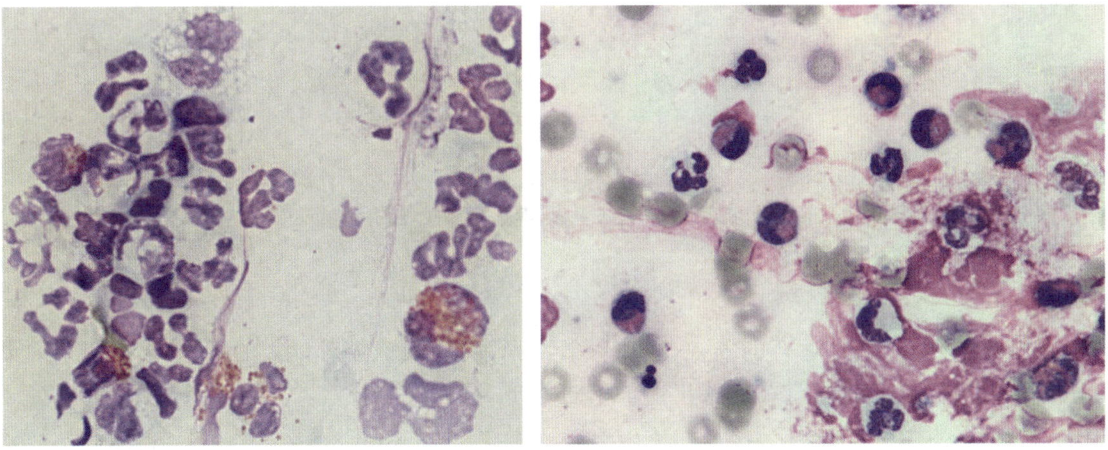

图 9-6　镜检有大量嗜酸性粒细胞

3. 血液学检查

采集血液样本检测血常规，重点关注嗜酸性粒细胞的数量是否增加。或许出现外周血嗜酸性粒细胞增多，但并非所有病例都会出现，尤其是无痛性溃疡的病例。

4.组织病理学检查

对任何怀疑的肿块进行组织活检采样，并进行切片检查，可见结节性到弥散性肉芽肿、嗜酸性细胞、组织细胞和多核巨细胞，并有胶原变性的病灶。

四、治疗

1.祛除病因

如果是过敏因素导致的，则要排查并避免接触过敏原，更换合适的猫粮；如果是寄生虫感染引起的，则要进行针对性的驱虫治疗；如果是外伤或局部刺激引起的，则要做好相应部位的保护，避免进一步刺激。

2.药物治疗

(1)糖皮质激素。常用糖皮质激素，如泼尼松龙，可以抑制炎症反应、减少嗜酸性粒细胞的聚集，缓解症状，但使用时要严格遵循医嘱控制剂量和疗程，避免产生副作用。

(2)环孢素。在皮质类固醇治疗无效时，可使用环孢素，对大部分病例有较好的治疗效果。

(3)抗组胺药。还可配合使用抗组胺药来减轻瘙痒等过敏症状，用于减少和控制嗜酸性反应。

(4)抗生素。对于继发感染的情况，要使用相应的抗生素进行抗感染治疗。

3.局部护理

对于皮肤、黏膜的病变部位，要保持清洁、干燥，可用温和的消毒药水进行擦拭，防止感染加重，若有渗出液等情况，及时清理干净。

对于某些顽固病例，手术切除病变组织是一种有效的治疗方法，但可能伴有副作用和伤口并发症。其他疗法如激光疗法、放射疗法、冷冻手术等，在一些情况下也可用于治疗猫嗜酸性肉芽肿。

五、预防

1.维持良好的生活环境

保持室内清洁卫生，定期打扫、通风，减少灰尘、霉菌等过敏原以及寄生虫滋生，为猫提供一个舒适、健康的生活环境。

2.合理饮食

选择品质优良、成分适合的猫粮，避免频繁更换猫粮，观察猫对食物的反应，若怀疑有食物过敏，可尝试进行食物排查试验，找出可能的过敏成分并排除。

3.预防外伤及做好驱虫

尽量避免猫与其他动物发生打斗，减少皮肤受伤的机会，同时按规定做好体内外常规驱虫工作，降低寄生虫感染引发疾病的风险。

第三节　系统性红斑狼疮

系统性红斑狼疮是一种多系统自身免疫性疾病，机体多个组织器官被当作异物被自身免疫系统攻击时，即发病。临床症状主要表现为血管炎，有时相当严重。

系统性红斑狼疮可累及关节、皮肤、肾脏、血小板和红细胞。绝大多数患犬为青年犬或中年犬。许多品种都可发生系统性红斑狼疮，易感品种有德国牧羊犬、喜乐蒂牧羊犬等。

一、病因

系统性红斑狼疮特征为形成自身抗体，与机体细胞上或细胞内的抗原(蛋白)形成循环性抗原-抗体复合物，体内形成抗多种组织成分自身抗体的原因尚不清楚，可能与遗传因素、免疫调节紊乱、微生物感染、药物诱导、物理因素等有关。

自身抗体有抗血细胞抗体和抗核抗体两大类。抗血细胞抗体可使血细胞溶解，引起自身免疫性溶血性贫血、自身免疫性白细胞减少症和自身免疫性血小板减少性紫癜等。抗核抗体在皮肤、肾脏、血管、关节等组织器官中形成相应的免疫复合物，沉积在这些组织器官内，引起结构和功能改变。目前，还不清楚为什么机体会产生针对自体组织的抗体。

二、临床症状

系统性红斑狼疮大多发病缓慢，病程延续 1 年至数年，症状缓解与加重交替发生，最初的症状可能是非特异的，如间歇性发热、体重减轻、嗜睡、无力、食欲减退和轻度跛行。

1. 皮肤症状

系统性红斑狼疮患犬，约 1/3 患犬会出现广泛性红斑、溃烂；面部、鼻梁及眼眶周围可出现蝶形红斑；还可能有对称性脱毛、丘疹、大疱红斑性损伤，口腔黏膜糜烂、溃疡。有的患病皮肤表面出现突出表面的小盘状红色疹块，陈旧病变可形成萎缩性瘢痕，称为盘状红斑狼疮。猫也会有类似的皮肤病变。

2. 关节症状

系统性红斑狼疮患犬约一半会出现多发性关节炎，表现为关节肿胀、疼痛、跛行，四肢轮换性跛行、高抬腿运步动作。

3. 肾脏症状

累及肾脏的系统性红斑狼疮患犬最初可能没有症状，当肾脏发生显著性的损害时，可能出现多饮多尿、蛋白尿、血尿、肾性水肿、肾功能衰竭，严重可致死亡。

4. 血液系统症状

患病宠物可能出现溶血性贫血，表现为虚弱、牙龈苍白、出血；还可能伴有白细胞减少、血小板减少。患犬可能会出现免疫介导性溶血性贫血，同时血小板也可能受到影响。相关症状包括虚弱和因贫血导致的牙龈苍白，以及因凝血不良导致的牙龈和皮肤广泛性出血。

5. 全身症状

患病动物可能出现间歇性发热、倦怠无力、食欲减退、体重减轻。

系统性红斑狼疮在犬常见，在猫少发。猫发生时，症状与犬相似，有发热、淋巴结肿大、皮肤病变、肾小球性肾炎、溶血性贫血、白细胞减少、血小板减少、多发性关节炎等多种症状。

三、诊断方法

根据临床症状做出初步判断，然后再进行以下检查。

1. 常规检查

血液和尿液常规检查，查看有无贫血、血小板降低、蛋白水平升高、肾功能下降等异常。

2. 影像学检查

可进行X线检查关节和腹腔情况；B超检查肾脏。

3. 免疫相关检查

根据临床症状，可以进行红斑狼疮凝集试验、抗核抗体检测、库姆斯试验等免疫介导性试验，系统性红斑狼疮呈阳性。也可对皮肤、肾脏和关节的活检组织进行免疫试验。

若仅依靠临床症状和常规检查难以确诊时，还可进行皮肤活检。通过观察皮肤组织的病理变化，如基底细胞液化变性、真皮层血管周围炎细胞浸润等特征性改变，再结合其他检查结果，可帮助确诊。

四、治疗

(一)药物治疗

1. 糖皮质激素

采用糖皮质激素疗法，如泼尼松、泼尼松龙是最常见的治疗药物，其他药物有强的松、强的松龙。这类药物可以抑制免疫反应、减轻炎症。在临床症状改善后，可逐渐减少这类药物的使用剂量。

2. 免疫抑制剂

若患犬对泼尼松等单独治疗无反应，可配合给予更强的免疫抑制剂，如硫唑嘌呤、环孢菌素、环磷酰胺等来控制病情，但需监测副作用。

3. 血浆疗法

还有血浆体外免疫吸附回输疗法的报道。该法是去除血浆中抗核抗体和抗血细胞抗体，使病情缓解。

此外，还需要辅助使用其他药物，以减轻蛋白尿、关节疼痛、呕吐、消瘦和其他症状。

该病需要对疾病和药物的潜在副作用进行长期监测。泼尼松通常导致多食、多饮和多尿，体重增加，继发肝脏损伤。更强的免疫抑制剂可对血细胞和肝肾功能产生不良影响。治疗期间每周进行一次血液和尿液检查。通常患犬终生都需要定期复查。

(二)护理要点

1. 避免刺激

避免宠物日晒和紫外线照射,防止病情加重。

2. 定期复查

定期进行血液和尿液检查,监测病情及药物副作用。

3. 营养支持

提供营养均衡食物,增强宠物抵抗力。

(三)预后

系统性红斑狼疮是一种很难控制的慢性进行性疾病。许多宠物对治疗没反应或仅部分有反应(如皮肤改善,但肾脏疾病没有改善)。或起初有反应,但随着时间的推移,疾病变得很难控制。如果肾脏发生损伤,且肾脏开始衰竭,则预后不良,生存期通常较短。

第十章 肿瘤性皮肤病

知识目标

1. 圆形细胞肿瘤。
2. 上皮细胞肿瘤。
3. 间充质细胞肿瘤。
4. 其他肿瘤。

能力目标

1. 了解掌握宠物皮肤与肿瘤基础理论。
2. 能够系统采集宠物肿瘤性皮肤病的病史信息，结合体格检查识别皮肤肿瘤的特征性表现，并通过鉴别诊断排除感染性、炎性或代谢性皮肤病。
3. 熟练掌握宠物皮肤肿瘤的诊断流程。通过实验室检验和影像学检查等手段，准确地判断肿瘤的性质。

素质目标

1. 秉持尊重生命、科学严谨的职业态度，在肿瘤诊疗过程中兼顾医学原则与宠物福利，严格遵守兽医职业道德规范，对工作认真负责。
2. 具备良好的团队协作精神，与肿瘤科、影像科、病理科等多学科团队紧密合作，优化诊疗流程；主动参与疑难病例讨论，分享临床经验，推动知识共享与技术创新。
3. 关注宠物肿瘤医学领域的前沿进展和新技术，持续更新知识储备；勇于探索、创新诊疗模式。

据统计，肿瘤已经成为当今老年宠物的第一大杀手。肿瘤不但类型众多、发病部位广泛，生物学特性也各异，在临床上表现出的症状也是五花八门。全身组织器官几乎都可以出现肿瘤。

从病理学角度考虑，肿瘤为某组织细胞异常增殖后所形成的新生物质，在养犬中属常见多发病。目前，对其致病因素的分析尚不清楚，但根据大量临床资料汇总及试验研究，肿瘤的形成与多种因素的作用有着很大的关系。例如，化学因子作用机体，已知的致瘤物质，囊括了亚硝胺类、黄曲霉毒素、化学药剂等近 100 种，不良接触均可诱发肿瘤；生物因素作用机体，包括病毒、寄生虫等，均可诱发肿瘤。除此之外，机体抵抗力降低、内分泌系统失衡、遗传因子的作用、微量元素的缺乏、营养状况不良等，对肿瘤的形成均有直接或间接的影响。

第一节　肿瘤细胞学概述

宠物肿瘤细胞学是研究宠物肿瘤细胞的形态、结构、功能及其生物学行为的学科，通过对宠物体内肿瘤细胞的观察和分析，辅助肿瘤的诊断、分类、预后评估以及治疗方案的制定，是宠物医学中重要的诊断手段之一。

一、检查目的

1. 肿瘤诊断

确定宠物是否患有肿瘤，对于出现不明原因肿块、组织异常增生或其他可疑肿瘤症状的宠物，细胞学检查可以帮助判断病变是否为肿瘤性。

2. 肿瘤分类

不同类型的肿瘤细胞具有不同的形态和生物学特征，通过细胞学检查，可初步确定肿瘤的细胞来源和类型，如上皮细胞来源的肿瘤、间充质细胞来源的肿瘤或圆形细胞肿瘤等，为进一步的治疗提供依据。

3. 预后评估

肿瘤细胞的分化程度、异型性等特征与肿瘤的恶性程度和预后密切相关。通过细胞学观察，评估肿瘤细胞的恶性程度，预测宠物肿瘤的发展趋势和预后情况，有助于制定合理的治疗计划和预期。

二、常见肿瘤细胞类型

1. 圆形细胞肿瘤

圆形细胞肿瘤包括淋巴瘤、肥大细胞瘤、组织细胞瘤、浆细胞瘤等。细胞形态较为一致，通常呈圆形，细胞核大，细胞质相对较少，细胞边界相对清晰，在细胞学涂片上常呈单个散在分布或松散的细胞团。

2. 上皮细胞肿瘤

上皮细胞肿瘤包括乳头状瘤、腺瘤、鳞状细胞癌、腺癌等。这类肿瘤细胞通常具有明显的细胞间连接，排列紧密，可能形成腺腔样结构或乳头状结构，细胞形态多样，细胞核大且不规则，核仁明显。

3. 间充质细胞肿瘤

间充质细胞肿瘤有纤维瘤、脂肪瘤、骨肉瘤、横纹肌肉瘤等。肿瘤细胞形态各异，具有间充质细胞的特点，如成纤维细胞样、脂肪细胞样、骨细胞样或肌肉细胞样等，细胞边界相对较模糊，常呈梭形或星形，细胞核形态多样。

三、常用检查技术

1. 细针抽吸细胞学

使用细针穿刺肿瘤组织，吸取少量细胞，制成涂片进行染色和显微镜观察。该方法操作简便、创伤小，可在门诊进行，适用于体表肿块或可通过超声引导穿刺的深部肿块的初步诊断。

2. 组织印片细胞学

在手术切除肿瘤组织或进行组织活检时，将新鲜的肿瘤组织切面在载玻片上轻轻印压，使细胞转移到载玻片上，然后进行染色和观察。这种方法可以快速获取肿瘤细胞的形态信息，辅助手术中的快速诊断。

3. 脱落细胞学

收集宠物自然脱落或通过人工方法获取的细胞，如痰液、尿液、阴道分泌物、胸腹水等，进行细胞学检查。常用于检查呼吸道、泌尿系统、生殖系统等部位的肿瘤，对于一些早期无症状的肿瘤筛查有一定意义。

四、诊断意义与局限性

1. 意义

肿瘤细胞学检查能够快速、简便地为宠物肿瘤的诊断提供重要线索，帮助兽医师在早期发现肿瘤，为进一步的检查和治疗奠定基础，对于一些无法进行手术切除或组织活检困难的病例，细胞学检查是重要的诊断手段，还可用于肿瘤治疗过程中的动态监测，评估治疗效果。

2. 局限性

细胞学检查只能观察细胞的形态和结构，无法获取肿瘤组织的完整病理学信息，如肿瘤的组织学分级、侵犯范围、有无血管和神经侵犯等，有时可能出现假阴性或假阳性结果，需要结合临床症状、影像学检查及其他实验室检查结果进行综合判断。

第二节　圆形细胞肿瘤

圆形细胞肿瘤是指由形态上较为一致的圆形细胞构成的肿瘤，这类肿瘤细胞在显微镜下通常呈现出圆形或椭圆形的形态，具有相对均匀的细胞核和细胞质。其生长方式和生物学行为多样，有些可能生长缓慢，而有些则具有较强的侵袭性和转移性。

一、常见分类

1. 淋巴瘤

淋巴瘤是宠物最常见的圆形细胞肿瘤之一，可分为多种亚型，如 B 细胞淋巴瘤、T 细胞淋巴瘤等。它可以发生在全身各个部位的淋巴组织，也可侵犯非淋巴组织。

2. 组织细胞肉瘤

组织细胞肉瘤起源于组织细胞，可分为皮肤型、系统性型等不同类型。皮肤型常表现为皮肤结节，而系统性型可影响多个器官。

3. 肥大细胞瘤

由肥大细胞组成，常见于皮肤，但也可能出现在胃肠道等其他部位。肿瘤细胞中含有大量的组胺等生物活性物质，可导致局部或全身的症状。

4. 浆细胞瘤

由浆细胞异常增生形成，可分为单发性浆细胞瘤和多发性骨髓瘤等。单发性浆细胞瘤常表现为局部的肿块，而多发性骨髓瘤则可累及多个骨骼及其他器官。

5. 犬传染性性病肿瘤

犬传染性性病肿瘤（TVT），也称为传染性性病肉瘤和 Sticker's 肉瘤，是一种具有独特性质的肿瘤疾病。

二、病因

1. 遗传因素

某些品种的宠物具有较高的发病风险，提示遗传因素在圆形细胞肿瘤的发生中起到一定作用。如拳师犬、金毛寻回犬等易患淋巴瘤，波士顿㹴犬等易患肥大细胞瘤。

2. 感染因素

一些病毒感染与圆形细胞肿瘤的发生有关。如猫白血病病毒（FeLV）和猫免疫缺陷病毒（FIV）感染可增加猫患淋巴瘤的风险。

3. 免疫因素

宠物免疫系统功能异常，可能无法有效识别和清除异常细胞，从而增加肿瘤发生的机会。长期使用免疫抑制剂或患有免疫介导性疾病的宠物，患圆形细胞肿瘤的风险可能会升高。

4. 环境因素

长期暴露于某些化学物质、辐射等环境因素可能与肿瘤发生相关。如长期接触杀虫剂、除草剂等化学物质，可能增加宠物患肿瘤的风险。

三、临床症状

1. 皮肤症状

如果是皮肤型的圆形细胞肿瘤（如肥大细胞瘤），初期常表现为皮肤出现单个或多个结节，大小不一，质地可软可硬，表面可能光滑或有溃疡、脱毛等现象。有些肿瘤可能会引起皮肤瘙痒，导致宠物频繁搔抓。

2. 全身性症状

当肿瘤发生转移或影响重要器官时，会出现全身性症状。如淋巴瘤可导致宠物出现发热、消瘦、食欲不振、淋巴结肿大等症状；多发性骨髓瘤可引起骨骼疼痛、贫血、肾功能衰竭等症状。

3. 特定器官症状

根据肿瘤发生的部位不同，还会出现相应器官的症状。如胃肠道的肥大细胞瘤可引起呕吐、腹泻、便血等消化系统症状；鼻腔的淋巴瘤可导致鼻塞、流涕、鼻出血等症状。

四、诊断方法

1. 临床检查

兽医师进行全面的体格检查，包括触摸体表淋巴结、检查皮肤有无异常结节等，了解宠物的整体健康状况，初步判断可能的病变部位。

2. 影像学检查

影像学检查有 X 线检查、B 超检查、CT 检查或 MRI 检查等，可帮助确定肿瘤的位置、大小、形态以及是否有转移等情况。例如，通过 X 线检查可以发现骨骼是否受多发性骨髓瘤侵犯，B 超检查可用于评估腹部器官是否有肿瘤转移。

3. 病理学检查

这是确诊圆形细胞肿瘤的金标准。通过对肿瘤组织进行穿刺活检或手术切除活检，将获取的组织样本进行病理切片、染色，在显微镜下观察细胞形态、结构等特征，以明确肿瘤的类型、分级和恶性程度。

4. 免疫组化检查

对于一些难以通过常规病理检查明确诊断的病例，免疫组化检查可检测肿瘤细胞表面的特定标志物，有助于进一步确定肿瘤细胞的来源和类型，为制定治疗方案提供依据。

五、治疗

1. 手术治疗

对于局限性的圆形细胞肿瘤，手术切除是主要的治疗手段之一。如果肿瘤能够完全切除，且没有转移，宠物的预后相对较好。但对于一些位置特殊或已经发生转移的肿瘤，手术可能无法完全切除。

2. 化疗

化疗在圆形细胞肿瘤的治疗中应用广泛，尤其是对于淋巴瘤、多发性骨髓瘤等全身性肿瘤。常用的化疗药物包括环磷酰胺、阿霉素、长春新碱等，通过抑制肿瘤细胞的分裂和增殖，达到控制肿瘤生长和扩散的目的。

3. 放疗

对于一些不能完全手术切除或手术后有残留的肿瘤，放疗可以作为辅助治疗手段。通过高能射线照射肿瘤部位，破坏肿瘤细胞的 DNA，从而抑制肿瘤生长，减轻肿瘤引起的症状。

4. 靶向治疗和免疫治疗

近年来，靶向治疗和免疫治疗在宠物肿瘤治疗中逐渐应用。例如，针对某些肿瘤细胞表面特定靶点的药物，可特异性地作用于肿瘤细胞，减少对正常细胞的损伤；免疫治疗药物如免疫调节剂等,可激活宠物自身的免疫系统,增强对肿瘤细胞的识别和杀伤能力。

六、预防

1. 定期体检

定期带宠物进行全面的体检,包括血液检查、影像学检查等,以便早期发现潜在的肿瘤病变,及时进行治疗。

2. 健康生活方式

提供均衡的饮食,保证宠物摄入足够的营养物质,增强免疫力。同时,让宠物保持适当的运动,维持健康的体重,有助于提高宠物的整体健康水平。

3. 避免危险因素

尽量避免宠物接触可能的致癌物质,如化学污染物、辐射等。对于有病毒感染风险的宠物(如猫),应按时接种疫苗,预防猫白血病病毒感染等。

第三节 上皮细胞肿瘤

上皮细胞肿瘤是指由上皮细胞异常增殖形成的肿瘤。上皮细胞覆盖在宠物身体的表面以及体内各种器官和腔道的内表面,具有保护、分泌、吸收等重要功能。当这些上皮细胞发生基因突变等异常情况时,就可能形成肿瘤。这类肿瘤具有多样化的形态和生物学行为,有的生长缓慢、边界清楚,属于良性肿瘤;有的则生长迅速、具有侵袭性和转移性,属于恶性肿瘤。

一、常见类型

1. 乳头状瘤

通常,乳头状瘤是良性肿瘤,常发生于皮肤、口腔、胃肠道等部位的上皮组织。肿瘤呈乳头状或疣状突起,表面可能有角化层。例如,犬口腔乳头状瘤常由乳头状瘤病毒引起,多发生于幼犬,表现为口腔黏膜上的多个小乳头样肿物。

2. 腺瘤

腺瘤是一种良性上皮细胞肿瘤,常见于具有分泌功能的上皮组织,如乳腺、甲状腺、胰腺等。腺瘤细胞通常保留了一定的正常细胞功能和形态,可形成腺体样结构。以乳腺腺病瘤为例,在宠物乳腺组织中可触摸到圆形或椭圆形、质地较硬、边界清晰的肿块。

3. 鳞状细胞癌

鳞状细胞癌是一种常见的恶性上皮细胞肿瘤,常发生于皮肤、口腔、食管、阴道等部位的鳞状上皮。肿瘤细胞具有明显的异型性,可形成角化珠等特征性结构。如犬猫的皮肤鳞状细胞癌,常表现为皮肤溃疡、结节或菜花状肿物,易发生局部浸润和转移。

4. 腺癌

腺癌是起源于腺上皮的恶性肿瘤，常见于乳腺、胃肠道、前列腺等器官。腺癌细胞可形成不规则的腺体样结构，具有较强的侵袭性和转移性。在宠物临床上，乳腺癌较为常见，可导致乳腺组织变硬、肿大，乳头可能出现溢液等症状。

二、病因

1. 遗传因素

某些品种的宠物具有特定的遗传背景，可能携带与上皮细胞肿瘤发生相关的基因突变，使其发病风险增加。如英国短毛猫易患皮肤鳞状细胞癌，拳师犬易患口腔鳞状细胞癌等。

2. 环境因素

(1)紫外线辐射。长期暴露在阳光下，紫外线可损伤皮肤上皮细胞的 DNA，导致基因突变，增加皮肤上皮细胞肿瘤的发生风险，如皮肤鳞状细胞癌。

(2)化学物质。宠物接触某些化学物质，如杀虫剂、除草剂、染发剂等，可能诱发上皮细胞肿瘤。这些化学物质可能通过皮肤吸收或呼吸道进入体内，对上皮细胞产生致癌作用。

(3)病毒感染。一些病毒与特定的上皮细胞肿瘤有关。如猫疱疹病毒 1 型可能与猫的鼻气管炎和眼部疾病相关，长期感染可能增加眼部和呼吸道发生上皮细胞肿瘤的风险。牛乳头状瘤病毒可引起牛皮肤和胃肠道的乳头状瘤。

3. 慢性炎症

持续的慢性炎症刺激可导致上皮细胞反复损伤和修复，在这个过程中，细胞增殖活跃，容易发生基因突变，从而增加上皮细胞肿瘤的发生概率。例如，慢性牙龈炎可能增加犬口腔鳞状细胞癌的发病风险，慢性膀胱炎可能与膀胱上皮细胞肿瘤的发生有关。

三、临床症状

1. 皮肤表现

皮肤上皮细胞肿瘤的临床症状常表现为皮肤出现肿块、结节、溃疡、红斑或脱毛等。良性肿瘤(如乳头状瘤)通常边界较清楚，表面可能粗糙不平；恶性肿瘤(如鳞状细胞癌)则边界不清，质地较硬，表面易破溃、出血，可伴有疼痛。

2. 口腔症状

口腔内的上皮细胞肿瘤的临床症状可表现为口腔黏膜出现肿物、溃疡、出血，宠物可能出现口臭、流涎增多、咀嚼困难、食欲减退等。如果肿瘤侵犯到周围组织，还可能导致面部肿胀、牙齿松动等。

3. 其他器官症状

发生在其他器官的上皮细胞肿瘤会根据受累器官的不同而出现相应症状。例如，胃肠道的腺癌可引起呕吐、腹泻、便血、消瘦等消化系统症状；肺部的鳞状细胞癌可能导致咳嗽、呼吸困难、咯血等呼吸道症状。

四、诊断方法

1.临床检查

兽医师通过详细的问诊了解宠物的病史、症状出现的时间和进展情况等，然后进行全面的体格检查，包括检查皮肤、口腔、体表淋巴结等，初步判断肿瘤的位置和大致情况。

2.影像学检查

(1)X线检查。可以帮助发现肺部、骨骼等部位的肿瘤，观察肿瘤的大小、形态、是否转移等情况，以及判断肺部是否有占位性病变和骨骼是否被破坏。

(2)B超检查。常用于检查腹部器官、乳腺等部位的肿瘤，可确定肿瘤的性质是囊性还是实性，以及与周围组织的关系。

(3)CT或MRI检查。能更清晰地显示肿瘤的细节、范围和与周围重要组织的关系，对于制定治疗方案，特别是对于深部组织或复杂部位的肿瘤具有重要意义。

3.病理学检查

病理学检查是确诊上皮细胞肿瘤的关键方法。通过手术切除、穿刺活检等方式获取肿瘤组织，进行病理切片、染色，在显微镜下观察细胞形态、结构、排列方式等，以确定肿瘤的类型、分级和恶性程度。

4.免疫组化检查

对于一些难以明确诊断的病例，免疫组化检查可检测肿瘤细胞表面的特定标志物，帮助确定肿瘤细胞的来源和分化程度，有助于进一步明确诊断和指导治疗。

五、治疗

1.手术治疗

对于早期、局限性的上皮细胞肿瘤，手术切除是主要的治疗手段。完整切除肿瘤组织可以达到根治的目的，尤其是对于良性肿瘤和一些尚未发生转移的恶性肿瘤。手术方式根据肿瘤的位置和大小而定，包括局部切除、广泛切除或器官部分切除等。

2.放射治疗

利用高能射线杀死肿瘤细胞，对于一些不能完全手术切除、手术后有残留或复发风险较高的恶性上皮细胞肿瘤，放疗可作为辅助治疗手段。放疗可以局部控制肿瘤生长，减轻症状，提高宠物的生活质量，延长生存期。

3.化学治疗

使用化学药物来杀死肿瘤细胞或抑制其生长繁殖，常用于恶性上皮细胞肿瘤的治疗，特别是对于已经发生转移或无法手术切除的肿瘤。化学药物可以通过静脉注射、口服等方式给药，常用的药物有顺铂、卡铂、5-氟尿嘧啶等，但化学治疗可能会引起一些副作用，如呕吐、腹泻、脱发、骨髓抑制等。

4.靶向治疗和免疫治疗

靶向治疗药物能够特异性地作用于肿瘤细胞的特定靶点，如某些生长因子受体等，阻断肿瘤细胞的生长和增殖信号通路，从而抑制肿瘤生长。免疫治疗则是通过激活宠物自身的免疫系统，增强免疫细胞对肿瘤细胞的识别和杀伤能力，如使用免疫检查点抑制剂等。这些新型治疗方法在宠物上皮细胞肿瘤的治疗中已取得了一定的疗效，且副作用相对较小。

第四节　间充质细胞肿瘤

间充质细胞是一种多能干细胞，可分化为多种细胞类型，如成纤维细胞、脂肪细胞、平滑肌细胞、骨细胞、软骨细胞等。宠物间充质细胞肿瘤就是由这些间充质细胞或其前体细胞发生异常增殖而形成的肿瘤。

一、常见类型

(一)纤维瘤和纤维肉瘤

1.纤维瘤

纤维瘤是一种良性肿瘤，由成纤维细胞增殖形成。肿瘤质地较硬，边界相对清晰，生长缓慢，通常呈结节状。常见于宠物的皮肤、皮下组织、肌肉等部位。

2.纤维肉瘤

纤维肉瘤属于恶性肿瘤，具有较强的侵袭性和转移性。瘤细胞呈梭形，排列紊乱，可侵犯周围组织和器官。常发生于宠物的四肢、躯干、头颈部等，表现为迅速增大的肿块，质地较硬，边界不清。

(二)脂肪瘤和脂肪肉瘤

1.脂肪瘤

脂肪瘤是由成熟脂肪细胞组成的良性肿瘤，通常生长在皮下、腹膜后或肌肉间隙等脂肪组织丰富的部位。肿瘤呈圆形或椭圆形，质地柔软，有包膜，与周围组织分界清楚，一般生长缓慢，宠物多无明显症状。

2.脂肪肉瘤

脂肪肉瘤是一种恶性间充质细胞肿瘤，由未成熟的脂肪细胞或脂肪母细胞恶变而来。肿瘤生长迅速，可侵犯周围组织，边界不清晰，质地较软或呈鱼肉样。常发生于深部软组织(如腹腔、盆腔等)，可能引起宠物腹痛、腹胀等症状。

(三)骨肉瘤和软骨肉瘤

1.骨肉瘤

骨肉瘤是一种高度恶性的骨肿瘤，主要由肿瘤性成骨细胞及其产生的骨样组织和骨质构成。好发于犬、猫的四肢长骨，尤其是膝关节周围。临床症状表现为局部疼痛、肿胀、跛行，严重时可发生病理性骨折。

2. 软骨肉瘤

软骨肉瘤起源于软骨细胞或软骨母细胞，可分为原发性和继发性。原发性软骨肉瘤多发生于骨骼，肿瘤细胞产生软骨基质，形成软骨样结构。继发性软骨肉瘤常继发于骨软骨瘤等良性病变。常见症状包括局部肿块、疼痛，随着肿瘤生长可影响关节活动。

（四）平滑肌瘤和平滑肌肉瘤

1. 平滑肌瘤

平滑肌瘤是由平滑肌细胞增生形成的良性肿瘤，常见于子宫、胃肠道等具有平滑肌组织的器官。肿瘤呈结节状，边界清楚，质地较硬。在宠物中，子宫平滑肌瘤较为常见，可能导致子宫增大，影响生殖功能。

2. 平滑肌肉瘤

平滑肌肉瘤为恶性肿瘤，瘤细胞呈梭形，具有异型性，可侵犯周围组织和血管。发生于胃肠道的平滑肌肉瘤可引起呕吐、腹泻、便血等症状，发生于子宫的平滑肌肉瘤可导致子宫出血、腹部肿块等。

二、病因

1. 遗传因素

某些品种的宠物具有遗传易感性，如拳师犬、德国牧羊犬等易患骨肉瘤，波士顿㹴犬易患软组织肉瘤，可能与特定的基因突变或遗传缺陷有关。

2. 物理因素

长期的慢性机械性刺激、辐射等物理因素可能诱发间充质细胞肿瘤。例如，宠物长期处于紫外线辐射环境中，可能增加皮肤纤维肉瘤的发生风险；骨骼受到长期的应力损伤，可能与骨肉瘤的发生有关。

3. 化学因素

接触某些化学物质，如致癌物质苯并芘、亚硝胺等，可能导致间充质细胞基因突变，引发肿瘤。宠物在日常生活中通过呼吸、饮食等途径可能接触到这些化学物质。

4. 病毒感染

一些病毒被认为与间充质细胞肿瘤的发生有关，如猫白血病病毒（FeLV）和猫肉瘤病毒（FeSV）可能与猫的纤维肉瘤等肿瘤的发生相关。

三、临床症状

1. 局部症状

肿瘤所在部位出现肿块是最常见的症状，肿块的大小、质地、边界等因肿瘤类型而异。良性肿瘤一般生长缓慢，肿块边界较清楚；恶性肿瘤生长迅速，肿块边界不清，可伴有疼痛、红肿等炎症表现。如骨肉瘤会导致患部骨骼疼痛、肿胀，宠物出现跛行。

2. 全身症状

随着肿瘤的发展，特别是恶性肿瘤发生转移后，宠物可能出现全身症状，如食欲减退、体重下降、精神萎靡、发热等。如果肿瘤转移到肺部，可能出现咳嗽、呼吸困难等呼吸系统症状；如果肿瘤转移到肝脏，可能引起肝功能异常，出现黄疸等症状。

四、诊断方法

1. 临床检查

了解宠物的症状、发病时间、肿块的发现情况等，并对宠物全身进行检查，包括触诊肿块，评估其大小、质地、活动度等，初步判断肿瘤的性质和可能的来源。

2. 影像学检查

(1)X 线检查。可帮助观察骨骼、肺部等部位的肿瘤情况，判断是否有骨质破坏、肺部转移等。例如，骨肉瘤在 X 线片上常表现为溶骨性或成骨性破坏，边界不清。

(2)B 超检查。用于检查软组织肿块，确定肿块的位置、大小、形态、内部结构以及与周围组织的关系，判断肿块是囊性还是实性，有助于初步鉴别肿瘤的性质。

(3)CT 和 MRI 检查。能更清晰地显示肿瘤的细节，对于确定肿瘤的范围、与周围重要组织的关系以及是否有转移等具有重要价值，特别是对于深部组织的肿瘤。

3. 病理学检查

通过手术切除活检、穿刺活检等方法获取肿瘤组织，进行病理切片制作和显微镜观察，是确诊间充质细胞肿瘤的金标准。根据细胞形态、组织结构、免疫组化标记等特征，确定肿瘤的类型、分级和恶性程度。

4. 实验室检查

实验室检查包括血常规检查、生化指标检查、凝血功能检查等，有助于评估宠物的整体健康状况，了解是否存在贫血、肝肾功能异常等与肿瘤相关的变化，同时也可为后续的治疗提供参考依据。

五、治疗

1. 手术治疗

对于大多数间充质细胞肿瘤，尤其是早期、局限性的肿瘤，手术切除是主要的治疗方法。手术的目标是尽可能完全切除肿瘤组织，对于良性肿瘤，完整切除后一般预后较好；对于恶性肿瘤，手术切除可以减轻肿瘤负荷，缓解症状，为后续的治疗创造条件。

2. 放射治疗

利用高能射线破坏肿瘤细胞的 DNA，抑制肿瘤细胞的生长和分裂。对于一些无法完全手术切除、手术后有残留或复发风险较高的恶性间充质细胞肿瘤，放疗可作为辅助治疗手段，用于局部控制肿瘤生长，减少复发率。

3. 化学治疗

使用化学药物杀死肿瘤细胞或抑制其增殖，常用于恶性间充质细胞肿瘤的治疗，特别是对于已经发生转移或手术无法完全切除的肿瘤。化学药物可通过静脉注射、口服等途径给药，但化学治疗可能会引起恶心、呕吐、脱发、骨髓抑制等副作用。

4. 免疫治疗和靶向治疗

免疫治疗通过激活宠物自身的免疫系统，增强免疫细胞对肿瘤细胞的识别和杀伤能力。靶向治疗则是针对肿瘤细胞特定的分子靶点，使用特异性的药物阻断肿瘤细胞的生长、增殖和转移信号通路。这些新型治疗方法在宠物间充质细胞肿瘤的治疗中已取得了一定的进展，但目前仍处于不断研究和发展阶段。

第五节 其他肿瘤

一、黑色素瘤

1. 细胞来源

由黑色素细胞恶变而来，黑色素细胞是产生黑色素的细胞，主要分布在皮肤、黏膜、眼睛的葡萄膜等部位。

2. 发病情况

在犬猫中都有发生，犬的口腔、皮肤和趾部是常见的发病部位，猫则更多见于皮肤和指甲部位。某些品种宠物（如苏格兰㹴、雪纳瑞犬等）患黑色素瘤的风险相对较高。

3. 临床症状

皮肤黑色素瘤表现为皮肤上的黑色或深色肿块，形状不规则，边界不清，可能伴有溃疡、出血等症状。口腔黑色素瘤常表现为口腔黏膜上的黑色肿物，可引起口臭、流涎、咀嚼困难等症状。眼部黑色素瘤可影响视力，导致眼球凸出、眼分泌物增多等。

二、血管肉瘤

1. 细胞来源

起源于血管内皮细胞，血管内皮细胞是构成血管内壁的细胞，负责维持血管的正常结构和功能。

2. 发病情况

多见于犬，尤其是大型犬和中年以上的犬，如德国牧羊犬、金毛寻回犬等，猫相对少见。

3. 临床症状

常发生于皮肤、脾脏、肝脏、心脏等部位。皮肤血管肉瘤的临床症状表现为皮肤表面的红色或紫色肿块，质地较软，易出血。发生于内脏器官的血管肉瘤，早期可能无明显症状，随着肿瘤的生长,可出现腹部肿块、腹水、呼吸困难、贫血等症状,病情进展迅速,预后往往较差。

三、神经鞘瘤

1.细胞来源

神经鞘细胞也称为施万细胞,主要功能是包裹神经纤维,形成神经髓鞘,起到保护和绝缘神经的作用。神经鞘瘤来源于神经鞘细胞。

2.发病情况

可发生于犬猫的各个年龄段,无明显品种倾向。

3.临床症状

根据肿瘤发生的部位不同,临床症状有所差异。发生在周围神经的神经鞘瘤,可表现为局部肿块,伴有疼痛或神经功能障碍,如肢体麻木、运动不协调等。发生在椎管内的神经鞘瘤,可能压迫脊髓,导致宠物出现后肢无力、瘫痪、尿失禁等症状。

第十一章 宠物其他皮肤病

知识目标　1. 宠物常见眼部疾病。
2. 犬肛门腺炎。

能力目标　1. 了解常见的宠物眼部疾病种类。
2. 掌握宠物常见眼部疾病的临床症状、诊断及防治。
3. 熟练掌握犬肛门腺炎的临床症状及防治措施。

素质目标　1. 秉持尊重生命、科学严谨的职业态度，在诊疗过程中兼顾医学原则与宠物福利，严格遵守兽医职业道德规范，对工作认真负责。
2. 具备良好的团队协作精神，加强团队紧密合作，共同完成对患病宠物的诊疗工作；积极参与学术交流和团队讨论，分享自己的经验和见解，同时学习他人的先进技术和理念，共同提升团队的专业水平，推动知识共享与技术创新。
3. 要有终身学习与创新意识。加强知识和技术的不断发展和更新，保持强烈的学习热情。

第一节　宠物眼部疾病

宠物眼部疾病种类繁多，以下介绍一些常见的宠物眼部疾病诊治。

一、结膜炎

宠物结膜炎是一种常见的眼部疾病。结膜发炎可能出现眼睛红肿、分泌物增多、频繁眨眼等症状，多因病毒感染、过敏或者眼睛受刺激等导致。如猫咪感染杯状病毒时，很容易引发结膜炎。

(一)病因

1. 感染性结膜炎

由病毒、细菌、衣原体、真菌等病原体感染引起。

(1)病毒感染性结膜炎。如犬瘟热病毒、猫疱疹病毒等,都可能引发宠物结膜炎,幼猫感染猫疱疹病毒后,结膜炎常常是其明显的症状之一。

(2)细菌感染性结膜炎。常见的如葡萄球菌、链球菌等感染结膜,当宠物眼部卫生不佳时,细菌容易滋生而致病。

(3)真菌感染性结膜炎。在环境潮湿等情况下,宠物可能感染真菌,波及结膜并引发炎症。

2.非感染性结膜炎

(1)过敏性结膜炎。宠物接触到像花粉、尘螨、某些化学物质等过敏原时,免疫系统会产生过敏反应,导致结膜发炎。例如,春季花粉较多时,一些易过敏的宠物就容易出现过敏性结膜炎。

(2)刺激性结膜炎。异物进入眼睛,如灰尘、毛发、小沙粒等,长时间摩擦结膜可引发炎症;使用了刺激性强的眼药水或者沐浴露等,不小心进到眼睛里,也会刺激结膜。

(3)免疫介导性结膜炎。与宠物自身的免疫系统异常有关。

(二)临床症状

1.眼部发红

眼结膜血管扩张,呈现明显的红色,是结膜炎最常见的症状之一(图 11-1、图 11-2)。

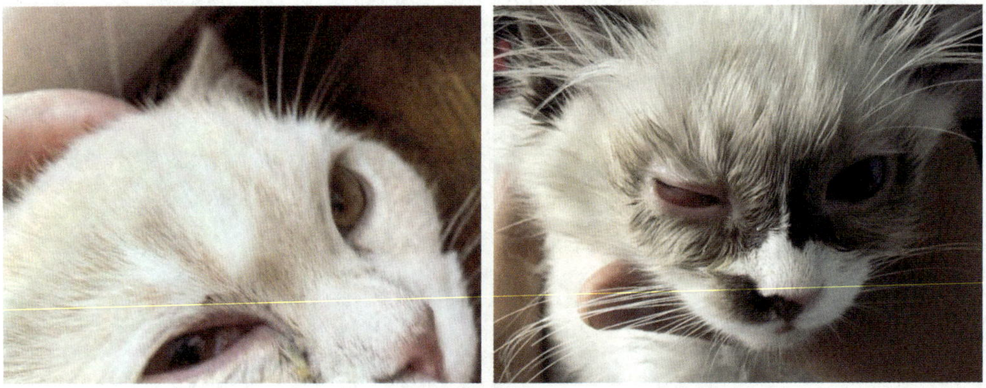

图 11-1　患结膜炎猫的眼部发红

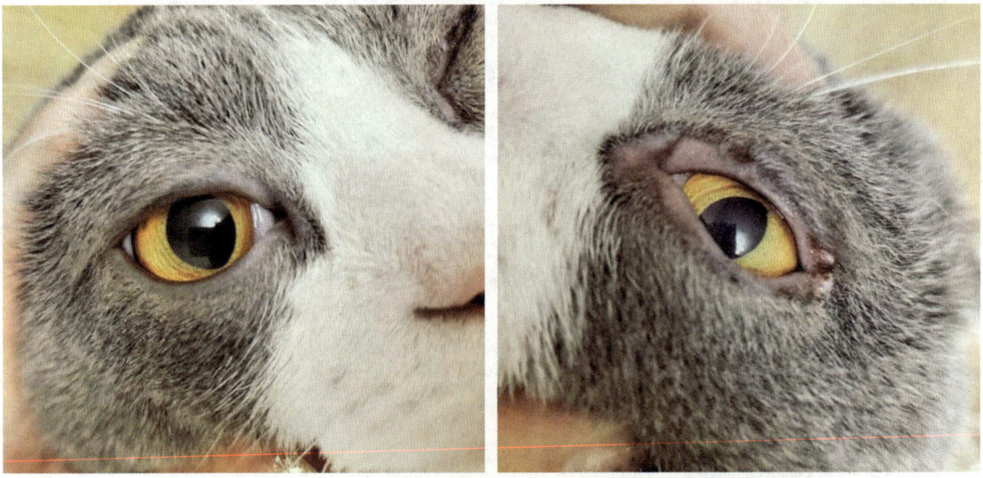

图 11-2　患结膜炎猫的右眼发红(左图正常,右图发红)

2. 分泌物增多

根据病情不同，分泌物可为浆液性、黏液性或脓性（图 11-3）。感染性结膜炎通常分泌物较多且浓稠（图 11-4），过敏性结膜炎的分泌物相对较稀薄。

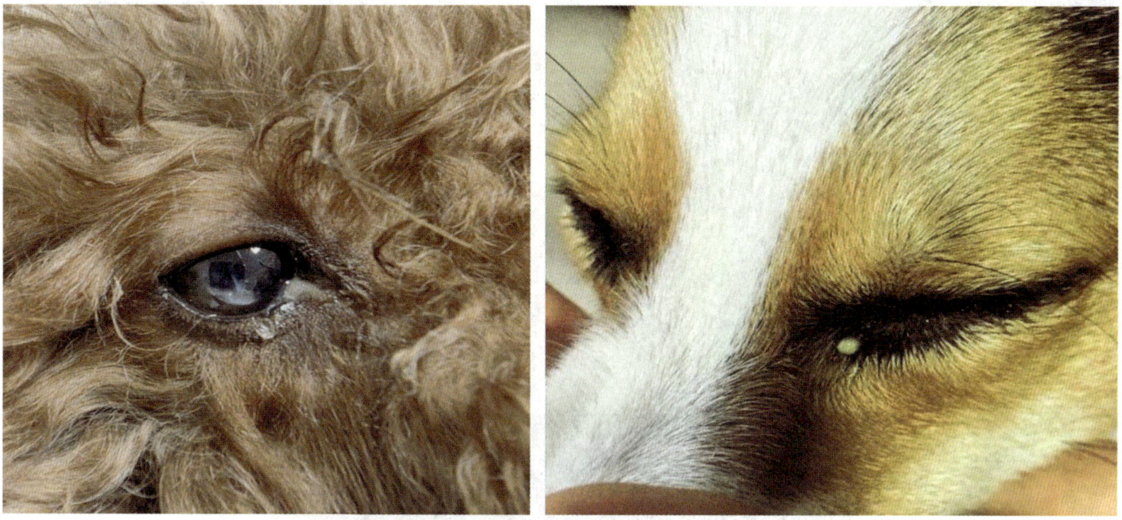

图 11-3　患结膜炎犬的眼部分泌物增多

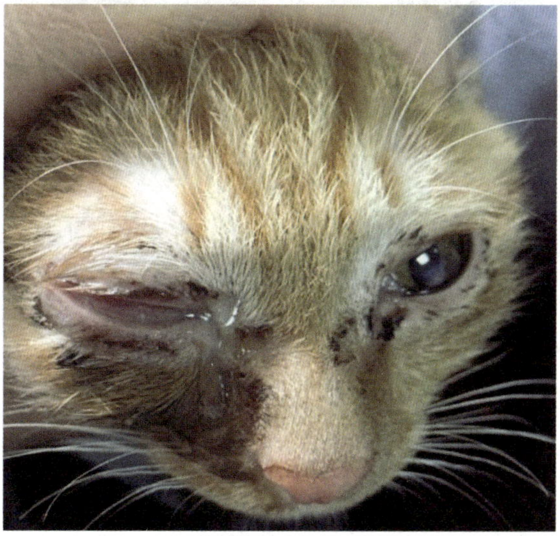

图 11-4　患结膜炎猫的眼部分泌物增多

3. 眼部瘙痒与疼痛

宠物会频繁使用爪子挠眼睛、揉眼睛，或在物体上蹭眼睛，以缓解瘙痒和不适感。严重时，宠物可能会因为疼痛而抗拒触摸眼部。

4. 畏光与流泪

宠物在光线较强的环境中会表现出不适，眯眼或闭眼，同时眼泪增多，有时会顺着脸颊流下，形成泪痕（图 11-5、图 11-6）。

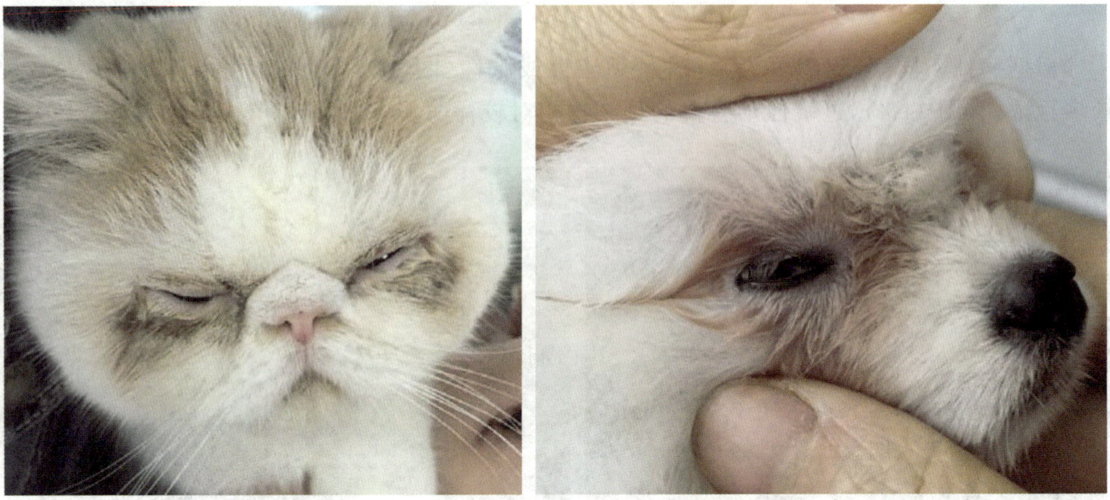

图 11-5 眼睑内翻后的结膜炎，长期流泪，眯眼

图 11-6 结膜炎的流泪症状

（三）诊断方法

1. 临床检查

兽医师对宠物的眼部进行直接观察，检查眼结膜的颜色、肿胀程度、分泌物的性质和量等，同时观察宠物的行为表现，如是否有频繁眨眼、揉眼等症状。

2. 实验室检查

细胞学检查，通过对眼部分泌物进行涂片染色，观察细胞形态和病原体，以确定是否存在细菌、病毒或其他微生物；还可进行过敏原检测，对于怀疑过敏性结膜炎的宠物，可通过血液检测或皮肤点刺试验等方法，查找可能的过敏原。

(四)治疗

1.清洁眼部

用干净的棉球或纱布蘸取生理盐水,轻轻擦拭宠物的眼部周围,清除分泌物,保持眼部清洁。擦拭时,要从眼内角向外轻轻擦拭,避免将分泌物带入眼内。

2.药物治疗

(1)抗生素眼药水或眼膏。用于细菌感染引起的结膜炎,如氧氟沙星眼药水、红霉素眼膏等。根据病情严重程度,需滴眼 3～6 次/d,眼膏可在睡前使用,以保持药物在眼部的作用时间。

(2)抗病毒眼药水。如阿昔洛韦眼药水等,针对病毒感染。使用频率一般为每 2～4 h 一次,症状缓解后可逐渐减少用药次数。

(3)抗过敏眼药水。对于过敏性结膜炎,常用含有抗组胺、肥大细胞稳定剂等成分的眼药水,如色甘酸钠眼药水,一般每天使用 2～4 次。在必要时,可以配合口服抗过敏药。

(4)糖皮质激素眼药水。在病情较为严重,如免疫介导性结膜炎或过敏性结膜炎症状难以控制时,可使用糖皮质激素眼药水(如地塞米松眼药水)。但此类药物可能有副作用,需在兽医师指导下使用,且使用时间不宜过长。

(五)预防

1.保持眼部清洁

定期使用温和的宠物眼部清洁产品擦拭宠物眼睛周围,清除灰尘、眼屎等,防止细菌和病毒滋生。

2.避免过敏原和刺激物

了解宠物的过敏原,尽量避免宠物接触花粉、尘螨等过敏原。在清洁宠物可能接触到化学物质或刺激性气体的环境中时,要将宠物带离现场。给宠物洗澡、使用眼药水等都要选择温和、适合宠物的产品。

3.增强宠物免疫力

提供营养均衡的饮食,确保宠物摄入足够的蛋白质、维生素和矿物质,适当让宠物进行运动和充足的休息,有助于提高宠物的免疫力,降低患病风险。

4.定期体检

定期带宠物去宠物诊疗机构进行全面体检,包括眼部检查,以便早期发现和处理眼部问题。

二、角膜炎

角膜炎是一种发生在角膜组织上的炎症疾病,症状表现为眼睛疼痛、怕光、流泪以及角膜浑浊等。

（一）病因

1.感染因素

（1）细菌感染。如果葡萄球菌、绿脓杆菌等侵入角膜，当宠物眼部抵抗力下降时就容易大量繁殖并引发炎症，如宠物眼部有伤口而没有及时处理，细菌就可能趁虚而入。

（2）真菌感染。环境中存在的真菌，在一定条件下可感染角膜，常见于一些生活在潮湿环境的宠物。

（3）病毒感染。某些病毒如犬传染性肝炎病毒，除引起全身性症状外，也会波及角膜并引发炎症（图 11-7）。

图 11-7 犬传染性肝炎病毒引起的角膜炎

（4）全身性疾病继发。如糖尿病等疾病会影响宠物眼部的血液循环和营养供应，使角膜的抵抗力变弱，容易出现角膜炎这类眼部病变。

2.非感染因素

（1）外伤因素。宠物在玩耍、奔跑过程中，眼睛容易被树枝、爪子、尖锐物品等划伤角膜。例如，当犬在户外草丛中穿梭时，可能就会意外伤害到眼睛导致角膜受损，没及时处理就容易引发角膜炎。

（2）过敏反应。宠物接触花粉、尘螨、某些药物等过敏原后，可能引发过敏性角膜炎，常见于具有过敏体质的宠物。

（3）化学物质刺激。宠物眼睛接触到洗发水、沐浴露、消毒剂等化学物质，或处于烟雾、刺激性气体环境中，可能损伤角膜而引起炎症。

（二）临床症状

1.眼睛疼痛明显

宠物会频繁用爪子挠眼睛或者表现得烦躁不安，不让人触碰眼部。

2.疼痛与畏光

角膜富含神经末梢，炎症刺激会导致宠物眼睛疼痛明显，表现为频繁眨眼、眯眼，对光线敏感，在强光下会试图躲避或闭眼。

3.流泪与分泌物增多

泪液分泌增多，常伴有浆液性、黏液性或脓性分泌物，分泌物可能会黏附在眼睛周围，使眼周毛发潮湿、结块。

4.角膜浑浊

角膜透明度降低，出现灰白色或白色的浑浊区域，严重程度不同，浑浊范围和程度也有所差异。轻度时，可能仅局部角膜轻度模糊；严重时，整个角膜可能完全浑浊，影响视力。

5.角膜溃疡

随着病情进展，角膜上皮可能出现缺损、溃烂，形成角膜溃疡(图 11-8)，严重的溃疡可导致角膜穿孔，眼内组织脱出，这是非常危险的情况，可能导致失明甚至眼球丧失。

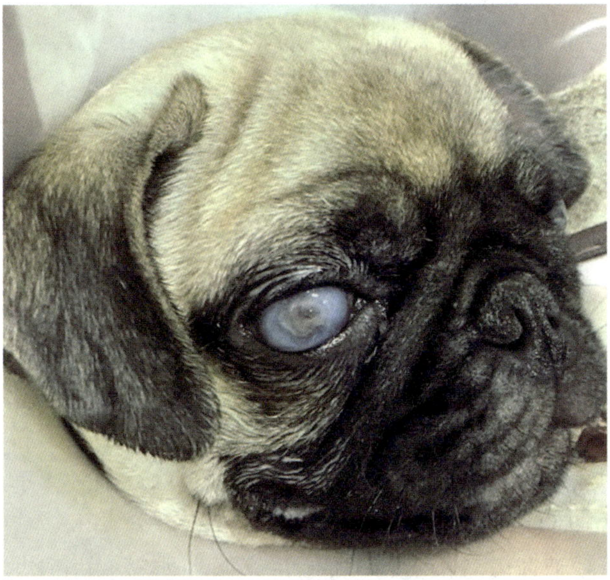

图 11-8　角膜溃疡

(三)诊断方法

1.眼部检查

兽医师通过肉眼或借助裂隙灯等专业设备，仔细观察角膜的形态、颜色、透明度，检查是否有浑浊、溃疡、穿孔等病变，同时观察眼内其他结构是否受到影响。

2.荧光素染色

将荧光素钠溶液滴入宠物眼内，在钴蓝灯下观察角膜，如果角膜存在溃疡或上皮缺损，荧光素会着染这些区域(图 11-9)，帮助兽医师准确判断角膜损伤的范围和程度。

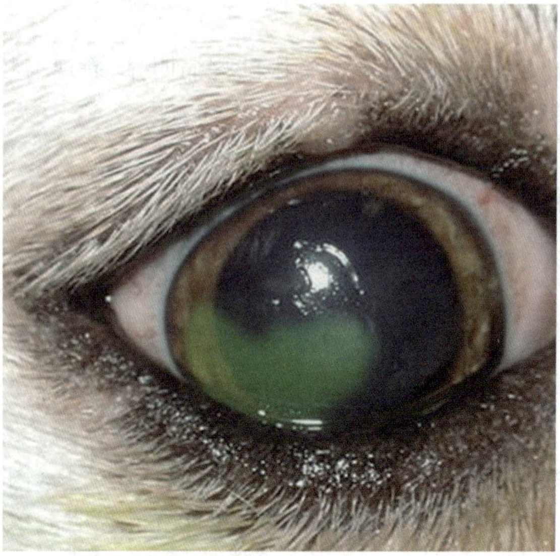

图 11-9　荧光素着染角膜溃疡区

3. 微生物培养与鉴定

对于感染性角膜炎，采集眼部分泌物或角膜刮片，进行微生物培养和鉴定，确定病原体种类，以便选择针对性的治疗药物。

(四)治疗

1. 药物治疗

针对不同的感染源，应使用不同的药物。

(1)抗生素眼药水或眼膏。用于细菌感染性角膜炎，如妥布霉素眼药水等，根据病情严重程度，滴眼 4～8 次/d，眼膏可在睡前使用，以延长药物作用时间。

(2)抗病毒药物。针对病毒感染，常用更昔洛韦眼用凝胶、阿昔洛韦眼药水等，使用频率一般为每 2～4 h 一次，症状缓解后逐渐减少用药次数。

(3)抗真菌药物。对于真菌感染，常用那他霉素眼药水等，用药次数根据病情而定，一般 3～6 次/d。

(4)促进角膜修复药物。可使用一些能促进角膜上皮生长的药物，帮助角膜尽快恢复，同时要做好眼部护理，防止病情进一步恶化。常用闪粹角膜修复凝胶促进角膜修复，一般 2～3 次/d。

2. 手术治疗

(1)角膜清创术。对于角膜表面有坏死组织或异物的情况，通过手术清除坏死组织和异物，促进角膜愈合。

(2)角膜移植术。当角膜溃疡严重、角膜穿孔或角膜瘢痕严重影响视力时，可能需要进行角膜移植手术，将健康的角膜组织移植到患病宠物的眼部。

3. 缓解疼痛，做好眼部防护

在必要时，兽医师会根据宠物情况使用一些止痛药物，以减轻宠物的痛苦。治疗过程中为避免二次伤害，故要求宠物佩戴伊丽莎白圈。

（五）预防

1.加强日常护理

定期检查宠物眼睛，及时发现和处理眼部的小问题。保持眼部清洁，用干净的湿毛巾或宠物专用眼部清洁液轻轻擦拭眼周。

2.防止外伤

避免宠物接触尖锐、危险的物品，并在宠物玩耍和活动时进行适当的监督。建议为宠物提供安全的生活环境，并避免在有潜在危险的区域活动。

3.控制基础疾病

对于患有糖尿病、免疫性疾病等基础疾病的宠物，要积极治疗和控制病情，定期复查，防止因基础疾病导致眼部并发症。

4.增强免疫力

提供营养均衡的饮食，保证宠物摄入足够的维生素 A 等对眼睛有益的营养物质。建议宠物适当运动，保证充足的睡眠，从而增强宠物的整体免疫力。

三、白内障

白内障是指宠物眼睛的晶状体发生浑浊，导致光线无法正常透过晶状体聚焦在视网膜上，从而影响视力的一种疾病。

（一）病因

1.先天性因素

部分宠物由于遗传因素，在出生时或出生后不久就可能出现白内障。这是晶状体发育异常所致，如某些品种的犬、猫更容易出现先天性白内障。波斯猫就相对高发，这是由于遗传因素使得晶状体在发育过程中出现异常，进而引发白内障。

2.年龄因素

随着宠物年龄的增长，晶状体的代谢功能逐渐下降，蛋白质发生变性和凝聚，导致晶状体浑浊，形成老年性白内障，这在老年犬猫中较为常见。

3.疾病因素

糖尿病是引起宠物白内障的常见原因之一，高血糖会导致晶状体中的葡萄糖代谢异常，产生过多的山梨醇，使晶状体纤维肿胀、变性，进而发生浑浊。此外，葡萄膜炎、青光眼等眼部疾病也可能引发并发性白内障。

4.外伤因素

宠物眼睛受到撞击、划伤等外伤，可能损伤晶状体，导致晶状体囊膜破裂，房水进入晶状体，引起晶状体浑浊，形成外伤性白内障。

5. 药物与食物中毒

宠物误食某些有毒物质，或长期使用某些药物，可能影响晶状体的代谢，导致白内障的发生。

(二)临床症状

1. 视力下降

宠物可能表现出行动迟缓、容易碰撞物体，在熟悉的环境中也会出现迷失方向的情况，对宠物主人的呼唤反应不灵敏。如原本能轻松跳上沙发的猫咪，患白内障后可能会多次试探却不敢跳了。

2. 眼睛浑浊

晶状体出现白色或灰白色的浑浊区域，初期可能只在晶状体的边缘或中心出现小的浑浊点，随着病情发展，浑浊范围逐渐扩大，整个晶状体变得浑浊或者完全浑浊(图 11-10)，外观上可见宠物眼睛的瞳孔区呈现明显的白色或灰白色。严重时，整个晶状体都会变得不透明。

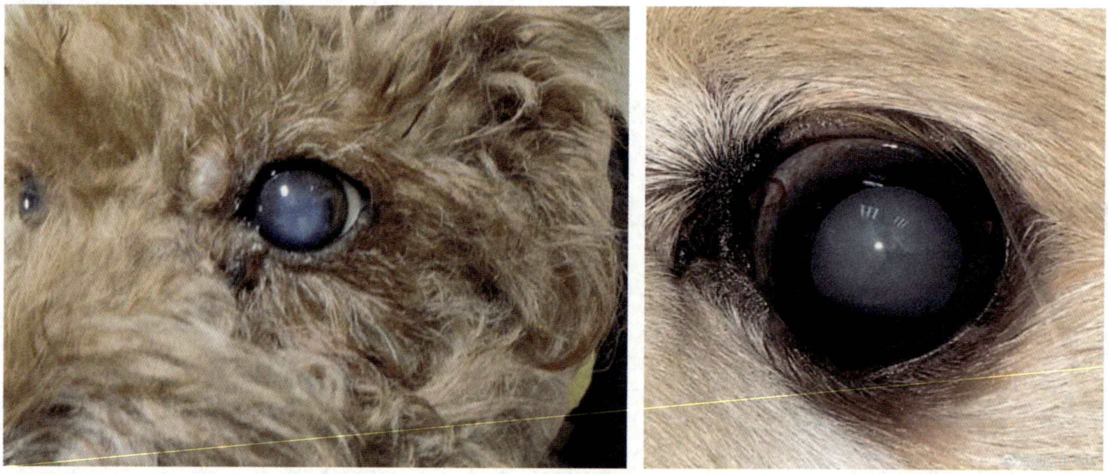

图 11-10　犬晶状体浑浊

3. 眩光

在光线较强的环境中，宠物可能会表现出不适，眼睛对光线的敏感度增加，出现畏光、流泪等症状。

(三)治疗

1. 药物治疗

在白内障的早期阶段，可使用一些药物来延缓病情的发展，如含牛磺酸、维生素 C、维生素 E 等成分的眼药水，这些药物具有抗氧化作用，可能有助于保护晶状体细胞，减缓晶状体浑浊的进程。但药物治疗的效果有限，不能完全治愈白内障，仅起到辅助性作用。

2. 手术治疗

目前，手术是治疗宠物白内障最有效的方法，常用的手术方式是超声乳化白内障吸除术联合人工晶状体植入术。手术过程中，医生会使用超声乳化仪将浑浊的晶状体粉碎并吸出，然后植入人工晶状体，恢复晶状体的屈光功能，使光线能够正常聚焦在视网膜上，从而改善视力。

但手术有一定风险，需要综合评估宠物的身体状况等情况来决定是否实施。

（四）预防

1. 定期体检

定期带宠物去宠物医院进行全面的眼部检查，以便早期发现和干预白内障及其他眼部疾病，特别是对于老年宠物和患有糖尿病等慢性疾病的宠物，应增加检查的频率。

2. 控制基础疾病

对于患有糖尿病、高血压等基础疾病的宠物，要严格按照兽医师的建议进行治疗和管理，将血糖、血压等指标控制在正常范围内，减少并发症的发生，降低白内障的发病风险。

3. 眼部护理

保持宠物眼部清洁，可以有效避免眼睛受到外伤和感染。当宠物眼睛出现分泌物增多、发红等异常情况时，应及时清理并就医。

4. 合理饮食

为宠物提供营养均衡的饮食，确保摄入足够的维生素、矿物质和抗氧化物质，如富含维生素 A、维生素 C、维生素 E 和叶黄素的食物，有助于维护眼睛的健康。

四、青光眼

青光眼是眼内房水排出受阻或生成过多，导致眼内压升高，进而对视神经造成损害的一种眼病。

正常情况下，眼内房水不断生成和排出，保持着动态平衡以维持正常眼压。当房水排出通道（如小梁网、Schlemm 管等）出现阻塞，或者房水生成过多，打破了这种平衡，就会使眼内压升高。长期的高眼压会对视神经造成压迫，导致神经纤维受损，影响视觉信息的传递，最终引起视力下降甚至失明。

（一）病因

1. 原发性因素

某些品种的宠物（如巴哥犬、西施犬、波斯猫等），先天容易出现房水排出通道等眼部结构发育异常，使得眼内房水流出受阻，从而引发眼内压升高，导致青光眼，具有遗传易感性。

2. 继发性因素

（1）眼部疾病继发。如葡萄膜炎、白内障等眼部疾病，在发展过程中可能影响房水的正常循环，且葡萄膜炎会使房水生成和排出的平衡被打破，进而引起眼内压升高，诱发青光眼。

（2）外伤因素。宠物眼睛受到严重外伤，损伤涉及房水排出相关的眼部组织，阻碍房水正常外流，眼内压随之升高，也容易引发青光眼。

（3）药物因素。长期使用某些可能影响眼内压的药物，且未合理监测时，有可能导致眼内压升高，引发青光眼，不过这种情况相对较少见。

糖尿病、甲状腺功能减退等全身性疾病，也可能通过影响眼部的代谢和血液循环，间接导致青光眼。

(二)临床症状

1.急性青光眼

(1)眼球疼痛。宠物表现出明显的疼痛症状,如频繁抓挠眼睛、摇头、发出痛苦的叫声。

(2)眼球增大。眼球可能会迅速增大,外观上看起来比正常眼睛凸出。

(3)视力急剧下降。宠物会突然出现视力障碍,对周围环境反应迟钝,行走时容易碰撞物体。

(4)角膜浑浊。角膜因眼压升高而出现水肿,变得浑浊、不透明,呈灰白色。

(5)瞳孔散大。瞳孔扩大,对光反射迟钝或消失。

2.慢性青光眼

(1)视力逐渐减退。症状相对隐匿,宠物主人可能发现宠物在一段时间内视力逐渐下降,如对远处的物体反应不灵敏,在熟悉的环境中也会出现行动迟缓、迷路等情况。

(2)眼球变硬。用手指轻轻触摸眼球,可感觉到眼球的硬度增加,与正常眼睛的柔软度不同。

(3)角膜改变。角膜可能会出现轻度浑浊,表面不光滑,有时可见角膜血管新生。

(4)虹膜炎。长期高眼压可导致虹膜炎症,表现为虹膜颜色改变、纹理模糊。

(三)诊断方法

1.眼压测量

使用眼压计测量眼内压是诊断青光眼的关键步骤。正常宠物的眼压一般在 10～25 mmHg,若眼压高于正常范围,结合其他症状,可初步诊断为青光眼。

2.眼部检查

兽医师通过裂隙灯显微镜检查,可以观察角膜、虹膜、晶状体等眼部结构,判断是否存在引起青光眼的原发病,如白内障、葡萄膜炎等。还可以检查房角结构,以确定房角是否存在狭窄、关闭或其他异常。

3.眼底检查

借助检眼镜或眼底相机观察眼底,评估视神经乳头的形态、颜色和杯盘比等。青光眼时,视神经乳头可能会出现凹陷加深、颜色变淡等改变。

(四)治疗

1.降低眼内压

常用药物来控制眼内压,如噻吗洛尔滴眼液等,通过减少房水生成或促进房水排出来降低眼内压,具体用药要根据宠物病情和兽医师建议来选择。如果药物治疗效果不佳,可能还需要采取手术方式,如小梁切除术等,来改善房水的排出通道,降低眼内压。

2.治疗原发病

对于继发性青光眼,要积极治疗引发它的原发眼部疾病,如对葡萄膜炎进行消炎等相应治疗,只有控制好原发病,才能更好地缓解青光眼症状、防止病情反复。

3.缓解疼痛和保护视力

适当使用止痛药物来减轻宠物的痛苦，同时采取一些措施尽量保护宠物现有的视力，不过一旦青光眼发展到较严重程度，视力损伤往往是不可逆的。

4.药物治疗

(1)降眼压药物。常用的降眼压药物有：β-受体阻滞剂，可减少房水生成；前列腺素类药物，能增加房水经葡萄膜巩膜途径排出；碳酸酐酶抑制剂，通过抑制碳酸酐酶的活性，减少房水生成。

(2)辅助药物。为了减轻眼部炎症和疼痛，可使用糖皮质激素眼药水或非甾体类抗炎药，但使用时需注意其副作用，尤其是长期使用可能会影响眼压。

5.手术治疗

(1)激光治疗。如选择性激光小梁成形术，利用激光能量作用于小梁网，改善房水排出通道的功能，降低眼压。

(2)滤过性手术。如小梁切除术，通过在眼球壁上建立新的房水引流通道，将房水引流到眼外，以达到降低眼压的目的。

(3)睫状体破坏术。对于药物和其他手术治疗效果不佳的严重青光眼，可采用睫状体光凝术或冷冻术，破坏睫状体，减少房水生成，但该方法可能会引起一些并发症，如眼球萎缩等，需谨慎使用。

(五)预防

1.定期眼部检查

定期带宠物到宠物诊疗机构进行全面的眼部检查，尤其是对于有青光眼遗传倾向的品种，建议每半年或一年检查一次，以便早期发现和治疗。

2.控制基础疾病

积极治疗宠物的全身性疾病，如糖尿病、甲状腺疾病等，控制病情发展，减少继发性青光眼的发生风险。

3.眼部保健

保持宠物眼部清洁，可以有效避免眼部外伤和感染。如果宠物眼睛出现异常，如发红、流泪、分泌物增多等，应及时就医，防止病情恶化引发青光眼。

第二节　犬肛门腺炎

随着人们生活节奏的加快，犬的运动量逐渐减少，营养又比较充足，使犬肛门腺炎的发病率呈逐渐上升趋势。犬肛门腺炎是肛门腺囊内腺体分泌物发生滞留，腐败后刺激腺体黏膜所引起的炎症。6月龄以下幼犬多发，并常发展为胃肠卡他、胃肠炎，病势多急剧，成年犬多取慢性经过。病初，患犬因疼痛、瘙痒常在地面摩擦肛门或舔肛门区，肛门周围红肿，肛门腺囊隆起，肛门腺囊充盈，有少量分泌物积聚。后期，患犬肛门两侧破溃，腹围紧缩，频频怒责，里急后重，排便时尖叫，疼痛，仅排出少量黏液，有的还混有稀红色血液，食欲降低乃至废绝，体温无明显变化。

一、病因

当犬肛门腺体分泌过度时，腺导管阻塞或肛门括约肌功能不良，均易致腺体内分泌物滞留，引起感染、发炎、肿胀。

二、临床症状

在肛门检查体温时，犬疼痛狂叫，体温升高，精神萎靡，烦躁不安，肛门肛围肿胀、发红、发痒（图 11-11）。在便后及安静时，肛门常拖地向前行走或来回摩擦地面。病犬回头舔咬肛门周围，或咬后腿上部外侧的皮毛及尾根。在安静时呈坐滑梯状，正常犬在坐姿时肛门不接触地面，患病时经常出现一侧后肢直立而另一侧后肢侧立，肛门贴地的奇怪姿势。严重的从腺体排泄口可挤出脓汁，感染后期可能会出现穿孔甚至肛门外翻。

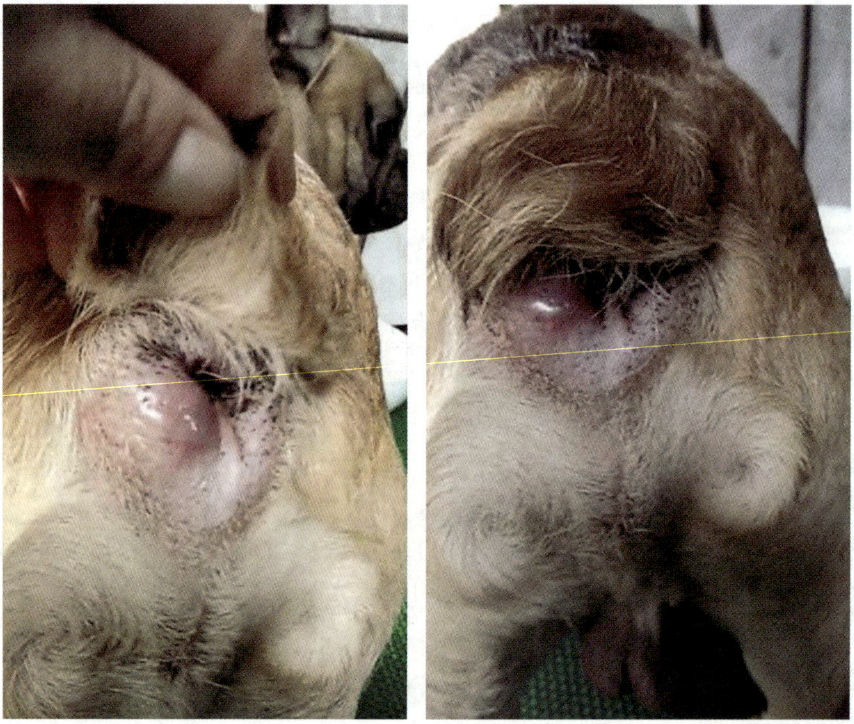

图 11-11　肛门腺炎

三、诊断方法

1.抹片检查

用接种环钩取肛门腺排出液，涂抹于玻片上，革兰染色，分别对抹片进行随机抽点计数（每病例抹片选 3 个点）。

2. 药物敏感试验

用接种环将肛门腺排出液接种到 SS 琼脂培养基上，在 37 ℃恒温培养箱中培养 24 h 后，用棉拭子蘸取分离培养菌落群，然后均匀地涂抹于琼脂培养基上，将庆大霉素、氨苄青霉素、青霉素、氯霉素等抗生素药敏纸片放置其中，24 h 后观察抑菌环。

四、治疗

1. 清洗挤压

若肛门排泄口阻塞时，可将患犬保定，左手提起尾巴，在肛门腺管开口处，用右手拇指挤压肛门腺底部。或戴上消毒手套，用食指伸入肛门，对准肿胀的腺体轻轻挤压，使腺体排泄物排空。

2. 消炎止痛

对于肛门腺已肿胀化脓的患犬，可先排空腺体内的脓汁，再用生理盐水冲洗，而后肛门内注射抗生素，同时向肛门内推入红霉素软膏，两手指捏住肛门轻揉。连续用药几天。

3. 手术切除

对于反复发作、严重穿孔甚至形成创面的患犬，建议手术摘除肛门腺。

五、预防

科学饲喂相对稳定的日粮，以防止犬腹泻及便秘；日粮中添加适量的粗纤维，可以减少蛋白及骨头的含量。每次给犬洗澡时，用手由下向上捏住犬的肛门两侧四点八点位置，如果感到肿胀就用力地将其中的分泌物挤出来，每日至少这样清理一次，可防止此病的严重发作。

参考文献

[1] Keith A. Hnilica, Adam P. Patterson. 小动物皮肤病彩色图谱与治疗指南[M]. 4 版. 刘欣,夏兆飞,主译. 北京:中国农业大学出版社,2019.

[2] Francesco Albanese. 犬猫皮肤细胞学:皮肤病变和细胞学的全面图释指南[M]. 刘欣,主译. 北京:中国农业科学技术出版社,2019.

[3] 韩博. 犬猫疾病学[M]. 3 版. 北京:中国农业大学出版社,2011.

[4] 胡延春. 犬猫疾病类症鉴别诊疗彩色图谱[M]. 北京:中国农业出版社,2010.

[5] Rose E. Raskin, Denny J. Meyer. 犬猫细胞学彩色图谱[M]. 3 版. 董军,张迪,主译. 北京:中国农业大学出版社,2018.

[6] Lluis Ferrer. Canine and Feline Skin Cytology[M]. Berlin: Springer Internation Publishing Switxerland, 2017.